개정판

기초공업수학

Introduction to Engineering Mathematics

김성대 · 안대종 · 홍지창 · 황혜정 공저

북스힐

머 리 말

수학은 대학에서 이공계의 학문 분야를 공부하는데 가장 기본이 되는 과목이며 특히 이공계통의 응용과목들에 대한 이론 및 적용을 이해하는 데 필수적인 도구가 되는 과목이며 이 수학을 이수하는 데 도움을 주는 많은 훌륭한 저서와 교재가 출판되어 있다.

이 책은 지자가 지난 수년간 강의한 경험을 토대로 강의노트를 정리하여 대학의 이공계 학생들에게 좀더 쉽게 접근할 수 있고 이해하는 데 도움을 줄 수 있는 전공수학 교재로 집필하였다.

또한 저자는 지금까지 공부하고 교재로 사용하여 온 훌륭한 많은 공업수학 책들을 참고하여 새로운 것은 없지만 수학에 기초가 약한 학생들이 이해하기 쉽게 이론 및 증명을 상세하게 전개하였고 전공과 관련된 예제들을 통하여 전공의 기초 및 응용과목의 이해에 도움을 주어 전공에 쉽게 응용할 수 있도록 초점을 맞추었다.

현재 교양수학과 전공수학으로 나누어져 있는 대학의 현실에 맞추어 주 3시간 정도의 시간으로 1학기에 마칠 수 있게 집필하였으며, 대학에서 전공을 수학하는데 필요한 이상의 내용은 과감하게 생략하여 학생들의 부담을 덜 수 있도록 노력하였다.

본 교재가 전공을 이수하는 학생들에게 좋은 길잡이가 되길 바라며, 전공을 이수하는 데 미약하나마 도움이 되면 더 없는 영광으로 생각한다. 또한 교재의 내용에 충실하기 위하여 노력하였지만, 부족한 부분이 많을 것으로 사료되며, 이는 지속적으로 수정 및 보완할 것을 약속드린다.

끝으로 본 교재의 출판을 위하여 도움을 주신 많은 분들과 특히 이해와 보살핌으로 격려해 준 가족에게 감사를 드리며, 북스힐 출판사 조승식 사장님을 비롯한 편집부 여러분에게 깊은 감사를 드린다.

저 자

차　　례

제 1 장

함 수

1.1 실 수

우리의 일상생활에서 떼어 놓을 수 없는 것 중의 하나가 **실수**(real number)이다. 이 실수 전체의 집합을 R 이라 하고 이 집합 R 에서 정의되어 있는 덧셈과 곱셈에 대한 기본 성질을 관찰하여 보자.

임의의 실수 a, b 에 대하여 $a+b \in R$, $ab \in R$ 인 실수는 각각 한 개씩 정하여 진다. 그리고 모든 $a, b, c \in R$ 에 대하여 다음과 같은 기본 성질이 성립한다.

(i) 교환법칙(commutative laws)

$$a+b=b+a, \ ab=ba$$

(ii) 결합법칙(associative laws)

$$(a+b)+c=a+(b+c), \ (ab)c=a(bc)$$

(iii) 분배법칙(distributive laws)

$$a(b+c)=ab+ac, \ (a+b)c=ac+bc,$$

(iv) **항등원**(idcntity clcments)

임의의 $a \in R$ 에 대하여

$$a+0=0+a=a, \ a \cdot 1=1 \cdot a=a,$$

(v) 덧셈에 대한 **역원**(additive inverse)

임의의 $a \in R$ 에 대하여

$$a+b=b+a=0$$

인 덧셈에 대한 **역원** $b=-a \in R$가 존재한다.

여기서

$$a+b=b+a=0,\ a+c=c+a=0$$

을 만족하는 a의 덧셈에 대한 역원이 b, c 두 개가 있다고 가정하면 (iv)와 (ii)에 의하여

$$\begin{aligned} b &= b+0 \\ &= b+(a+c) \\ &= (b+a)+c \\ &= 0+c \\ &= c \end{aligned}$$

이므로 a의 덧셈에 대한 역원은 단 한 개만 존재하고 그 역원은 $-a\in R$이다.

(vi) 곱셈에 대한 **역원**(multiplicative inverse)

임의의 $a\in R$에 대하여, $a\neq 0$이고,

$$ac=ca=1$$

인 곱셈에 대한 역원 $c=a^{-1}\in R$가 존재한다.

여기서 $a\in R(a\neq 0)$의 곱셈에 대한 역원은 마찬가지로 단 한 개만 존재하고 그것은 a^{-1}로 나타내고 $\frac{1}{a}$이다. 즉,

$$aa^{-1}=a^{-1}a=1$$

그리고 $1\cdot 1=1$이고, $(-1)(-1)=1$은 1이므로 1과 -1의 곱셈에 대한 역원은 각각 자기자신이다.

정리 1-1-1

a, b, c가 실수일 때,

$$a+c=b+c \text{ 이면 } a=b$$

증명

$$\begin{aligned} a &= a+0 \\ &= a+\{c+(-c)\} \\ &= (a+c)+(-c) \\ &= (b+c)+(-c) \\ &= b+\{c+(-c)\} \\ &= b+0 \\ &= b \end{aligned}$$

[정의] 절댓값(absolute value)

모든 실수 a 에 대하여 a 의 절댓값(absolute value)을 $|a|$로 나타내고

$$|a| = \begin{cases} a & (a \geq 0) \\ -a & (a < 0) \end{cases}$$

와 같이 정의한다.

정리 1-1-2

모든 실수 a, b 에 대하여

(1) $|ab| = |a||b|$

(2) $|a+b| \leq |a|+|b|$ (**삼각부등식**, triangle inequality)

증명 (1) $|ab| = \sqrt{a^2b^2} = \sqrt{a^2}\,\sqrt{b^2} = |a||b|$

(2)
$$\begin{aligned} |a+b|^2 &= (a+b)^2 \\ &= a^2+2ab+b^2 \\ &\leq |a^2|+2|ab|+|b^2| \\ &= |a|^2+2|a||b|+|b|^2 \\ &= (|a|+|b|)^2 \end{aligned}$$

$|a+b|$와 $|a|+|b|$이 모두 음이 아닌 실수이므로

$|a+b| \leq |a|+|b|$이 성립한다.

1.2 함 수

두 집합 X, Y에 대하여 X의 각 원소에 Y의 한 원소가 대응하는 규칙을 **집합 X에서 집합 Y로의 함수**(function) 또는 **사상**(mapping)이라 하고

$$f: X \to Y$$

로 나타낸다. 여기서 집합 X를 함수 f의 **정의역**(domain), 집합 Y를 함수 f의 **공역**(codomain)이라 한다. 함수 $f: X \to Y$에서 X의 각 원소 x 에 대응하는 Y의 원소를 $f(x)$로 나타내고 이 $f(x)$를 x **에서의 함숫값**(함수 f 의 값), 또는 **함수 f 에 의한 x 의 상**(image)이라 하고 함수값 전체의 집합

$$f(X) = \{y \mid y = f(x),\ x \in X\}$$

를 함수 f 의 **치역**(range)이라 한다.

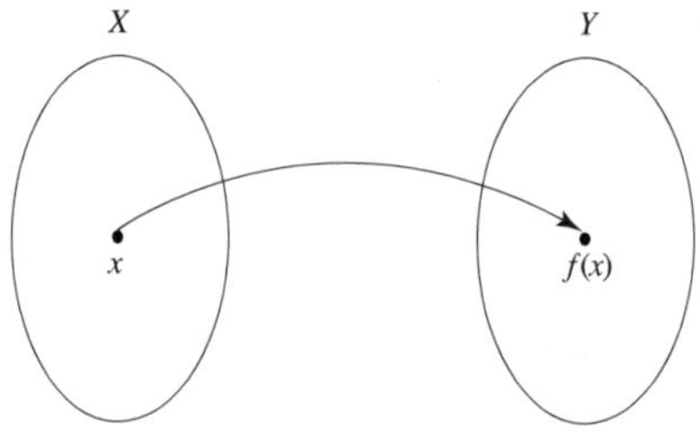

함수 $f : X \to Y$에 의하여 X의 원소 x에 Y의 원소 y가 대응하면

$$y = f(x), \text{ 또는 } f : x \mapsto f(x)$$

로 나타내고 x를 **독립변수**(independent variable), y를 **종속변수**(dependent variable)라 한다.

[정의] 함수 $f : X \to Y$에 대하여

(1) X의 서로 다른 두 원소 $x_1, x_2 (x_1 \neq x_2)$ 일 때 $f(x_1) \neq f(x_2)$이면 f를 **1대 1함수**(one-to-one function), 또는 **단사함수**(injective function)라 한다.

(2) 공역과 치역이 일치 할 때 f를 **X에서 Y 위로의 함수**(onto function), 또는 **전사함수**(surjective function)라 한다.

(3) 함수 f가 전사이고 단사이면 f를 일대응 대응 또는 **전단사함수**(bijective function)라 한다.

함수 $f : X \to Y$에 대하여, 좌표평면 위의 점들의 집합

$$\{(x, y) \mid y = f(x),\ x \in X\}$$

이 함수 f의 **그래프**(graph)라 한다.

일반적으로 x에 대한 다항식 $P_0(x), P_1(x), \cdots, P_n(x)$들로 이루어진 방정식

$$P_0(x)y^n + P_1(x)y^{n-1} + \cdots + P_{n-1}(x)y + P_n(x) = 0$$

에 준하여 결정지어지는 함수 $y = f(x)$를 x의 **대수함수**(algebraic function)라 한다. 이 대수함수가 아닌 함수인 지수함수, 로그함수, 삼각함수, 쌍곡선함수 등을 **초월함수**(transcendental function)라 한다.

두 함수 $f : X \to Y,\ g : Y \to Z$에 대하여

$$h : X \to Z$$

를 $h(x)=g(f(x))\,(x\in X)$로 정의하면 h는 X에서 Z로의 함수이다. 즉, 함수 h를 두 함수 f와 g의 **합성함수**(composite function)라 하고 $g\circ f$로 나타낸다.

그리고 함수 $f: X\to Y$가 전단사 함수일 때, Y의 임의의 원소 y에 대하여 $f(x)=y$로 대응되는 X의 원소 x가 정해지는데 이때 y를 x로 대응시키는 「Y에서 X로의 함수」를 얻을 수 있다. 이때 이 함수를 f의 **역함수**(inverse function)라 하고 f^{-1}로 나타낸다.

즉, $$f^{-1}: Y\to X \quad f^{-1}(y)=x \Leftrightarrow f(x)=y$$

함수 $f: X\to Y$가 있다. X의 각 원소 x와 Y의 한 고정된 원소 a에 대하여

$$f(x)=a$$

일 때, 이 힘수 f를 **상수함수**(constant function)라 한다.

그리고 함수 $f: X\to Y$에서 $X=Y$이고 X의 모든 원소 x에 대하여

$$f(x)=x$$

일 때, 이 함수 f를 **항등함수**(identity function)라 하고 I_x로 나타낸다.

실수 $a_0, a_1, a_2, \cdots, a_n$과 음이 아닌 정수 n에 대하여

$$f(x)=a_0x^n+a_1x^{n-1}+\ \cdots\ +a_{n-1}x+a_n$$

으로 나타내어지는 함수를 **다항함수**(polynomial function)라 하고, 두 다항함수의 분수꼴로 나타나는 함수를 **유리함수**(rational function)라 하고, 무리식이 포함되어 있는 함수를 **무리함수**(irrational function)라 한다.

$F(x, y)=0$의 꼴이고 y가 종속변수로 정의되어지는 함수를 포함하는 함수를 **음함수**(implicit function)라 하고, $y=f(x)$의 꼴이고 y가 종속변수로 정의되어지는 함수를 **양함수**(explicit function)라 한다.

예를들면, 음함수 $x^2+y^2=9$에서 양함수 $y=\sqrt{3-x^2}$ 및 $y=-\sqrt{3-x^2}$을 얻을 수 있다.

함수 $y-f(x)$가 모든 x_1, x_2에 대하여 $a\le x_1<x_2\le b$일 때

(i) $f(x_1)\le f(x_2)$이면, 이 함수 f는 구간 $[a, b]$에서 **단조증가**(monotonic increasing)한다고 하고

(ii) $f(x_1)\ge f(x_2)$이면 이 함수 f는 구간 $[a, b]$에서 **단조감소**(monotonic decreasing)한다고 한다.

1.3 지수·로그함수

먼저 지수에 대하여 살펴보자. 실수 a, b와 정수 m, n에 대하여 다음과 같은 지수법칙이 성립한다는 것은 이미 알고 있다.

1. $a^m a^n = a^{m+n}$	2. $(a^m)^n = a^{mn}$
3. $(ab)^m = a^m b^m$	4. $a^{-n} = \dfrac{1}{a^n} \quad (a \neq 0)$
5. $\left(\dfrac{a}{b}\right)^m = \dfrac{a^m}{b^m} \quad (b \neq 0)$	6. $\dfrac{a^m}{a^n} = a^{m-n} \quad (a \neq 0)$

이것은 m, n이 정수일 때는 물론이고 실수일 때에도 성립한다.

n이 양의 정수일 때, $x^n = a$가 성립하면 x를 a의 n승근, 또는 n **제곱근**(nth root)이라 한다.

실수 a의 n제곱근은 다음과 같이 분류할 수 있다.

$$a > 0 \text{일 때} \begin{cases} n\text{이 짝수 : 실수인 두 개의 } n\text{제곱근} \\ n\text{이 홀수 : 실수인 한 개의 } n\text{제곱근} \end{cases}$$

$$a < 0 \text{일 때} \begin{cases} n\text{이 짝수 : 실수인 } n\text{제곱근은 없고} \\ n\text{이 홀수 : 실수인 한 개의 } n\text{제곱근} \end{cases}$$

실수 a에 대하여 $\left(a^{\frac{1}{n}}\right)^n = a^{\frac{n}{n}} = a$ 이므로 $a^{\frac{1}{n}}$은 a의 한 n제곱근이다. $a^{\frac{1}{n}} = \sqrt[n]{a}$로 나타내고 $a^{\frac{m}{n}} = \left(a^{\frac{1}{n}}\right)^m = (\sqrt[n]{a})^m$, $a^{\frac{m}{n}} = (a^m)^{\frac{1}{n}} = \sqrt[n]{a^m}$ 이며, 다음과 같은 성질이 성립함을 알 수 있다.

2 이상의 자연수 k, m, n과 양의 실수 a, b에 대하여 다음이 성립한다.

1. $\sqrt[n]{a^n} = a$	2. $\sqrt[n]{ab} = \sqrt[n]{a}\sqrt[n]{b}$
3. $\sqrt[n]{\dfrac{a}{b}} = \dfrac{\sqrt[n]{a}}{\sqrt[n]{b}}$	4. $\sqrt[kn]{a^{km}} = \sqrt[n]{a^m}$
5. $\sqrt[m]{\sqrt[n]{a}} = \sqrt[mn]{a}$	

한 세포가 갖고 있는 미립자 수는 약 200,000,000,000,000, 전자의 직경(지름)이 0.0000000000004 cm라는 아주 큰 수와 아주 작은 수가 있다. 과학적으로 이와 같은 수를 취급할 때에는 1과 10 사이의 수와 10의 거듭제곱인 수와의 된 곱

으로 나타낸다. 즉,

$$「a\times 10^n」,\ 1\le a<10,\ n \text{ 은 정수}$$

이를테면 $5=5\times 10^0$ $\quad 0.3=3\times 10^{-1}$

$4320=4.32\times 10^3$ $\quad 0.00054=5.4\times 10^{-4}$

$62512000=6.2512\times 10^7$ $\quad 0.000000098723=9.8723\times 10^{-9}$

<지수함수>

$a>0,\ a\neq 1$일 때, 함수 $f(x)=a^x$ 꼴로 정의되는 함수를 a를 밑(기저, base)으로 갖는 지수함수(exponential function)라 한다.

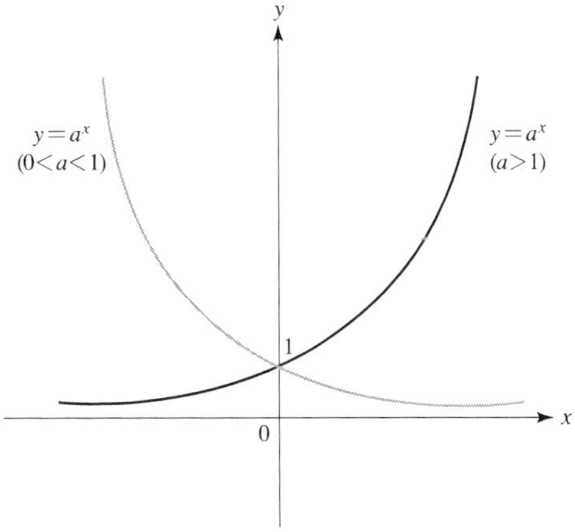

여기서 상수 a를 **밑**(base)이라 하고 지수함수의 정의역은 모두 실수의 집합이고 치역(y)은 양의 실수의 집합이다.

함수 $f(x)=a^x$에서 항상 $a^0=1$이므로 점 (0, 1)을 지나고

(i) $a>1$일 때, 이 함수는 증가하고

(ii) $0<a<1$일 때, 이 함수는 감소하는 함수이다.

예제 1-3-1

함수 $y = 2^x$, $y = \left(\frac{1}{2}\right)^x = 2^{-x}$의 그래프를 그려라.

풀이

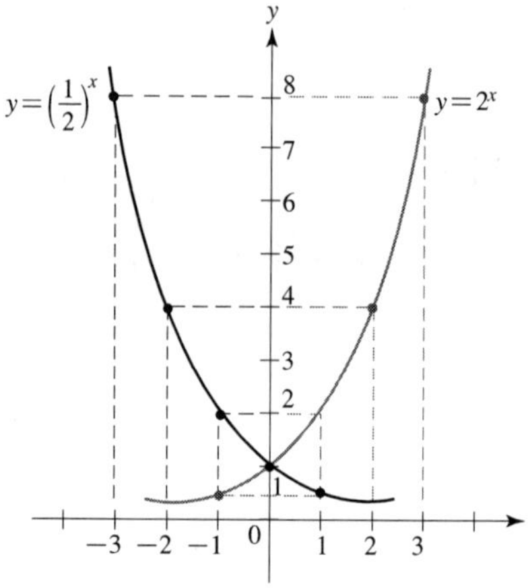

여기서 오일러상수 e 에 대하여 알아보자.

$$e = \sum_{n=0}^{\infty} \frac{1}{n!} = 1 + \frac{1}{1!} + \frac{1}{2!} + \frac{1}{3!} + \cdots$$

로 정의한다.

이 때 $n! = n(n-1)(n-2)\cdots 3\cdot 2\cdot 1\,(n \geq 1)$이고, $0! = 1$이다. 이 e 에 대하여

$$\lim_{n\to\infty}\left(1 + \frac{1}{n}\right)^n = e$$

라는 사실이 알려져 있고, 이 e 는 무리수로

$$e = 2.7182818\ \cdots$$

이다. 따라서 충분히 큰 n 에 대하여 $e^x \fallingdotseq \left(1 + \frac{1}{n}\right)^{nx}$ 임을 알 수 있다.

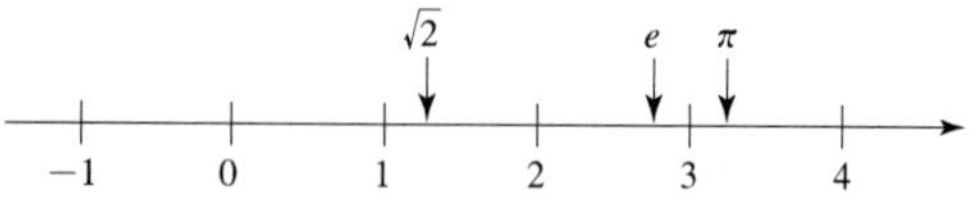

계산기가 있다면 $y = 2e^{-0.5x}\,(-3 \leq x \leq 3)$, $y = 2e^{0.5x}\,(-3 \leq x \leq 3)$의 그래프를 쉽게 그릴 수 있을 것이다. 각자 그려 보아라.

<로그함수>

지수함수 $f : y = a^x\ (a > 0,\ a \neq 1)$가 전단사 함수이므로 역함수가 존재한다는 사실을 알 수 있다. 이때 지수함수의 역함수는 $f^{-1} : x = a^y$ 이다. 이 때, $x = a^y$ 을 $y = \log_a x$ 와 같이 나타내기로 약속한다. 즉,

$$x = a^y \Leftrightarrow y = \log_a x$$

이 함수 $y = \log_a x$ 를 밑이 a 인 **로그함수**(logarithmic function)라 한다. 함수 $y = \log_a x$ 의 정의역(x)은 양의 실수의 집합이고 치역(y)은 모든 실수의 집합이다. 이 때 a 는 로그의 밑이라 한다.

함수 $y = \log_a x$ 의 그래프는 $\log_a 1 = 0$이므로 항상 (1, 0)을 지난다.

또, $a > 1$일 때, 이 함수는 증가하고 $0 < a < 1$일 때, 이 함수는 감소한다.

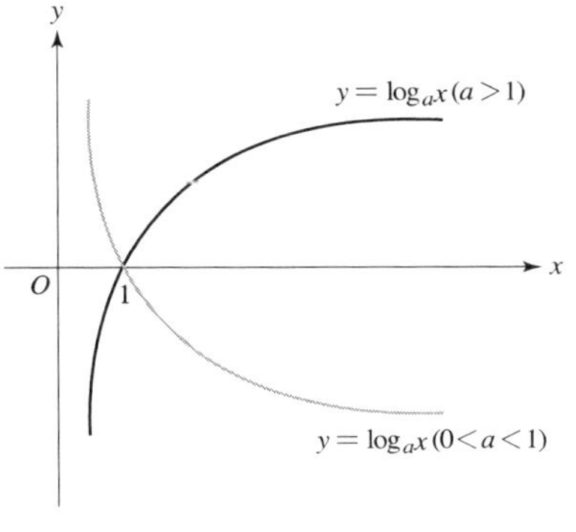

로그함수 $y = \log_a x$ 가 지수함수 $y = a^x$ 의 역함수이므로 지수함수의 그래프를 참고하여 로그함수의 그래프를 쉽게 그릴 수 있다.

로그함수의 정의에 의하면 다음과 같은 로그의 성질을 얻을 수 있다.

$M,\ N$은 양의 실수, $a > 0,\ a \neq 1$일 때,	
1. $\log_a MN = \log_a M + \log_a N$	2. $\log_a \dfrac{M}{N} = \log_a M - \log_a N$
3. $\log_a a^n = n$	4. $\log_a M^n = n \log_a M$
5. $\log_a 1 = 0$	6. $\log_a M = \dfrac{\log_b M}{\log_b a}\ (b > 0, b \neq 1)$

밑이 10인 로그를 **상용로그**(common logarithm), 밑이 e 인 로그를 **자연로그**(natural logarithm)라 하고, 각각 $\log_{10} x,\ \log_e x$ 라 쓰는데

$$\log_{10} x = \log x, \ \log_e x = \ln x$$

와 같이 밑 10을 생략하거나 다르게 나타내기도 한다. 상용로그나 자연로그의 값은 보통 수표에 의하여 구하기 때문에 편리한 점이 있다.

예제 1-3-2

$\ln 5 = 1.609$, $\ln 8 = 2.079$일 때, $\ln(5^{10}/8)$를 구하여라.

풀이 $\ln \dfrac{5^{10}}{8} = \ln 5^{10} - \ln 8 = 10 \ln 5 - \ln 8$

$= 10 \times 1.609 - 2.079 = 14.011$

예제 1-3-3

함수 $f(x) = e^x$ 의 역함수 $f^{-1}(x)$를 구하면 $y = e^x$ 에서 $x = e^y$

$$x = e^y \Leftrightarrow y = \ln x$$

이다. 즉, $f^{-1}(x) = \ln x$ 그리고 f 와 f^{-1}의 정의역과 치역을 찾아라.

풀이 (f 의 정의역) =(f^{-1}의 치역) = (실수 전체의 집합),

(f 의 치역) = (f^{-1}의 정의역) = $(0, \infty)$

임을 알 수 있다.

1.4 삼각함수

직각삼각형에서 한 각에 대한 변의 길이의 비의 값으로 삼각비 sine, cosine, tangent, cosecant, secant, cotangent를 각각 다음과 같이 정의한다.

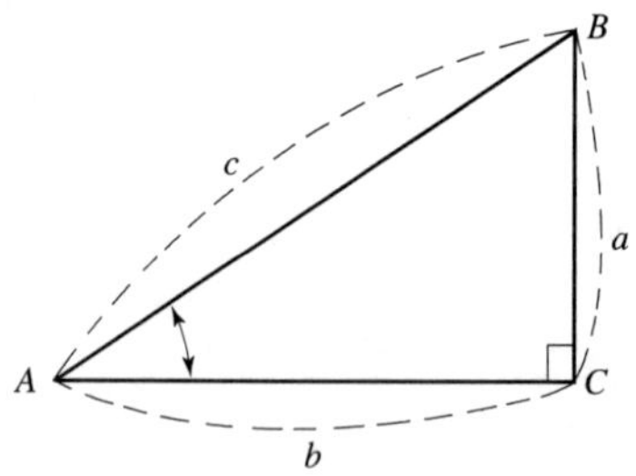

$$\sin\theta = \frac{a}{c}, \qquad \operatorname{cosec}\theta = \frac{c}{a}\left(= \frac{1}{\sin\theta}\right)$$

$$\cos\theta = \frac{b}{c}, \qquad \sec\theta = \frac{c}{b}\left(= \frac{1}{\cos\theta}\right)$$

$$\tan\theta = \frac{a}{b}, \qquad \cot\theta = \frac{b}{a}\left(= \frac{1}{\tan\theta}\right)$$

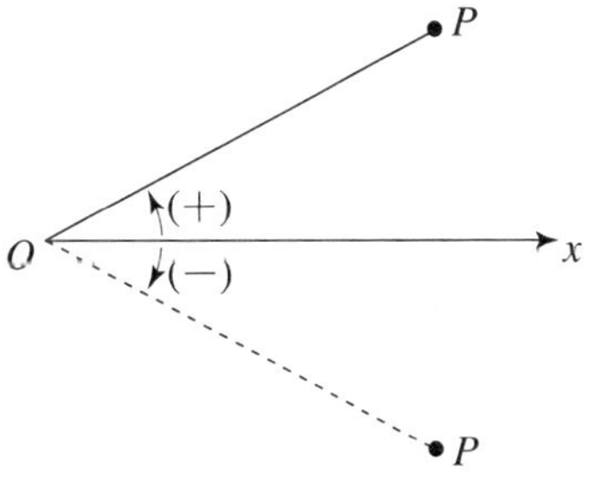

그리고 각에 대하여는, 위의 그림에서와 같이 동경 OP가 기선 $\overrightarrow{OX}$를 출발하여 시계 반대방향으로 회전하여 생기는 각을 양(+)의 각, 시계방향으로 회전하여 생기는 각을 음(−)의 각이라 하고, 동점 P가 기선에서 회전한 원주의 길이를 반지름으로 나눈 값을 동경 OP가 만드는 각으로 나타내는 방법을 **호도법**이라 한다.

점 P가 기선 $\overrightarrow{OX}$에서 출발하여 반바퀴 이동하였을 때에는 반지름의 길이가 r이므로 반원주의 길이가 πr, 따라서 회전각의 크기를 호도법으로 나타내면 $(\pi r / r) = \pi$이다. 즉, 180°가 호도법으로 π이고 호도법의 단위는 호도 또는 **라디안**(radian)이라 한다.

360°는 호도법으로 2π이고, 30°, 45°, 60°는 호도법으로 각각 $\frac{\pi}{6}$, $\frac{\pi}{4}$, $\frac{\pi}{3}$임을 알 수 있다.

삼각함수 $y = \sin x$, $y = \cos x$, $y = \tan x$의 그래프는 아래의 식이 모두 성립하므로 다음과 같다.

$$\sin(x + 2\pi) = \sin x$$

$$\cos(x + 2\pi) = \cos x$$

$$\tan(x + \pi) = \tan x$$

(1) $y=\sin x$

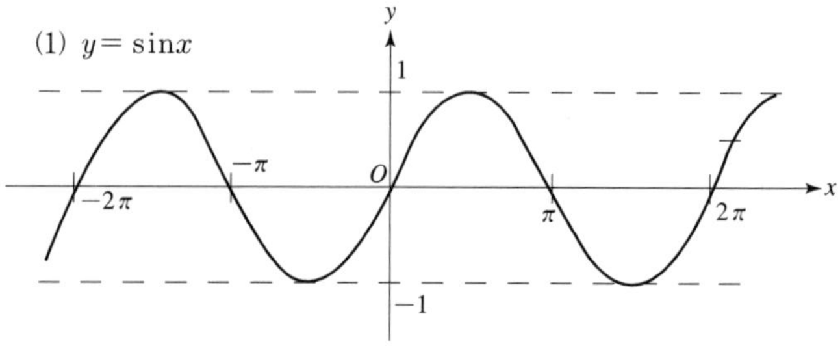

(2) $y=\cos x$

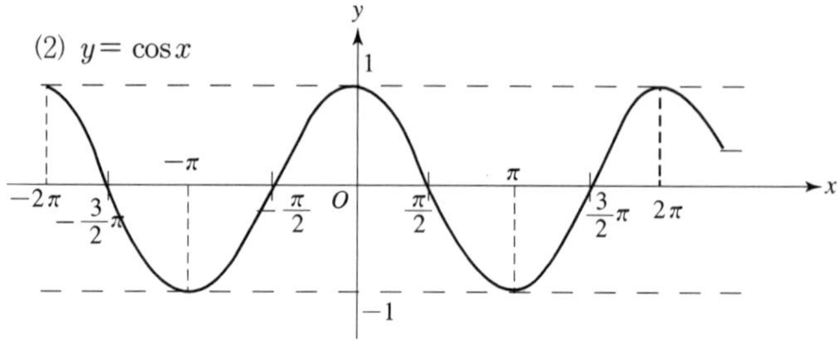

(3) $y=\tan x$

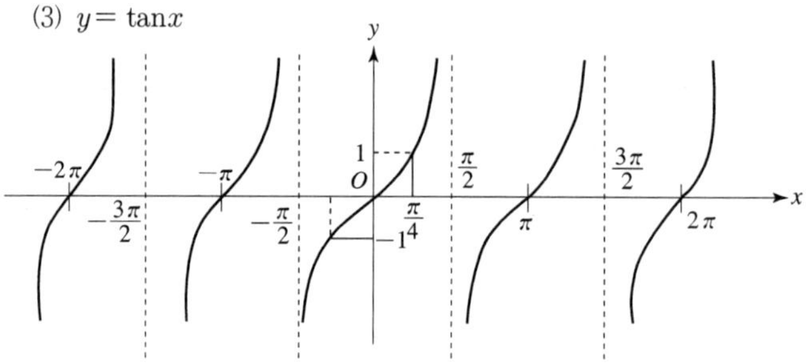

$$\sin(-x)=-\sin x$$
$$\cos(-x)=\cos x$$
$$\tan(-x)=-\tan x$$

이므로

(1) $y=\sin x$ 는 주기가 2π 인 주기함수이고 원점에 대하여 대칭인 기함수,

(2) $y=\cos x$ 는 주기가 2π 인 주기함수이고 y 축에 대하여 대칭인 우함수,

(3) $y=\tan x$ 는 주기가 π 인 주기함수이고 원점에 대하여 대칭인 기함수

임을 알 수 있다.

그리고 $y=\sin x$ 와 $y=\cos x$ 의 치역은 $\{y\,|\,-1\leq y\leq 1\}$, 정의역은 실수 전체의 집합이며, $y=\tan x$ 의 정의역은

$$x=\frac{\pi}{2}+n\pi \quad (n\text{은 정수})$$

를 제외한 실수 전체의 집합이고, 치역은 실수 전체의 집합이다.

삼각함수 사이의 관계에서 기본적으로 알아 두어야 할 공식은 다음과 같다.

Ⅰ. $\sin^2 x+\cos^2 x=1,\qquad 1+\tan^2 x=\sec^2 x=\dfrac{1}{\cos^2 x}$

Ⅱ. $\sin x=\cos\left(\dfrac{\pi}{2}-x\right),\qquad \cos x=\sin\left(\dfrac{\pi}{2}-x\right)$

Ⅲ. $\sin(\alpha+\beta)=\sin\alpha\cos\beta+\cos\alpha\sin\beta$ ……… ①

$\sin(\alpha-\beta)=\sin\alpha\cos\beta-\cos\alpha\sin\beta$ ……… ②

$\cos(\alpha+\beta)=\cos\alpha\cos\beta-\sin\alpha\sin\beta$ ……… ③

$\cos(\alpha-\beta)=\cos\alpha\cos\beta+\sin\alpha\sin\beta$ ……… ④

$\tan(\alpha\pm\beta)=\dfrac{\tan\alpha\pm\tan\beta}{1\mp\tan\alpha\tan\beta}$ (복호동순)

Ⅳ. $\sin 2\alpha=2\sin\alpha\cos\alpha$

$\cos 2\alpha=\cos^2\alpha-\sin^2\alpha=2\cos^2\alpha-1=1-2\sin^2\alpha$

여기에서

$\sin\alpha\cos\alpha=\dfrac{1}{2}\sin 2\alpha$

$\cos^2\alpha=\dfrac{1+\cos 2\alpha}{2},\qquad \sin^2\alpha=\dfrac{1-\cos 2\alpha}{2}$

Ⅴ. $\sin\alpha\cos\beta=\dfrac{1}{2}\{\sin(\alpha+\beta)+\sin(\alpha-\beta)\}$

$\cos\alpha\cos\beta=\dfrac{1}{2}\{\cos(\alpha+\beta)+\cos(\alpha-\beta)\}$

$\sin\alpha\sin\beta=-\dfrac{1}{2}\{\cos(\alpha+\beta)-\cos(\alpha-\beta)\}$

Ⅵ. $\sin x+\sin y=2\sin\dfrac{x+y}{2}\cos\dfrac{x-y}{2}$

$\sin x-\sin y=2\cos\dfrac{x+y}{2}\sin\dfrac{x-y}{2}$

$\cos x+\cos y=2\cos\dfrac{x+y}{2}\cos\dfrac{x-y}{2}$

$\cos x-\cos y=-2\sin\dfrac{x+y}{2}\sin\dfrac{x-y}{2}$

Ⅳ는 Ⅲ에서 $\beta=\alpha$ 로 하고, Ⅴ는 Ⅲ과 Ⅳ를 이용하고, Ⅴ은 Ⅲ에서 ① + ②, ③ + ④, ③ − ④로부터 얻을 수 있고, Ⅵ은 $\alpha=\frac{x+y}{2}$, $\beta=\frac{x-y}{2}$ 놓은 다음 Ⅲ의 ①, ②에 대입한 두 식의 합과 차, 또 ③, ④에 대입한 두 식의 합과 차로 얻을 수 있다.

1.5 역삼각함수

함수 $y=\sin x$ 는 구간 $\left[-\frac{\pi}{2}, \frac{\pi}{2}\right]$ 에서 전단사이고 증가하며 치역은 $[-1, 1]$이다. 이 때 이 함수는 역함수를 가지며 이 역함수를

$$y=\sin^{-1}x,\ \text{또는}\ y=\arcsin x$$

로 나타내고 이것을 **역사인**(inverse sine)이라 하고 정의역은 $[-1, 1]$, 치역은 $\left[-\frac{\pi}{2}, \frac{\pi}{2}\right]$이고 증가하는 함수임을 알 수 있다.

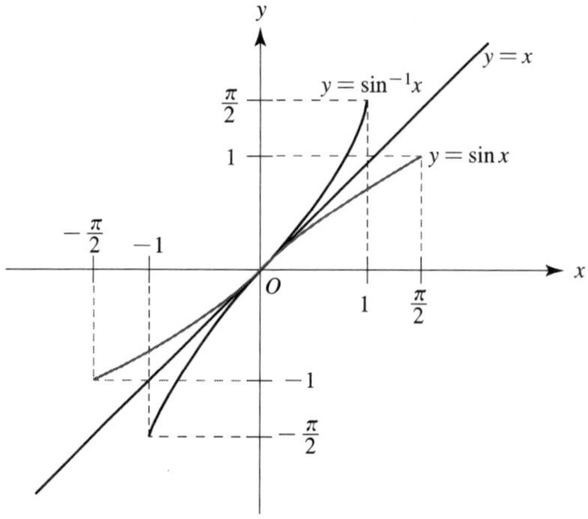

같은 이치로, 함수 $y=\cos x$ 는 구간 $[0, \pi]$에서 전단사이고 감소하며 치역은 $[-1, 1]$이다.

이 때 이 함수는 역함수를 가지며 이 역함수를

$$y=\cos^{-1}x\ \text{또는}\ y=\arccos x$$

로 나타내고 이것을 **역코사인**(inverse cosine)이라 하고 정의역은 $[-1, 1]$, 치역은 $[0, \pi]$이고 감소하는 함수임을 알 수 있다.

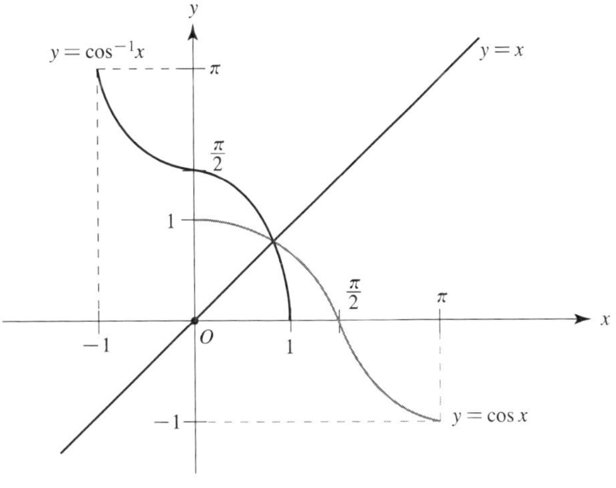

또, $y=\tan x$ 는 구간 $\left(-\frac{\pi}{2},\ \frac{\pi}{2}\right)$ 에서 증가하고 치역은 $(-\infty,\ \infty)$이고, 역함수를

$$y=\tan^{-1}x \text{ 또는 } y=\arctan x$$

로 나타내고 이것을 **역탄젠트**(inverse tangent)라 한다.

$y=\tan^{-1}x$ 의 정의역은 실수의 전체의 집합 즉, $(-\infty,\ \infty)$이고 치역은 $\left(-\frac{\pi}{2},\ \frac{\pi}{2}\right)$임을 알 수 있다.

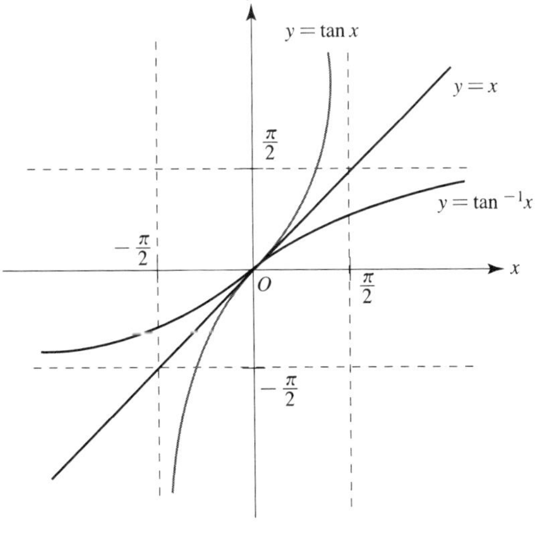

이와 같은 이치로 $y=\mathrm{cosec}^{-1}x$, $y=\sec^{-1}x$, $y=\cot^{-1}x$ 도 정의되어진다.

예제 1-5-1

(1) $\sin^{-1}\frac{\sqrt{3}}{2}$ (2) $\cos^{-1}\frac{1}{\sqrt{2}}$, (3) $\tan^{-1}\frac{1}{\sqrt{3}}$의 값을 각각 구하여라.

풀이 (1) $t=\sin^{-1}\frac{\sqrt{3}}{2}$이라 하면 $\sin t=\frac{\sqrt{3}}{2}$

$-\frac{\pi}{2}\leq t\leq\frac{\pi}{2}$이므로 $t=\frac{\pi}{3}$

(2) $t=\cos^{-1}\frac{1}{\sqrt{2}}$이라 하면 $\cos t=\frac{1}{\sqrt{2}}$

$o\leq t\leq\pi$ 이므로 $t=\frac{\pi}{4}$

(3) $t=\tan^{-1}\frac{1}{\sqrt{3}}$이라 하면 $\tan t=\frac{1}{\sqrt{3}}$

$-\frac{\pi}{2}<t<\frac{\pi}{2}$이므로 $t=\frac{\pi}{6}$

1.6 쌍곡선함수와 역쌍곡선함수

지수함수 $y=e^x$과 $y=e^{-x}$의 결합으로 이루어지는 함수를 다음과 같이 정의한다.

hyperbolic sine :	$\sinh x=\frac{e^x-e^{-x}}{2}$
hyperbolic cosine :	$\cosh x=\frac{e^x+e^{-x}}{2}$
hyperbolic tangent :	$\tanh x=\frac{\sinh x}{\cosh x}=\frac{e^x-e^{-x}}{e^x+e^{-x}}$
hyperbolic cotangent :	$\coth x=\frac{1}{\tanh x}=\frac{e^x+e^{-x}}{e^x-e^{-x}}$
hyperbolic secant :	$\mathrm{sech}\, x=\frac{1}{\cosh x}=\frac{2}{e^x+e^{-x}}$
hyperbolic cosecant :	$\mathrm{cosech}\, x=\frac{1}{\sinh x}=\frac{2}{e^x-e^{-x}}$

$\sinh x$는 「hyperbolic sine x」로 읽고 다른 것도 마찬가지로 읽는다.
여기서

$$\cosh^2 x - \sinh^2 x = \left(\frac{e^x + e^{-x}}{2}\right)^2 - \left(\frac{e^x - e^{-x}}{2}\right)^2$$

$$= \frac{e^{2x} + 2 + e^{-2x}}{4} - \frac{e^{2x} - 2 + e^{-2x}}{4} = 1$$

즉, $$\cosh^2 x - \sinh^2 x = 1$$

임을 알 수 있다. 따라서 좌표평면 위의 점 $(\cosh\alpha,\ \sinh\alpha)$는 쌍곡선

$$x^2 - y^2 = 1$$

위의 점임을 의미하므로 두 지수함수 $y = e^x$, $y = e^{-x}$ 의 결합으로 이루어진 함수를 $y = \cosh x$, $y = \sinh x$를 **쌍곡선함수**(hyperbolic function)라 한다.

지수함수의 성질에 의하여 쌍곡선함수 $y = \sinh x$, $y = \cosh x$, $y = \tanh x$의 그래프를 그려보면 다음과 같다.

쌍곡선 함수의 정의에서 x 대신 $-x$ 를 대입하면 다음을 얻는다.

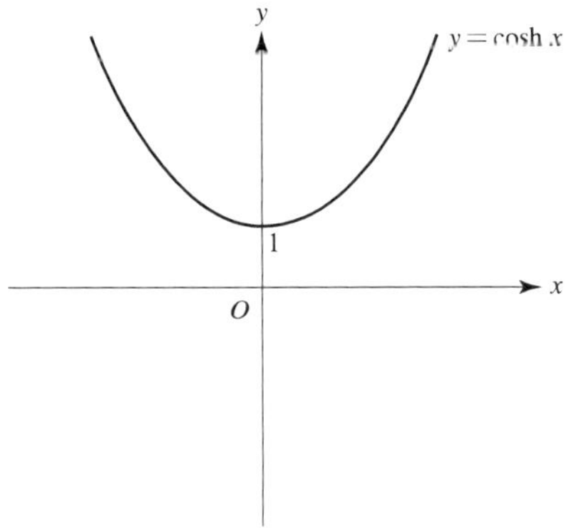

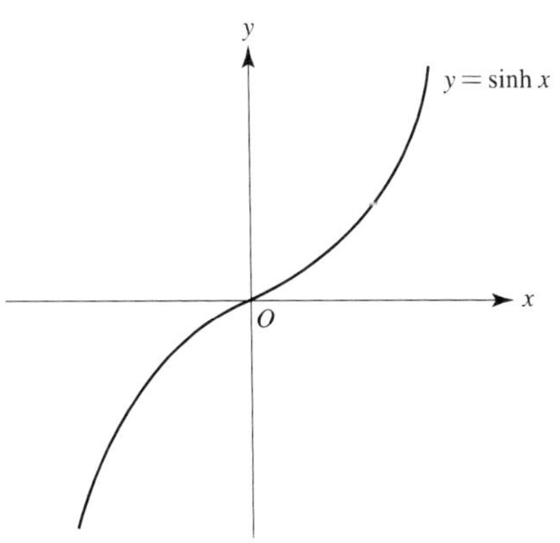

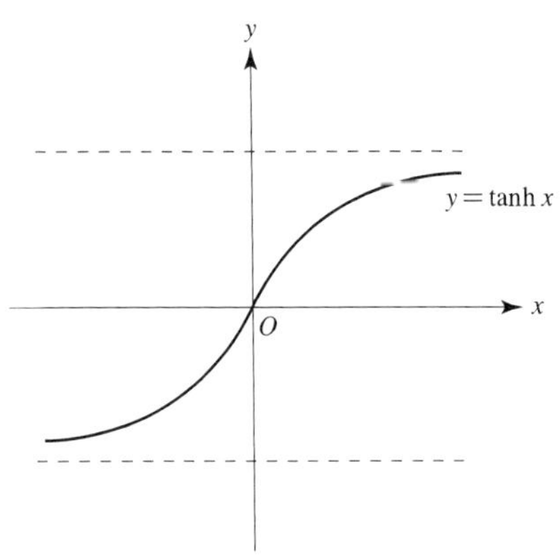

$$\sinh(-x) = -\sinh x$$
$$\cosh(-x) = \cosh x$$
$$\tanh(-x) = -\tanh x$$

또한 쌍곡선함수의 정의에 의하면 다음과 같은 성질을 쉽게 밝힐 수 있다.

(i) $\cosh^2 x - \sinh^2 x = 1$

(ii) $1 - \tanh^2 x = \mathrm{sech}^2 x, \ \coth^2 x - 1 = \mathrm{cosech}^2 x$

(iii) $\sinh(x \pm y) = \sinh x \cosh y \pm \cosh x \sinh y$

(iv) $\cosh(x \pm y) = \cosh x \cosh y \pm \sinh x \sinh y$

(v) $\tanh(x \pm y) = \dfrac{\tanh x \pm \tanh y}{1 \pm \tanh x \tanh y}$ ((3), (4), (5) 모두 복호동순)

예제 1-6-1

다음이 성립함을 밝혀라.

(1) $\sinh 2x = 2\sinh x \cosh x$

(2) $\cosh 2x = \cosh^2 x + \sinh^2 x$
$= 2\cosh^2 x - 1 = 1 + 2\sinh^2 x$

(3) $\tan 2x = \dfrac{2\tanh x}{1 + \tanh^2 x}$

풀이 (1) $\sinh 2x = \sinh(x + x) = \sinh x \cosh x + \cosh x \sinh x$
$= 2\sinh x \cosh x$

(2) $\cosh 2x = \cosh(x + x) = \cosh x \cosh x + \sinh x \sinh x$
$= \cosh^2 x + \sinh^2 x$

(3) $\tanh 2x = \dfrac{\sinh 2x}{\cosh 2x}$

$= \dfrac{2\sinh x \cosh x}{\cosh^2 x + \sinh^2 x}$

($\cosh^2 x$ 로 분자 · 분모를 나누면)

$= \dfrac{2 \cdot \dfrac{\sinh x}{\cosh x}}{1 + \dfrac{\sinh^2 x}{\cosh^2 x}}$

$= \dfrac{2\tanh x}{1 + \tanh^2 x}$

역쌍곡선함수(inverse hyperbolic function)는 다음과 같이 정의한다.

$y = \sinh^{-1} x \Leftrightarrow x = \sinh y$	($y = \sinh x$ 의 역함수)
$y = \cosh^{-1} x \Leftrightarrow x = \cosh y \,(y \geq 0)$	($y = \cosh x$ 의 역함수)
$y = \tanh^{-1} x \Leftrightarrow x = \tanh y$	($y = \tanh x$ 의 역함수)
$y = \coth^{-1} x \Leftrightarrow x = \coth y$	($y = \coth x$ 의 역함수)
$y = \mathrm{sech}^{-1} x \Leftrightarrow x = \mathrm{sech}\, y \,(y \geq 0)$	($y = \mathrm{sech}\, x$ 의 역함수)
$y = \mathrm{cosech}^{-1} x \Leftrightarrow x = \mathrm{cosech}\, y$	($y = \mathrm{cosech}\, x$ 의 역함수)

예제 1-6-2

역쌍곡선함수는 로그를 이용하여 다음과 같이 나타낼 수 있음을 증명하여라.

(1) $\sinh^{-1} x = \ln(x + \sqrt{x^2 - 1})$

(2) $\cosh^{-1} x = \ln(x + \sqrt{x^2 - 1}) \quad (x \geq 1)$

(3) $\tanh^{-1} x = \dfrac{1}{2} \ln \dfrac{1 + x}{1 - x} \quad (|x| < 1)$

증명 (1) $\sinh^{-1} x = y$ 라 놓으면

$$x = \sinh y = \frac{e^y - e^{-y}}{2}$$

이를 변형하면 $2x = e^y - e^{-y}$

$$\therefore (e^y)^2 - 2xe^y - 1 = 0$$

$$\therefore e^y = x \pm \sqrt{x^2 + 1}$$

$e^y > 0$이므로 $e^y = x + \sqrt{x^2 + 1}$

$$\therefore y = \ln(x + \sqrt{x^2 + 1})$$

(2), (3) 도 (1)과 같은 방법으로 증명된다.

연습문제

※ 다음을 증명하여라.(1~3)

1. 모든 실수 a에 대하여 $a \cdot 0 = 0$이다.

2. $a, b \in R$일 때, $ab = 0$이기 위한 필요충분조건은 $a = 0$ 또는 $b = 0$이다.

3. $|a - b| \leq |a| + |b|$

4. 다음 함수의 정의역, 치역을 각각 구하여라.

   (1) $y = \sqrt{4 - x^2}$ (2) $y = \dfrac{2 - x}{x - 1}$

5. 함수 $y = f(x)$의 역함수를 $y = g(x)$라 하면 $(f \circ g)(x) = (g \circ f)(x) = x$ 임을 증명하여라.

6. 두 함수 $f : X \to Y,\ g : Y \to Z$가 전단사일 때, 합성함수 $g \circ f$의 역함수가 존재하고 $(g \circ f)^{-1} = f^{-1} \circ g^{-1}$임을 증명하여라.

7. (1) $y = \dfrac{ax + b}{cx + d}\ (ad - bc \neq 0)$, (2) $y = -\sqrt{k^2 - x^2}\ (-k \leq x \leq 0)$의 역함수를 구하고, (3) $y = x - [x]$ ($[x]$는 x를 넘지 않는 최대정수)의 그래프를 그려라.

8. 다음을 각각 간단히 하여라.

   (1) $x^{-\frac{1}{3}} y^{\frac{1}{4}} \left(4x^{\frac{1}{3}} y^{-\frac{1}{2}}\right)^{\frac{3}{2}}$ (2) $(a^4 b^3)^{\frac{1}{7}} \{(a^3 b^{-3})^{\frac{1}{7}} - (a^{-4} b^4)^{\frac{1}{7}}\}$

   (3) $\left(\dfrac{a^{n^2}}{a^{2n-1}}\right)^{\frac{1}{n-1}},\ (n > 1)$ (4) $\sqrt[3]{\sqrt[8]{81\sqrt{a^4 b^4}}}$

   (5) $\dfrac{0.000000000315 \times 3000000}{0.000000027}$ (6) $\left(\dfrac{b^{-1} - a^{-1}}{ab^{-1} - a^{-1}b}\right)^{-1}$

9. 다음에서 x의 값을 구하여라.

   (1) $\log_x 1000 = \dfrac{3}{2}$ (2) $\log_{\frac{1}{3}} 9 = x$

   (3) $\log_a x = \dfrac{2}{3} log_a 27 + 2\log_a 2 - \log_a 3$ (4) $2^{3x-2} = 5$

   (5) $(\ln x)^3 = \ln x^4$ (6) $\ln(\log x) = 1$

10. 다음 함수의 그래프를 그려라.

    (1) $y = 2 \cdot 3^x$ (2) $y = 2^{x+3}$

    (3) $y = \log_3 x$ (4) $y = 2 - \ln x$

11. 박테리아 한 개가 두 개의 박테리아로 나뉘는데 30분이 걸린다고 한다. 5000개의 박테리아 군이 t 시간 후에 5000×2^{2t} 이 된다고 할 때, 이것이 10000개의 박테리아 군이 될 때까지 소요되는 시간을 구하여라. ($\log 2 = 0.3010$으로 한다)

12. 다음 각 θ 를 호도법으로 나타내고 $\operatorname{cosec}\theta$, $\sec\theta$, $\cot\theta$ 의 값을 구하여라.
$-30°$, $45°$, $-60°$, $90°$, $-150°$, $225°$, $240°$, $330°$

13. 다음 호도법으로 나타낸 각 x 를 60분법의 각의 크기로 나타내고, $\sin x$, $\cos x$, $\tan x$ 의 값을 구하여라.
$-\frac{2}{3}\pi$, $\frac{3}{2}\pi$, $-\frac{7}{6}\pi$, $\frac{11}{4}\pi$, $-\frac{11}{3}\pi$, 4π, $\frac{25}{6}\pi$

14. $\sin x = \frac{3}{5}$일 때, $\cos x$, $\tan x$ 의 값을 구하여라.

15. x 가 제2사분면의 각이고 $\tan x = a$ 일 때, $\sin x$, $\cos x$ 의 값을 구하여라.

16. 다음을 만족하는 x 의 값을 구하여라.
(1) $\sin x = \frac{1}{\sqrt{2}}$ (2) $\cos x = -\frac{\sqrt{3}}{2}$ (3) $\tan x = -\frac{1}{\sqrt{3}}$

17. 다음 값을 구하여라.
(1) $\cos 15°$ (2) $\cos 75°$ (3) $\sin 18°$ (4) $\cos 36°$

18. $-1 \le x \le 1$일 때, 다음 등식이 성립함을 밝혀라.

$$\cos(\sin^{-1}x) = \sqrt{1-x^2}$$

19. 다음 등식을 만족하는 x 의 값을 구하여라.

$$\sin^{-1}x = \cos^{-1}x$$

20. 다음 등식이 성립함을 증명하여라.

$$\tan^{-1}\alpha + \tan^{-1}\beta = \tan^{-1}\frac{\alpha+\beta}{1-\alpha\beta}$$

21. $\tanh x = -\frac{5}{13}$일 때, $\sinh x$, $\cosh x$, $\coth x$, $\operatorname{sech} x$, $\operatorname{cosech} x$ 의 값을 구하여라.

22. 다음 등식이 성립함을 밝혀라.
(1) $\cosh\frac{x}{2} = \sqrt{\frac{\cosh x + 1}{2}}$ (2) $\sinh\frac{x}{2} = \pm\sqrt{\frac{\cosh x - 1}{2}}$
(3) $\sinh A + \sinh B = 2\sinh\frac{A+B}{2}\cdot\cosh\frac{A-B}{2}$

제 2 장

미 분

2.1 미분법의 기본공식

아래 그림에서와 같이, 연속인 함수 $y=f(x)$에 대하여 x가 $x=a$에서 $\triangle x$ 만큼 증가할 때 y가 $\triangle y$ 만큼 증가한다고 한다. 이 때 $x=a$에 대하여

$$\lim_{\triangle x \to 0} \frac{f(a+\triangle x)-f(a)}{\triangle x} = \lim_{t \to a} \frac{f(t)-f(a)}{t-a}$$

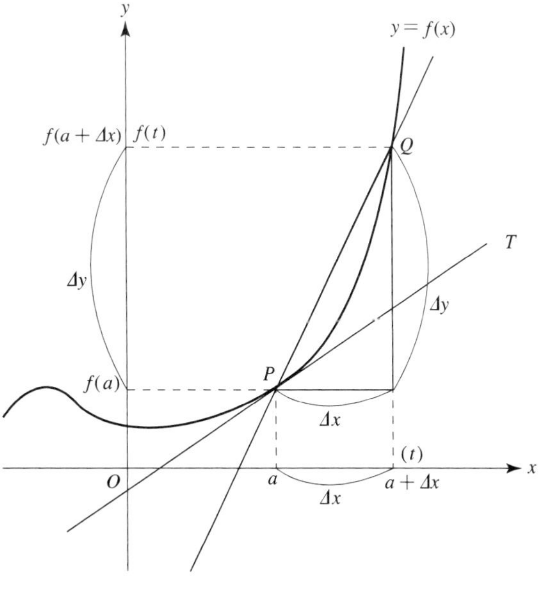

가 존재하고 유한 확정이면 $y=f(x)$는 $x=a$ 에서 **미분가능**(differentiable)이라 하고 그 극한값을 $f'(a)$로 나타내고 이 $f'(a)$를 함수 $y=f(x)$의 $x=a$에서의 **미분계수**(differential coefficient)라 한다. Δx, Δy 를 각각 x, y 의 **증분**(increment)이라 한다.

그림에서 점 Q가 곡선을 따라 점 P에 한없이 가까워질 때 직선 PQ는 P에서의 이 곡선의 접선(tangent) PT에 한없이 가까워지고 $f'(a)$는 $x=a$ 에서의 $y=f(x)$의 접선의 기울기를 의미한다. 따라서 함수 $y=f(x)$의 $x=a$ 에서의 접선의 방정식은 기울기가 $f'(a)$이고, 한 점 $(a, f(a))$를 지나는 직선의 방정식이므로

$$y=f'(a)(x-a)+f(a)$$

임을 알 수 있다.

함수 $y=f(x)$가 어떤 구간에서 미분가능이면 그 구간에 있는 모든 x 에 대하여 $f'(x)$를 생각할 수 있고 이 $f'(x)$는 x 의 함수가 된다. 즉

$$f'(x)=\lim_{\Delta x\to 0}\frac{f(x+\Delta x)-f(x)}{\Delta x}=\lim_{t\to x}\frac{f(t)-f(x)}{t-x}$$

를 $f(x)$의 x 에 대한 **도함수**(derivative)라 하고, 이 도함수 $f'(x)$를 구하는 것을 **미분한다**(differentiate)고 하며, 미분하는 방법을 **미분법**(differentiation)이라 한다.

함수 $y=f(x)$의 x 에 대한 도함수는

$$y',\ f'(x),\ \frac{dy}{dx},\ \frac{d}{dx}f(x),\ \frac{df}{dx},\ Df(x)$$

등으로 나타낸다.

예제 2-1-1

다음 함수의 도함수를 구하여라.

(1) $f(x)=c$(상수)　　(2) $f(x)=x^2+3x+1$

(3) $f(x)=\dfrac{1}{x}$　　(4) $f(x)=\sqrt{x}$

풀이 (1) $f'(x)=\lim_{\Delta x\to 0}\dfrac{f(x+\Delta x)-f(x)}{\Delta x}=\lim_{\Delta x\to 0}\dfrac{c-c}{\Delta x}=0$

(2) $f'(x)=\lim_{\Delta x\to 0}\dfrac{f(x+\Delta x)-f(x)}{\Delta x}$

$$= \lim_{\Delta x \to 0} \frac{(x+\Delta x)^2 + 3(x+\Delta x) + 1 - (x^2+3x+1)}{\Delta x}$$

$$= \lim_{\Delta x \to 0} \frac{2x\Delta x + (\Delta x)^2 + 3\Delta x}{\Delta x} = \lim_{\Delta x \to 0}(2x + \Delta x + 3) = 2x+3$$

(3) $$f'(x) = \lim_{\Delta x \to 0} \frac{\frac{1}{x+\Delta x} - \frac{1}{x}}{\Delta x} = \lim_{\Delta x \to 0} \frac{\frac{-\Delta x}{x(x+\Delta x)}}{\Delta x}$$

$$= \lim_{\Delta x \to 0} \frac{-1}{x(x+\Delta x)} = -\frac{1}{x^2} \qquad (x \neq 0)$$

(4) $$f'(x) = \lim_{\Delta x \to 0} \frac{\sqrt{x+\Delta x} - \sqrt{x}}{\Delta x} = \lim_{\Delta x \to 0} \frac{\Delta x}{\Delta x(\sqrt{x+\Delta x} + \sqrt{x})}$$

$$= \lim_{\Delta x \to 0} \frac{1}{\sqrt{x+\Delta x} + \sqrt{x}} = \frac{1}{2\sqrt{x}} \qquad (x > 0)$$

앞의 예제에서와 같은 방법으로 곱으로 된 함수 $y = f(x)g(x)$의 도함수를 구하면

$$(f(x)g(x))' = \lim_{\Delta x \to 0} \frac{f(x+\Delta x)g(x+\Delta x) - f(x)g(x)}{\Delta x}$$

$$= \lim_{\Delta x \to 0} \frac{f(x+\Delta x)g(x+\Delta x) - f(x)g(x+\Delta x) + f(x)g(x+\Delta x) - f(x)g(x)}{\Delta x}$$

$$= \lim_{\Delta x \to 0} \left\{ \frac{f(x+\Delta x) - f(x)}{\Delta x} \cdot g(x+\Delta x) + f(x)\frac{g(x+\Delta x) - g(x)}{\Delta x} \right\}$$

$$= f'(x)g(x) + f(x)g'(x)$$

이다. 이렇게 도함수의 정의에 의하면 다음 공식을 얻는다.

〈미분법의 기본 공식〉

함수 $f(x)$, $g(x)$가 미분가능할 때,

(1) $f(x) = c$(상수), $f'(x) = 0$

(2) $f(x) = x^n$, $f'(x) = nx^{n-1}$ (n은 정수)

(3) $(f(x) \pm g(x))' = f'(x) \pm g'(x)$

(4) $(kf(x))' = kf'(x)$ (k는 임의의 상수)

(5) $\{f(x)g(x)\}' = f'(x)g(x) + f(x)g'(x)$

(6) $\left(\frac{f(x)}{g(x)}\right)' = \frac{f'(x)g(x) - f(x)g'(x)}{\{g(x)\}^2}$, $(g(x) \neq 0)$

예제 2-1-2

다음 함수를 미분하여라.

(1) $y=3x^5-2x^3+x-2$

(2) $y=(x^2+x-1)(x^3-1)$

(3) $y=\dfrac{1-x}{x+1}$

풀이 (1) $y'=(3x^5-2x^3+x-2)'=(3x^5)'-(2x^3)'+(x)'-(2)'$
$=3(x^5)'-2(x^3)'+(x)'-(2)'=15x^4-6x^2+1$

(2) $y'=(x^2+x-1)'(x^3-1)+(x^2+x-1)(x^3-1)'$
$=(2x+1)(x^3-1)+(x^2+x-1)(3x^2)$
$=5x^4+4x^3-3x^2-2x-1$

(3) $y'=\left(\dfrac{1-x}{x+1}\right)'=\dfrac{(1-x)'(x+1)-(1-x)(x+1)'}{(x+1)^2}$
$=\dfrac{-x-1-(1-x)}{(x+1)^2}=\dfrac{-2}{(x+1)^2}$

<합성함수의 미분법>

함수 $y=f(z)$, $z=g(x)$가 미분가능이면 합성함수 $y=(f\circ g)(x)$ 도 미분가능이고

$$\frac{dy}{dx}=\frac{dy}{dz}\cdot\frac{dz}{dx}=f'(z)g'(x)=f'(g(x))g'(x)$$

이다.

이것을 밝히면,

x 의 증분 Δx 에 대한 $z=g(x)$, $y=f(z)$의 증분을 각각 Δz, Δy 라 한다. 이 때,

$$\Delta y=f(g(x+\Delta x))-f(g(x))=f(z+\Delta z)-f(z)$$

이고, $\Delta x\to 0$이면 $\Delta z=g(x+\Delta x)-g(x)\to 0$이므로

$$\frac{dy}{dx}=\lim_{\Delta x\to 0}\frac{f(g(x+\Delta x))-f(g(x))}{\Delta x}=\lim_{\Delta x\to 0}\frac{f(z+\Delta z)-f(z)}{\Delta x}$$

$$= \lim_{\Delta x \to 0} \frac{f(z+\Delta z)-f(z)}{\Delta z} \cdot \frac{\Delta z}{\Delta x}$$

$$= \lim_{\Delta z \to 0} \frac{f(z+\Delta z)-f(z)}{\Delta z} \cdot \lim_{\Delta x \to 0} \frac{\Delta z}{\Delta x}$$

$$= \lim_{\Delta z \to 0} \frac{f(z+\Delta z)-f(z)}{\Delta z} \cdot \lim_{\Delta x \to 0} \frac{g(x+\Delta x)-g(x)}{\Delta x}$$

$$= \frac{dy}{dz} \cdot \frac{dz}{dx} = f'(z) \cdot g'(x) = f'(g(x)) \cdot g'(x)$$

예제 2-1-3

다음 함수를 미분하여라.

(1) $y = (2x^3 - x^2 + 3x + 1)^5$　　　(2) $y = \sqrt{x^2 - 2x - 1}$

풀이 (1) $z = (2x^3 - x^2 + 3x + 1)$이라 하면 $y = z^5$

$$\therefore \frac{dy}{dx} = \frac{dy}{dz} \cdot \frac{dz}{dx} = 5z^4 \cdot (6x^2 - 2x + 3)$$

$$= 5(2x^3 - x^2 + 3x + 1)^4 (6x^2 - 2x + 3)$$

(2) $z = x^2 - 2x - 1$이라 하면 $y = \sqrt{z}$

$$\therefore \frac{dy}{dx} = \frac{dy}{dz} \cdot \frac{dz}{dx} = \frac{1}{2\sqrt{z}}(2x-2) = \frac{x-1}{\sqrt{x^2-2x-1}}$$

함수 $y = f(z)$, $z = g(w)$, $w = h(x)$일 때, $\frac{dy}{dx}$는 다음과 같다.

$$\therefore \frac{dy}{dx} = \frac{dy}{dz} \cdot \frac{dz}{dw} \cdot \frac{dw}{dx} = f'(z)\, g'(w)\, h'(x)$$

<역함수의 미분법>

함수 $y = f(x)$의 역함수를 $x = f^{-1}(y)$라 하자.

f가 미분가능인 함수이면 f의 역함수도 미분가능한 함수이다.

즉,

$$\frac{dx}{dy} = \frac{1}{\frac{dy}{dx}} = \frac{1}{f'(x)}$$

$$(f^{-1}(y))' = \frac{1}{f'(x)} \qquad (\text{단 } f'(x) \neq 0)$$

또한 $f(a) = b$일 때 $(f^{-1}(b))' = \frac{1}{f'(a)}$이다.

2.2 여러 가지 함수의 미분법

<지수함수와 로그함수의 미분법>

$\lim\limits_{n\to\infty}\left(1+\dfrac{1}{n}\right)^n = e$ 라고 했다. 이것은 n 이 실수일 때에도 성립한다. 즉,

$$\lim_{x\to\infty}\left(1+\frac{1}{x}\right)^x = e, \text{ 또한 } \lim_{x\to 0}(1+x)^{\frac{1}{x}} = e$$

이것을 이용하면, $\lim\limits_{x\to 0}\dfrac{\ln(1+x)}{x} = \lim\limits_{x\to 0}\ln(1+x)^{\frac{1}{x}} = \ln e = 1$ (여기서 ln는 자연로그)이고, $\ln(1+h) = x$ 라 할 때 $e^x = 1+h$ 이고,

$$\lim_{x\to 0}\frac{e^x-1}{x} = \lim_{h\to 0}\frac{h}{\ln(1+h)} = \lim_{h\to 0}\frac{1}{\dfrac{\ln(1+h)}{h}} = 1$$

이 된다. 이것을 참고로 하여 $y = e^x$ 의 도함수를 구하면

$$y' = \lim_{\Delta x\to 0}\frac{e^{x+\Delta x}-e^x}{\Delta x} = e^x \cdot \lim_{\Delta x\to 0}\frac{e^{\Delta x}-1}{\Delta x} = e^x\cdot 1 = e^x$$

이 되고, 지수의 성질에 따라 $y = a^x\ (a>0, a\neq 1)$ 의 도함수를 구하면

$$y' = (a^x)' = (e^{\ln a^x})' = (e^{x\ln a})' = e^{x\ln a}\cdot(x\ln a)' = e^{x\ln a}\cdot\ln a$$

$$= e^{\ln a^x}\cdot\ln a = a^x\ln a$$

임을 알 수 있다.

그리고 $y = \log_a x\ \ (a>0,\ a\neq 1,\ x=c,\ y)$ 의 도함수는 역함수의 미분법을 적용하면

$$y' = \frac{dy}{dx} = \frac{1}{\dfrac{dx}{dy}} = \frac{1}{a^y\ln a} = \frac{1}{x\ln a}$$

이다. 특히, $a = e$ 라 하면 $(\ln x)' = \dfrac{1}{x}$ 이 되고 위 결과들을 정리하면 다음과 같다.

$$(a^x)' = a^x\ln a, \qquad (e^x)' = e^x$$

$$(\log_a x)' = \frac{1}{x\ln a}, \qquad (\ln x)' = \frac{1}{x}\ \ (a>0, a\neq 1)$$

예제 2-2-1

다음 함수를 미분하여라.

(1) $y=3^x$ (2) $y=\log_2 x$ (3) $y=e^{f(x)}$ (4) $y=\ln(x^2+2x-1)$

풀이 (1) $y'=3^x\ln 3$ (2) $y'=\dfrac{1}{x\ln 2}$

(3) $z=f(x)$라 하면 $y=e^z$

$$y'=\frac{dy}{dx}=\frac{dy}{dz}\cdot\frac{dz}{dx}=e^z\cdot f'(x)=e^{f(x)}\cdot f'(x)$$

(4) $z=x^2+2x-1$이라 하면 $y=\ln z$

$$\therefore y'=\frac{dy}{dx}=\frac{dy}{dz}\cdot\frac{dz}{dx}=\frac{1}{z}\cdot(2x+2)=\frac{2(x+1)}{x^2+2x-1}$$

<삼각함수와 역삼각함수의 미분법>

$\lim\limits_{x\to 0}\dfrac{\sin x}{x}=1$이다. 이것과 삼각함수의 성질에 의하여 $y=\sin x$ 의 도함수를 구하자.

$$y'=(\sin x)'=\lim_{\Delta x\to 0}\frac{\sin(x+\Delta x)-\sin x}{\Delta x}$$

$$=\lim_{\Delta x\to 0}\frac{2\sin\frac{\Delta x}{2}\cdot\cos\left(x+\frac{\Delta x}{2}\right)}{\Delta x}$$

$$=\lim_{\Delta x\to 0}\frac{\sin\frac{\Delta x}{2}}{\frac{\Delta x}{2}}\cdot\cos\left(x+\frac{\Delta x}{2}\right)$$

$$=1\cdot\cos x=\cos x$$

그리고 $y=\cos x$ 의 도함수는 $\cos x=\sin(x+\frac{\pi}{2})$이므로

$$(\cos x)'=\left(\sin\left(x+\frac{\pi}{2}\right)\right)'=\cos\left(x+\frac{\pi}{2}\right)=-\sin x$$

또, $y=\tan x$ 의 도함수는 $\tan x=\dfrac{\sin x}{\cos x}$ 이므로

$$(\tan x)' = \left(\frac{\sin x}{\cos x}\right)' = \frac{(\sin x)'\cos x - \sin x(\cos x)'}{\cos^2 x} = \frac{\cos^2 x + \sin^2 x}{\cos^2 x}$$

$$= \frac{1}{\cos^2 x} = \sec^2 x$$

그 외의 미분도 같은 방법으로 구하면 된다. 따라서 이를 정리하면

$(\sin x)' = \cos x$,	$(\mathrm{cosec}\,x)' = -\mathrm{cosec}\,x \cdot \cot x$
$(\cos x)' = -\sin x$,	$(\sec x)' = \sec x \cdot \tan x$
$(\tan x)' = \sec^2 x$,	$(\cot x)' = -\mathrm{cosec}^2 x$

예제 2-2-2

다음 함수를 미분하여라.

(1) $y = \sin(2x+1)$ (2) $y = \cos^3 x$ (3) $y = \tan x + \tan^2 x$

풀이 (1) $y' = (\sin(2x+1))' = \cos(2x+1) \cdot (2x+1)' = 2\cos(2x+1)$

(2) $y' = (\cos^3 x)' = 3\cos^2 x \cdot (\cos x)' = -3\sin x \cdot \cos^2 x$

(3) $y' = (\tan x + \tan^2 x)' = \sec^2 x + 2\tan x \cdot (\tan x)'$

$= \sec^2 x + 2\tan x \cdot (\sec^2 x) = (1 + 2\tan x)\sec^2 x$

역삼각함수의 도함수를 구하여 보자.

$y = \sin^{-1} x \Leftrightarrow x = \sin y$, $-\frac{\pi}{2} < y < \frac{\pi}{2}$ 이므로 $\cos y < 0$

$$\therefore \frac{dy}{dx} = \frac{1}{\frac{dx}{dy}} = \frac{1}{\cos y} = \frac{1}{\sqrt{1-\sin^2 y}} = \frac{1}{\sqrt{1-x^2}}$$

$y = \cos^{-1} x \Leftrightarrow x = \cos y$, $0 < y < \pi$ 이므로 $\sin y > 0$이고 역함수 미분법을 적용하면

$$\therefore \frac{dy}{dx} = \frac{1}{\frac{dx}{dy}} = \frac{1}{-\sin y} = \frac{1}{-\sqrt{1-\cos^2 y}} = -\frac{1}{\sqrt{1-x^2}}$$

또, $y = \tan^{-1} x \Leftrightarrow x = \tan y$

$$\therefore \frac{dy}{dx} = \frac{1}{\dfrac{dx}{dy}} = \frac{1}{\sec^2 y} = \frac{1}{1+\tan^2 y} = \frac{1}{1+x^2}$$

그 외의 역삼각함수의 도함수는 위와 비슷한 방법으로 구할 수 있다. 그 결과를 정리하면 다음과 같다.

$$(\sin^{-1}x)' = \frac{1}{\sqrt{1-x^2}} \qquad (\cot^{-1}x)' = \frac{-1}{1+x^2}$$

$$(\cos^{-1}x)' = \frac{-1}{\sqrt{1-x^2}} \qquad (\sec^{-1}x)' = \frac{1}{x\sqrt{x^2-1}}$$

$$(\tan^{-1}x)' = \frac{1}{1+x^2} \qquad (\csc^{-1}x)' = \frac{-1}{x\sqrt{x^2-1}}$$

예제 2-2-3

다음 함수를 미분하여라.

(1) $y = \sin^{-1}\dfrac{x}{k}$, $(0 < x < k)$, (2) $y = \cos^{-1}\dfrac{x}{k}$, $(0 < x < k)$,

(3) $y = \tan^{-1}\dfrac{x}{k}$ (4) $y = \sin^{-1}(\cos x)$

풀이

(1) $$y' = \left(\sin^{-1}\frac{x}{k}\right)' = \frac{1}{\sqrt{1-\left(\dfrac{x}{k}\right)^2}}\left(\frac{x}{k}\right)' = \frac{k}{\sqrt{k^2-x^2}} \cdot \frac{1}{k} = \frac{1}{\sqrt{k^2-x^2}}$$

(2) $$y' = \left(\cos^{-1}\frac{x}{k}\right)' = \frac{-1}{\sqrt{1-\left(\dfrac{x}{k}\right)^2}}\left(\frac{x}{k}\right)' = \frac{-k}{\sqrt{k^2-x^2}} \cdot \frac{1}{k} = \frac{-1}{\sqrt{k^2-x^2}}$$

(3) $$y' = \left(\tan^{-1}\frac{x}{k}\right)' = \frac{1}{1+\left(\dfrac{x}{k}\right)^2}\left(\frac{x}{k}\right)' = \frac{k^2}{x^2+k^2} \cdot \frac{1}{k} = \frac{k}{x^2+k^2}$$

(4) $$y' = \{\sin^{-1}(\cos x)\}' = \frac{1}{\sqrt{1-\cos^2 x}}(\cos x)' = \frac{-\sin x}{|\sin x|} = \begin{cases} -1, & \sin x > 0 \\ 1, & \sin x < 0 \end{cases}$$

<쌍곡선함수와 역쌍곡선함수의 미분법>

먼저 쌍곡선함수의 도함수를 구하여 보자.

$$\frac{d}{dx}\sinh x = \frac{d}{dx}\left(\frac{e^x - e^{-x}}{2}\right) = \frac{e^x + e^{-x}}{2} = \cosh x$$

$$\frac{d}{dx}\cosh x = \frac{d}{dx}\left(\frac{e^x + e^{-x}}{2}\right) = \frac{e^x - e^{-x}}{2} = \sinh x$$

$$\frac{d}{dx}\tanh x = \frac{d}{dx}\left(\frac{\sinh x}{\cosh x}\right) = \frac{(\sinh x)'\cosh x - \sinh x\,(\cosh x)'}{\cosh^2 x}$$

$$= \frac{\cosh^2 x - \sinh^2 x}{\cosh^2 x} = \frac{1}{\cosh^2 x} = \operatorname{sech}^2 x$$

그 외의 쌍곡선함수의 도함수도 위와 같이 지수함수 및 쌍곡선함수 사이의 관계를 이용하면 쉽게 구할 수 있다. 이것을 모두 정리하면 다음과 같다.

$$\begin{array}{ll}
(\sinh x)' = \cosh x, & (\cosh x)' = -\operatorname{cosech}^2 x \\
(\cosh x)' = \sinh x, & (\operatorname{sech} x)' = -\operatorname{sech} x \tanh x \\
(\tanh x)' = \operatorname{sech}^2 x, & (\operatorname{cosech} x)' = -\operatorname{cosech} x \coth x
\end{array}$$

역쌍곡선함수의 도함수를 구하여 보자.

제1장에서 $\sinh^{-1}x = \ln(x + \sqrt{x^2+1})$임을 알았다. 따라서 로그함수의 미분법과 합성함수의 미분법에 의하여

$$\frac{d}{dx}(\sinh^{-1}x) = \frac{d}{dx}\ln(x + \sqrt{x^2+1}) = \frac{1}{x+\sqrt{x^2+1}}\left(x + \sqrt{x^2+1}\right)'$$

$$= \frac{1}{x+\sqrt{x^2+1}}\left(1 + \frac{1}{2\sqrt{x^2+1}}(x^2+1)'\right)$$

$$= \frac{1}{x+\sqrt{x^2+1}}\left(1 + \frac{x}{\sqrt{x^2+1}}\right)$$

$$= \frac{1}{x+\sqrt{x^2+1}} \cdot \frac{\sqrt{x^2+1}+x}{\sqrt{x^2+1}}$$

$$= \frac{1}{\sqrt{1+x^2}}$$

$\cosh^{-1}x$, $\tanh^{-1}x$ 의 도함수도 같은 방법으로 얻을 수 있다.

$$(\sinh^{-1}x)'=\frac{1}{\sqrt{1+x^2}}, \qquad (\cosh^{-1}x)'=\frac{1}{\sqrt{x^2-1}},$$

$$(\tanh^{-1}x)'=\frac{1}{1-x^2} \qquad (|x|<1)$$

예제 2-2-4

다음 함수들의 도함수를 구하여라.

(1) $y=\sinh 3x$ (2) $y=\sinh^{-1}(3x^2)$

(3) $y=\tanh x+\tanh^{-1}(\sin x)$

풀이 (1) $y'=(\sinh 3x)'=\cosh 3x\cdot(3x)'=3\cosh 3x$

(2) $y'=(\sinh^{-1}(3x^2))'=\dfrac{1}{\sqrt{1+(3x^2)^2}}\cdot(3x^2)'=\dfrac{6x}{\sqrt{1+9x^4}}$

(3) $$\begin{aligned}y'&=\mathrm{sech}^2 x+\frac{1}{1-(\sin x)^2}(\sin x)'\\&=\mathrm{sech}^2 x+\frac{1}{\cos^2 x}\cdot\cos x\\&=\mathrm{sech}^2 x+\sec x\end{aligned}$$

2.3 고계도함수

함수 $y=f(x)$의 도함수 $y'=f'(x)$가 다시 x에 대하여 미분가능할 때,

$$\lim_{\Delta x\to 0}=\frac{f'(x+\Delta x)-f'(x)}{\Delta x}$$

에 따라 구하여지는 함수를 $y=f(x)$의 **2계도함수**(derivative of 2nd order)라 한다. 이 때, $y=f(x)$의 2계도함수는

$$y'',\ f''(x),\ \frac{d^2y}{dx^2},\ D^2y,\cdots$$

등으로 나타낸다. 또 $f''(x)$를 미분하여 얻은 함수를 $f(x)$의 **3계도함수**(derivative of 3nd order)라 하고 $y''', f'''(x),\cdots$ 등으로 나타낸다.

일반적으로 이렇게 생각하여 n **계도함수**를 구할 수 있고, 이 n 계도함수는

$$y^{(n)},\ f^{(n)}(x),\ \frac{d^n y}{dx^n},\ D^n y, \cdots$$

등으로 나타낸다.

여기서 $n \geq 2$일 때의 $f^{(n)}(x)$를 통틀어 **고계도함수**(derivative of higher order)라 한다.

예제 2-3-1

$y = x^4 + 2x^3 - 3x^2 + 4x + 1$의 n계도함수를 구하여라.

풀이

$$y = x^4 + 2x^3 - 3x^2 + 4x + 1$$
$$y' = 4x^3 + 6x^2 - 6x + 4$$
$$y'' = 12x^2 + 12x - 6$$
$$y''' = 24x + 12$$
$$y^{(4)} = 24$$
$$y^{(5)} = 0$$

따라서, $n \geq 5$일 때

$$y^{(n)} = 0$$

예제 2-3-2

다음 함수의 n 계도함수를 구하여라.

(1) $f(x) = \dfrac{1}{x}$ (2) $f(x) = e^{ax}$

풀이 (1) $f(x) = \dfrac{1}{x} = x^{-1}$

$$f'(x) = -x^{-2} = -\frac{1}{x^2}$$
$$f''(x) = (-2)\cdot(-1)x^{-3}$$
$$f'''(x) = (-3)\cdot(-2)\cdot(-1)\cdot x^{-4} = (-1)^3 3!x^{-4}$$
$$f^{(4)}(x) = 4\cdot 3\cdot 2\cdot 1\cdot x^{-5} = 4!x^{-5}$$
$$f^{(5)}(x) = -5\cdot 4\cdot 3\cdot 2\cdot 1\cdot x^{-6} = -5!x^{-6}$$
$$\vdots$$
$$f^{(n)}(x) = (-1)^n n(n-1)(n-2)\ldots 3\cdot 2\cdot 1\cdot x^{-(n+1)}$$
$$= \frac{(-1)^n n!}{x^{n+1}}$$

(2) $f(x) = e^{ax}$

$$
\begin{aligned}
f'(x) &= ae^{ax} \\
f''(x) &= a \cdot ae^{ax} = a^2 e^{ax} \\
f'''(x) &= a^2 \cdot ae^{ax} = a^3 e^{ax} \\
f^{(4)}(x) &= a^3 \cdot ae^{ax} = a^4 e^{ax} \\
f^{(5)}(x) &= a^4 \cdot ae^{ax} = a^5 e^{ax} \\
&\ \vdots \\
f^{(n)}(x) &= a^n e^{ax}
\end{aligned}
$$

2.4 편미분법

xy 평면 위의 부분집합을 D 라 하고, D 위의 각 점 $P(x, y)$에 대하여 한 실수 z 에 대응하는 함수 f 를

$$z = f(x, y), \text{ 또는 } z = f(P)$$

로 나타내고, 이 f 를 정의역이 D 인 두 변수 x, y 의 함수, 또는 변수 x, y 에 대한 **이변수함수**(function of two variables)라 한다.

이와 같은 이치로 세 개의 변수 x, y, z 에 대한 삼변수함수는 $w = f(x, y, z)$, n 개에 변수 $x_1, x_2, \cdots, x_n$ 에 대한 함수는 $u = f(x_1, x_2, \cdots, x_n)$등과 같이 나타내고 이것을 **다변수함수**(function of several vriables)라 한다.

이미 취급한 $y = f(x)$ 꼴은 일변수함수로 그 그래프는 좌표평면에서 곡선을 나타내었다. 그러나 D 가 정의역인 이변수함수 $z = f(x, y)$는 그 그래프를 좌표공간의 점의 집합

$$\{(x, y, z) \mid (x, y) \in D, z = f(x, y)\}$$

이고 이 집합은 공간의 부분집합으로 평면 또는 곡면을 나타낸다.

이제 이변수함수의 미분법에 대하여 알아보자.

이변수함수 $z = f(x, y)$는 정의역이 D 이다. 이 D 의 한 점 (a, b)에 대하여

$$\lim_{h \to 0} \frac{f(a+h, b) - f(a, b)}{h}$$

가 존재하고 유한확정이면 $f(x, y)$는 (a, b)에서 x 에 대하여 **편미분가능**(partial differentiable)이라 하고

$$f_x(a, b)$$

로 나타내고 이것을 $f(x, y)$의 (a, b)에서의 x에 대한 **편미분계수**(partial differential coefficient)라 한다.

$z=f(x, y)$가 모든 $(x, y) \in D$에서 x에 대하여 편미분가능이면 각 $(x, y) \in D$에서 x에 대한 편미분계수에 대응하는 함수를 얻을 수 있는데 이 함수를

$$f_x(x,y)=\lim_{h\to 0}\frac{f(x+h,\ y)-f(x,\ y)}{h}$$

와 같이 나타내고, 이것을 $f(x, y)$의 x에 대한 **편도함수**(partial derivative)라 한다.

이변수함수 $z=f(x, y)$에서 y에 대한 편미분계수 $f_y(a, b)$, 편도함수 $f_y(x, y)$도 앞에서와 같은 이치로

$$f_y(a,\ b)=\lim_{h\to 0}\frac{f(a,\ b+h)-f(a,\ b)}{h}$$

$$f_y(x,\ y)=\lim_{h\to 0}\frac{f(x,\ y+h)-f(x,\ y)}{h}$$

와 같이 정의한다.

$z=f(x,y)$에서 $f_x(x, y)$, $f_y(x, y)$를 구하는 것은 x 또는 y에 대하여 **편미분한다**고 하고, x에 대한 편도함수는

$$z_x,\ f_x(x,\ y),\ \frac{\partial z}{\partial x},\ \frac{\partial f}{\partial x},\ \frac{\partial}{\partial x}f(x,\ y),\ D_x f(x,\ y),$$

y에 대한 편도함수는

$$z_y,\ f_y(x,\ y),\ \frac{\partial z}{\partial y},\ \frac{\partial f}{\partial y},\ \frac{\partial}{\partial y}f(x,\ y),\ D_y f(x,\ y)$$

등으로 나타낸다.

예제 2-4-1

$f(x, y)=x^2-3xy+y^2$의 편도함수를 구하여라.

풀이

$$\begin{aligned} f_x(x,\ y) &= \lim_{h\to 0}\frac{f(x+h,\ y)-f(x,\ y)}{h} \\ &= \lim_{h\to 0}\frac{(x+h)^2-3(x+h)y+y^2-(x^2-3xy+y^2)}{h} \\ &= \lim_{h\to 0}\frac{2xh+h^2-3hy}{h}=\lim_{h\to 0}(2x+h-3y) \\ &= 2x-3y \end{aligned}$$

$$f_y(x,\ y) = \lim_{h \to 0} \frac{f(x,\ y+h) - f(x,\ y)}{h}$$

$$= \lim_{h \to 0} \frac{x^2 - 3x(y+h) + (y+h)^2 - (x^2 - 3xy + y^2)}{h}$$

$$= \lim_{h \to 0} \frac{-3xh + 2yh + h^2}{h} = \lim_{h \to 0}(-3x + 2y + h)$$

$$= -3x + 2y$$

이 예제에서 알 수 있듯이, $f_x(x,\ y)$를 구할 때에는 y 를, $f_y(x,\ y)$를 구할 때에는 x 를 상수로 보고 일변수함수의 미분법에 의하면 된다.

예를 들어 $z = x^2 + 2x^3y^2 + y^3$ 에서 $\dfrac{\partial z}{\partial x} = 2x + 6x^2y^2$, $\dfrac{\partial z}{\partial y} = 4x^3y + 3y^2$이 된다.

$z = f(x,\ y)$의 편도함수 $f_x(x,\ y)$, $f_y(x,\ y)$가 또 x, y 에 대하여 편미분가능이면

$$\frac{\partial}{\partial x}\left(\frac{\partial z}{\partial x}\right) = \frac{\partial^2 z}{\partial x^2},\ z_{xx},\ f_{xx}(x,\ y)$$

$$\frac{\partial}{\partial y}\left(\frac{\partial z}{\partial x}\right) = \frac{\partial^2 z}{\partial y\, \partial x},\ z_{xy},\ f_{xy}(x,\ y)$$

$$\frac{\partial}{\partial x}\left(\frac{\partial z}{\partial y}\right) = \frac{\partial^2 z}{\partial x\, \partial y},\ z_{yx},\ f_{yx}(x,\ y)$$

$$\frac{\partial}{\partial y}\left(\frac{\partial z}{\partial y}\right) = \frac{\partial^2 z}{\partial y^2},\ z_{yy},\ f_{yy}(x,\ y)$$

가 존재하고 이것들을 $f(x,\ y)$의 **2계편도함수**(2^2개)라 하고, 같은 이치로 **삼계편도함수**, …, n **계편도함수**(2^n 개)를 정의할 수 있고 이들을 통틀어 **고계편도함수**(partial derivative of higher order)라 한다.

연 습 문 제

1. 다음 함수를 미분하여라.

(1) $y = 2x^3$　　(2) $y = x^4 - 3x^3 + 2x^2 - x + 5$

(3) $y = (x-1)(x^2 - 3x + 1)$　　(4) $y = \dfrac{x^2 - 2x + 1}{x - 1}$

2. 함수 $f(x)$가 미분가능일 때 다음이 성립함을 밝혀라.

$$\left(\frac{1}{f(x)}\right)' = -\frac{f'(x)}{\{f(x)\}^2}, \quad (f(x) \neq 0)$$

이를 이용하여 다음 함수를 미분하여라.

(1) $y = \dfrac{1}{x}$　　(2) $y = \dfrac{1}{x^2}$　　(3) $y = \dfrac{1}{x^3 - 3x^2 + 1}$

3. 다음 함수를 미분하여라.

(1) $y = \sqrt{x^2 - 1}$　　(2) $y = \dfrac{1}{(x^3 + 1)^2}$　　(3) $y = x\sqrt{1 - x^2}$

4. 다음에서 $\dfrac{dy}{dx}$를 구하여라.

(1) $x^2 + xy - y^2 = 0$　　(2) $x^3 - xy^2 + y^3 = 0$

5. **〈역함수의 미분법〉** 함수 $y = f(x)$ 및 그 역함수가 미분가능일 때,

$$\frac{dx}{dy} = \frac{1}{\dfrac{dy}{dx}}, \quad \left(\frac{dy}{dx} \neq 0\right)$$

〈매개변수로 나타내는 함수의 미분법〉 매개변수 t로 $x = f(t)$, $y = y(t)$로 나타내어지는 함수가 t에 대하여 미분가능이고 $f'(t) \neq 0$일 때,

$$\frac{dy}{dx} = \frac{g'(t)}{f'(t)} = \frac{\dfrac{dy}{dt}}{\dfrac{dx}{dt}}$$

이다. 이 때, 다음에 맞는 답을 구하여라.

(1) $y = \dfrac{1}{\sqrt{x - 1}}$에서 $\dfrac{dx}{dy}$,　　(2) $x = t^2 + t$, $y = t + \dfrac{1}{t}$에서 $\dfrac{dy}{dx}$

6. 다음 함수를 미분하여라.

(1) $y = 2^x$　　(2) $y = 5^{-x}$　　(3) $y = e^{-3x}$

(4) $y = \sqrt{2}\, e^{\sqrt{2}x}$　　(5) $y = (\ln x)^3$　　(6) $y = \ln(1 + \sqrt{x})$

(7) $y = \ln(\ln x)$　　(8) $y = \sin\dfrac{a}{x}$　　(9) $y = \cos(3x - 2)$

(10) $y = x\tan\sqrt{x}$ (11) $y = \sin^{-1}\sqrt{x}$ (12) $y = \dfrac{1}{\cos^{-1}x}$

7. 다음 함수를 미분하여라.

(1) $y = x^x$ (2) $y = (\ln x)^x$ (3) $y = (\sin x)^{\sin x}$

8. 다음 함수의 n 계도함수를 구하여라.

(1) $f(x) = x^n$ (2) $f(x) = \dfrac{1}{3x^3}$ (3) $f(x) = \ln x$

(4) $f(x) = \sin x$ (5) $f(x) = e^x \sin x$

9. $f(x) = \cos x$ 일 때, $f^{(45)}(x)$를 구하여라.

10. 다음 함수의 편도함수를 구하여라.

(1) $z = 3x^3 - 2x^2y + y^3$ (2) $z = \ln(x^2 + y)$

11. $z = \ln(e^x + e^y)$일 때, $\dfrac{\partial z}{\partial x} + \dfrac{\partial z}{\partial y}$의 값을 구하여라.

12. $z = e^{-x}\sin y$ 의 이계편도함수를 구하여라.

13. $z = \ln(x^2 + y^2)$일 때, $\dfrac{\partial^2 z}{\partial x^2} + \dfrac{\partial^2 z}{\partial y^2}$의 값을 구하여라.

제 3 장

적 분

3.1 부정적분

함수 $f(x)$에 대하여 $F'(x)=f(x)$이 성립하는 $F(x)$를 $f(x)$의 **원시함수**(primitive)라 한다. 이 때, 일반적으로 $F(x)+C$를 함수 $f(x)$의 **부정적분**(dindefinite integral)이라 하고

$$\int f(x)\,dx = F(x)+C$$

로 나타낸다. 여기서, 상수 C를 **적분상수**(integral constant), $f(x)$를 **피적분함수**(integrand), 변수 x 를 **적분변수**(integral variable)라 한다. 여기서 어떤 함수의 부정적분을 구하는 것을 **적분한다**(integrate)고 하고 그 계산하는 방법을 **적분법**(integration)이라 한다.

적분하는 것은 미분의 역연산이므로 미분공식으로부터 다음 적분공식을 얻을 수 있다.

$\int \sin x\,dx = -\cos x + C$	$\int \mathrm{cosec}^2 x\,dx = -\cot x + C$
$\int \cos x\,dx = \sin x + C$	$\int \sec x \tan x\,dx = \sec x + C$
$\int \sec^2 x\,dx = \tan x + C$	$\int \mathrm{cosec}\,x \cot x\,dx = -\mathrm{cosec}\,x + C$
$\int e^x\,dx = e^x$	$\int \frac{1}{x}\,dx = \ln\lvert x\rvert + C$
$\int a^x\,dx = \frac{a^x}{\ln a} + C \quad (a>0,\ a\neq 1)$	

예제 3-1-1

다음 함수의 부정적분을 구하여라.

(1) $f(x)=x^3-2x+5$ (2) $f(x)=\sin x+e^x$

(3) $f(x)=x^2+\dfrac{1}{x^2}$ (4) $f(x)=(x+1)(x^2-3)$

풀이 (1) $\displaystyle\int f(x)dx=\int x^3dx-\int 2x\,dx+\int 5\,dx$

$$=\frac{1}{4}x^4-x^2+5x+C$$

(2) $\displaystyle\int f(x)dx=\int \sin x\,dx+\int e^x\,dx=-\cos x+e^x+C$

(3) $\displaystyle\int f(x)dx=\int x^2\,dx+\int x^{-2}dx=\frac{1}{3}x^3-x^{-1}+C$

(4) $\displaystyle\int f(x)dx=\int (x^3+x^2-3x-3)dx$

$$=\frac{1}{4}x^4+\frac{1}{3}x^3-\frac{3}{2}x^2-3x+C$$

<치환적분법>

함수 $x=g(t)$가 미분가능일 때

$$\frac{d}{dt}\int f(x)\,dx=\frac{d}{dx}\left(\int f(x)\,dx\right)\frac{dx}{dt}=f(g(t))\cdot g'(t)$$

가 되므로 $\int f(x)\,dx$는 $f(g(t))g'(t)$의 원시함수이다. 따라서

$$\int f(g(t))\,g'(t)\,dt=\int f(x)\,dx,\ x=g(t)$$

이와 같이 변수를 바꾸어 적분을 계산하는 방법을 **치환적분법**(integration by substitution)이라 한다.

예제 3-1-2

다음 부정적분을 구하여라.

(1) $\displaystyle\int x(x^2+1)^4dx$ (2) $\displaystyle\int \sin x\cos^3 x\,dx$

풀이 (1) $x^2+1=t$ 라 하면 $2x\,dx=dt$

$$\therefore \int x(x^2+1)^4 dx = \int \frac{1}{2} t^4 dt = \frac{1}{2}\cdot\frac{1}{5}t^5 + C = \frac{1}{10}(x^2+1)^5 + C$$

(2) $\cos x = t$ 라 하면 $-\sin x\, dx = dt$

$$\therefore \int \sin x \cos^3 x\, dx = -\int t^3 dt = -\frac{1}{4}t^4 + C = -\frac{\cos^4 x}{4} + C$$

<부분적분법>

두 함수 $f(x)$, $g(x)$가 미분가능한 함수라면

$$\{f(x)g(x)\}' = f'(x)g(x) + f(x)g'(x)$$

이 성립한다. 따라서 $f(x)g(x)$는 $f'(x)g(x)+f(x)g'(x)$의 원시함수임을 의미한다. 따라서

$$\int \{f'(x)g(x) + f(x)g'(x)\}\, dx = f(x)g(x)$$

$$\therefore \int f'(x)g(x)\, dx = f(x)g(x) - \int f(x)g'(x)\, dx$$

이와 같이 적분을 계산하는 방법을 **부분적분법**(integration by parts)이라 한다. 위에서 $f'(x)=1$이라 하면

$$\int g(x)\, dx = xg(x) - \int xg'(x)\, dx$$

예제 3-1-3

다음을 계산하여라.

(1) $\int x\cos x\, dx$ (2) $\int \ln x\, dx$ (3) $\int x^2 e^x dx$

풀이 (1) $\int x\cos x\, dx = x\sin x - \int \sin x\, dx = x\sin x + \cos x + C$

(2) $\int \ln x\, dx = \int (x)'\ln x\, dx = x\ln x - \int x\cdot\frac{1}{x}dx = x\ln x - x + C$

(3) $\int x^2 e^x dx = x^2 e^x - \int 2xe^x dx = x^2e^x - 2\left\{xe^x - \int e^x dx\right\}$

$= x^2e^x - 2xe^x + 2e^x + C$

---

3. 2　정적분

함수 $y=f(x)$가 폐구간 $[a, b]$에서 다음 그림과 같다고 할 때, 이 구간에 $n+1$개의 점 $x_0, x_1, x_2, \cdots, x_n$ 을

$$a=x_0<x_1<x_2<\cdots<x_{n-1}<x_n=b$$

되게 잡는다고 하자.

여기서 집합 $\{x_0, x_1, x_2, \cdots, x_n\}$을 폐구간 $[a, b]$의 **분할**(partition)이라 한다. 소구간 $[x_{i-1}, x_i]$에서 임의의 점 ξ_i 를 잡고

$$\triangle x_i=x_i-x_{i-1} \qquad (i=1,\ 2,\ \cdots,\ n)$$

로 하고 $\triangle x_i$ 들 중 가장 큰 값을 $\triangle x$ 로 할 때,

$$\lim_{\triangle x\to 0}\sum_{i=1}^{n} f(\xi_i)\triangle x_i \left(\text{또는} \lim_{n\to\infty}\sum_{i=1}^{n} f(\xi_i)\triangle x_i\right)$$

의 값을 $y=f(x)$의 $x=a$ 에서 $x=b$ 까지의 **정적분**(definite integral)이라 하고

$$\int_a^b f(x)\,dx$$

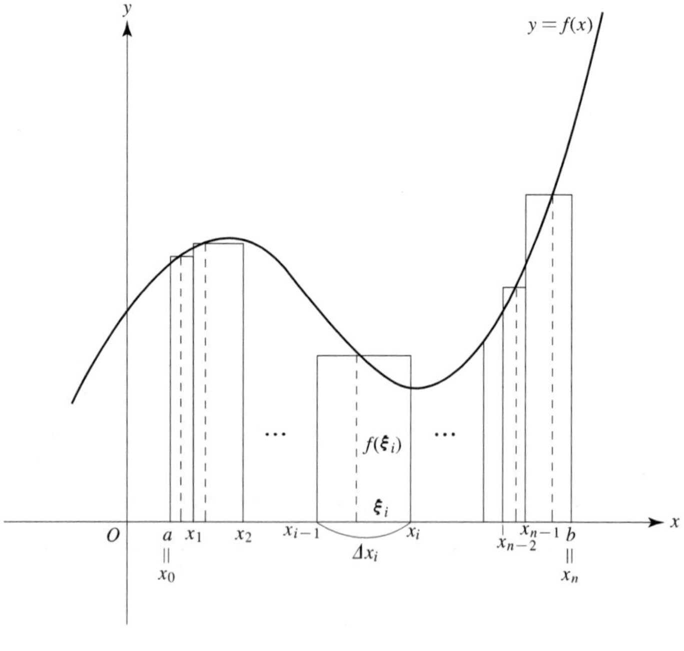

로 나타낸다. 즉

$$\int_a^b f(x)\,dx = \lim_{\Delta x \to 0} \sum_{i=1}^{n} f(\xi_i)\,\Delta x_i, \quad \Delta x_i = x_i - x_{i-1}$$

여기서 x 는 적분변수, $f(x)$는 피적분함수, a 는 **하한**(lower limit of integration), b 는 **상한**(upper limit of integration)이라 한다.

> $y = f(x)$가 $[a, b]$에서 연속이고 $F'(x) = f(x)$, $F(x)$는 f 의 부정적분이라 한다. 그러면 다음이 성립한다.
>
> $$\int_a^b f(x)\,dx = [F(x)]_a^b = F(b) - F(a)$$

정적분을 계산하려면 부정적분의 성질과 정적분의 정의에 의하여 다음과 같이 정리할 수 있다.

> $$\int_a^b kf(x)\,dx = k\int_a^b f(x)\,dx \quad (k\text{는 상수})$$
>
> $$\int_a^b \{f(x) \pm g(x)\}\,dx = \int_a^b f(x)\,dx \pm \int_a^b g(x)\,dx$$
>
> $$\int_a^b f(x)\,dx = \int_a^c f(x)\,dx + \int_c^b f(x)\,dx \qquad (a < c < b)$$
>
> $$\left|\int_a^b f(x)\,dx\right| \le \int_a^b |f(x)|\,dx$$
>
> **〈치환적분법〉** $$\int_\alpha^\beta f(g(t))\,g'(t)\,dt = \int_a^b f(x)\,dx$$
>
> $$(x = g(t), a = g(\alpha), b = g(\beta))$$
>
> **〈부분적분법〉** $$\int_a^b f(x)\,g'(x)\,dx = [f(x)\,g(x)]_a^b - \int_a^b f'(x)\,g(x)\,dx$$

예제 3-2-1

다음 정적분을 계산하여라.

(1) $\displaystyle\int_2^4 x\sqrt{x}\,dx$ (2) $\displaystyle\int_0^4 \frac{x}{\sqrt{x^2+9}}\,dx$ (3) $\displaystyle\int_{-2}^2 \frac{1}{x^2+4}\,dx$

풀이 (1) $\int_2^4 x\sqrt{x}\,dx = \int_2^4 x^{\frac{3}{2}}\,dx = \left[\frac{1}{\frac{3}{2}+1}x^{\frac{3}{2}+1}\right]_2^4 = \left[\frac{2}{5}x^2\sqrt{x}\right]_2^4$

$$= \frac{2}{5}(4^2\sqrt{4} - 2^2\sqrt{2}) = \frac{2}{5}(32 - 4\sqrt{2}) = \frac{8}{5}(8 - \sqrt{2})$$

(2) $\frac{d}{dx}\sqrt{x^2+9} = \frac{x}{\sqrt{x^2+9}}$ 이므로

$$\int_0^4 \frac{x}{\sqrt{x^2+9}}dx = [\sqrt{x^2+9}]_0^4 = \sqrt{25} - \sqrt{9} = 2$$

(3) 공식 $\int \frac{1}{x^2+a^2}dx = \frac{1}{a}\tan^{-1}\frac{x}{a}$ 이므로

$$\int_{-2}^2 \frac{1}{x^2+4}dx = \left[\frac{1}{2}\tan^{-1}\frac{x}{2}\right]_{-2}^2 = \frac{1}{2}\{\tan^{-1}1 - \tan^{-1}(-1)\}$$

$$= \frac{1}{2}\left\{\frac{\pi}{4} - \left(-\frac{\pi}{4}\right)\right\} = \frac{\pi}{4}$$

예제 3-2-2

다음 정적분을 계산하여라.

(1) $\int_2^5 \frac{2}{x^2-1}dx$ (2) $\int_0^1 \frac{1}{1+x^2}dx$ (3) $\int_0^\pi x\sin x\,dx$

풀이 (1) $\frac{2}{x^2-1} = \frac{2}{(x-1)(x+1)} = \frac{1}{x-1} - \frac{1}{x+1}$

$$\therefore \int_2^5 \frac{2}{x^2-1}dx = \int_2^5\left(\frac{1}{x-1} - \frac{1}{x+1}\right)dx$$

$$= [\ln(x-1) - \ln(x+1)]_2^5$$

$$= \left[\ln\frac{x-1}{x+1}\right]_2^5 = \ln\frac{2}{3} - \ln\frac{1}{3} = \ln 2$$

(2) 공식 $\int \frac{1}{x^2+a^2}dx = \frac{1}{a}\tan^{-1}\frac{x}{a}$

$$\therefore \int_0^1 \frac{1}{1+x^2}dx = [\tan^{-1}x]_0^1 = \tan^{-1}1 - \tan^{-1}0 = \frac{\pi}{4}$$

(3) $\int_0^\pi x\sin x\,dx = [x(-\cos x)]_0^\pi - \int_0^\pi 1\cdot(-\cos x)\,dx$

$$= \pi + \int_0^\pi \cos x\,dx = \pi + [\sin x]_0^\pi = \pi$$

3.3 정적분의 응용

<곡선의 길이>

함수 $y=f(x)$가 $[a,\ b]$에서 연속일 때, $[a,\ b]$를

$$a=x_0<x_1<x_2<\ \cdots\ <x_{n-1}<x_n=b$$

되게 $x_i(i=0,\ 1,\ 2,\ \cdots,\ n)$에 의하여 분할하고 $x=x_i$ 에 대응하는 곡선 위의 점을 $P_i(i=0,\ 1,\ 2,\ \cdots\ n)$라 하면

$$\overline{P_{i-1}P_i}=\sqrt{(x_i-x_{i-1})^2-(f(x_i)-f(x_{i-1})^2}$$

이다. $x_i-x_{i-1}=\Delta x_i$ 라 할 때 Δx_i 의 최대값 Δx 에 의한 극한 값 $\lim_{\Delta x\to 0}\sum_{i=1}^{n}\overline{P_{i-1}P_i}$ 가 존재하면 이 극한값은 곡선 $y=f(x)$의 구간 $[a,\ b]$에서의 곡선의 길이를 의미한다. 정적분의 정의와 성질에 의하여 이 극한값은 정적분으로 나타내면 다음과 같고, 이 정적분은 곡선 $y=f(x)$가 $x=a$에서 $x=b$까지의 곡선의 길이와 같다.

$$\int_a^b\sqrt{1+\left(\frac{dy}{dx}\right)^2}\,dx$$

또, 매개변수를 나타내는 곡선 $x=x(t),\ y=y(t)$의 구간 $[\alpha,\ \beta]$에서의 곡선의 길이 위 식을 변형하여 다음과 같이 정리할 수 있다.

$$\ell=\int_\alpha^\beta\sqrt{\left(\frac{dx}{dt}\right)^2+\left(\frac{dy}{dt}\right)^2}\,dt$$

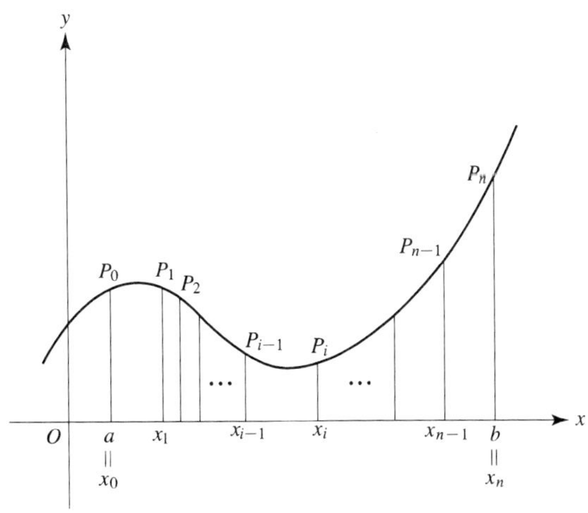

예제 3-3-1

다음 곡선의 길이를 구하여라.

「cycloid $\begin{cases} x = a(t - \sin t) \\ y = a(1 - \cos t) \end{cases}$ 의 $0 \le t \le 2\pi$ 에서의 곡선$(a > 0)$」

풀이

$$\begin{cases} x = a(t - \sin t) \\ y = a(1 - \cos t) \end{cases} \text{에서 } \frac{dx}{dt} = a(1 - \cos t),\ \frac{dy}{dt} = a\sin t$$

$$\therefore \ell = \int_0^{2\pi} \sqrt{\left(\frac{dx}{dt}\right)^2 + \left(\frac{dy}{dt}\right)^2}\, dt = \int_0^{2\pi} \sqrt{a^2(1 - \cos t)^2 + a^2\sin^2 t}\, dt$$

$$= \int_0^{2\pi} \sqrt{a^2(1 - 2\cos t + \cos^2 t + \sin^2 t)}\, dt$$

$$= a\int_0^{2\pi} \sqrt{2(1 - \cos t)}\, dt \quad \left(\text{여기서 } \cos t = \cos\left(2 \cdot \frac{t}{2}\right) = 1 - 2\sin^2\frac{t}{2}\right)$$

$$= a\int_0^{2\pi} \sqrt{2\left\{1 - \left(1 - 2\sin^2\frac{t}{2}\right)\right\}}\, dt$$

$$= a\int_0^{2\pi} \sqrt{4\sin^2\frac{t}{2}}\, dt \quad \left(0 \le t \le 2\pi, 0 \le \frac{t}{2} \le \pi \quad \therefore \sin\frac{t}{2} \ge 0\right)$$

$$= 2a\int_0^{2\pi} \sin\frac{t}{2}\, dt = 4a\left[-\cos\frac{t}{2}\right]_0^{2\pi} = 8a$$

<면적(넓이)>

함수 $y = f(x)$가 $[a, b]$에서 연속일 때, 곡선 $y = f(x)$와 두 직선 $x = a$, $x = b$ 및 x 축으로 둘러싸인 도형의 넓이 S는

$$S = \int_a^b |f(x)|\, dx$$

이고, $y = g(x)$에 대하여도 $[a, b]$에서 연속일 때, 두 곡선 $y = f(x)$, $y = g(x)$가 구간 $[a, b]$에서 $x = a$, $x = b$와 둘러싸인 도형의 넓이 S는

$$S = \int_a^b |f(x) - g(x)|\, dx$$

이다.

예제 3-3-2

다음 도형의 면적을 구하여라.

(1) 곡선 $y=\dfrac{1}{x}$이 $1\le x\le e$ 에서 x 축과 둘러싸인 도형.

(2) 두 곡선 $y=x^2-2x$ 와 $y=6x-x^2$으로 둘러싸인 도형.

(3) 두 곡선 $y=\sin x$ 와 $y=\sin 2x$ 가 $0\le x\le \pi$ 에서 둘러싸인 도형.

풀이 (1) $S=\displaystyle\int_1^e \frac{1}{x}\,dx=[\ln x]_1^e=1$

(2) $x^2-2x=6x-x^2$ 에서 두 곡선의 교점의 x 좌표는 0, 4이고 $0\le x\le 4$ 에서 $6x-x^2\ge\ x^2-2x$ 이므로

$$S=\int_0^4\left[(6x-x^2)-(x^2-2x)\right]dx=\frac{64}{3}$$

(3) $\sin 2x-\sin x=0$, 여기서 $\sin 2x=2\sin x\cos x$이므로,

$2\sin x\cos x-\sin x=0$

$\sin x=0,\ 2\cos x-1=0$을 만족하는 x의 값은

$0\le x\le\pi$ 에서 $x=0,\ \dfrac{\pi}{3},\ \pi$이다.

그런데 $0\le x\le\dfrac{\pi}{3}$ 에서 $\sin 2x\ge\sin x$,

$\dfrac{\pi}{3}\le x\le\pi$ 에서 $\sin 2x\le\sin x$ 이므로 두 곡선으로 둘러싸인 영역의 넓이는

$$\begin{aligned}S&=\int_0^{\pi}|\sin 2x-\sin x|\,dx\\&=\int_0^{\frac{\pi}{3}}(\sin 2x-\sin x)\,dx+\int_{\frac{\pi}{3}}^{\pi}(\sin x-\sin 2x)\,dx\\&=\left[-\frac{1}{2}\cos 2x+\cos x\right]_0^{\frac{\pi}{3}}+\left[-\cos x+\frac{1}{2}\cos 2x\right]_{\frac{\pi}{3}}^{\pi}=\frac{5}{2}\end{aligned}$$

<회전면의 면적(겉넓이)>

연속이면서 양의 실수 값을 갖는 곡선 $y=f(x)$의 구간 $[a,b]$에서의 호를 x 축 둘레로 회전할 때 생기는 회전면의 면적은 구간 $[a,b]$를 분할하고 정적분 정의를 적용하면 표면적은

$$2\pi\int_a^b f(x)\sqrt{1+\{f'(x)\}^2}\,dx$$

가 된다. 매개방정식 $x=x(t),\ y=y(t),\ \alpha\le t\le\beta$ 의 곡선은 x 축을 회전축으로 얻어지는 회전면의 표면적은 다음과 같다.

$$2\pi\int_{\alpha}^{\beta} y\sqrt{\left(\frac{dx}{dt}\right)^2+\left(\frac{dy}{dt}\right)^2}\,dt$$

예제 3-3-3

반지름이 r 인 구의 표면적을 구하여라.

풀이 중심이 원점이고 반지름이 r 인 원 $x^2+y^2=r^2$의 x 축 위의 반원은 $y=\sqrt{r^2-x^2}$ 이고 $y'=-\dfrac{x}{\sqrt{r^2-x^2}}$ 이므로 구하려는 구의 표면적은

$$S=2\cdot 2\pi\int_{0}^{r} y\sqrt{1+(y')^2}\,dx=4\pi\int_{o}^{r} r\,dx=4\pi\,[rx]_0^r=4\pi r^2$$

<체적(부피)>

단면적이 $S(x)$이고 $x=a$, $x=b$를 지나 x축에 수직인 두 평면 사이의 입체의 체적 V는 $V=\int_{a}^{b} S(x)\,dx$ 임을 알고 있다.

그리고 곡선 $y=f(x)$, $(a\le x\le b,\ f(x)>0)$을 x 축으로 회전한 입체의 체적 V_x, 곡선 $x=g(y)$, $(c\le y\le d,\ g(y)>0)$를 y 축 둘레로 회전한 입체의 체적 V_y는 각각 다음과 같다.

$$V_x=\pi\int_{a}^{b}\{f(x)\,dx,\quad V_y=\pi\int_{c}^{b}\{g(y)\}^2dy$$

연 습 문 제

1. 다음 부정적분을 구하여라.

(1) $\int (x^5 - 3x^2 + x - 4)\,dx$ (2) $\int (e^{-x} + \sin x)\,dx$

(3) $\int \frac{1}{\sqrt{x+1} + \sqrt{x}}\,dx$

2. 다음 부정적분을 치환적분법으로 구하여라.

(1) $\int \frac{1}{x}(\ln x)^2\,dx$ (2) $\int \tan x\,dx$ (3) $\int \frac{1}{\sqrt{a^2 - x^2}}\,dx$

3. 다음 부정적분을 부분적분법으로 구하여라.

(1) $\int x \sin x\,dx$ (2) $\int x^2 \cos x\,dx$ (3) $I = \int e^x \sin x\,dx$

4. 다음 정적분을 계산하여라.

(1) $\int_0^2 x(x-4)\,dx$ (2) $\int_2^e \frac{1}{x-1}\,dx$

(3) $\int_{-1}^1 \frac{1}{4-x^2}\,dx$ (4) $\int_{-3}^{-2} \frac{1}{(x+1)(x-3)}\,dx$

(5) $\int_0^{\frac{\pi}{2}} \sin^2 \frac{x}{2}\,dx$ (6) $\int_0^{\pi} (1+\cos x)^2\,dx$

(7) $\int_0^{\frac{\pi}{2}} \sin^2 x \cos x\,dx$ (8) $\int_0^1 \frac{x}{x^2+1}\,dx$

5. 곡선 $x = a\cos^3\theta,\ y = a\sin^3\theta\,(0 \le \theta \le 2\pi)$의 전체의 길이를 구하여라.$(a>0)$

6. 타원 $\frac{x^2}{a^2} + \frac{y^2}{b^2} = 1,\ (a, b > 0)$의 면적을 구하여라.

7. 원 $x^2 + (y-b)^2 = a^2\,(b > a > 0)$의 x 축 위의 부분을 x 축 둘레로 회전시킨 입체의 체적을 구하여라.

제 4 장

복 소 수

4.1 복소수

수의 분류에 대하여 알아보자.

1, 2, 3, ⋯ 과 같은 자연수(양의 정수)와 0, 그리고 −1, −2, −3, ⋯ 과 같은 음의 정수를 **정수**(integer)라 한다. $\frac{정수}{정수}$꼴로 된 수를 **유리수**(rational number)라 하고 $\sqrt{2}$, $\sqrt{3}$, π, e 등과 같이 유리수가 아닌수를 **무리수**(irrational number)라 하며, 이 유리수와 무리수를 통틀어 **실수**(real number)라 한다.

방정식

$$x^2+5=0$$

을 만족하는 실수 x의 값은 존재하지 않음을 알 수 있다.

방정식 $x^2+1=0$의 실수가 아닌 근 $x=\pm\sqrt{-1}$ (여기서 $i=\sqrt{-1}$)꼴로 나타낸다. 또한 $\sqrt{-5}=\sqrt{5(-1)}=\sqrt{5}\sqrt{-1}=\sqrt{5}i$ 와 같이 나타내어진다. 이 때, i, $\sqrt{2}i$, $3i$, ⋯ 등과 같이 나타내는 수를 **허수**(imaginary number)라 하고, $i=\sqrt{-1}$ 을 **허수단위**(imaginary unit)라 한다.

일반적으로 허수단위를 사용하여 실수 x, y 에 대하여

$$z=x+iy=x+yi$$

로 나타내는 수를 **복소수**(complex number)라 하며, 이것은 실수와 허수를 통틀어 일컫는 것이다.

이를 테면, $0=0+0i$, $1=1+0i$, $\sqrt{2}=\sqrt{2}+0i$, $3i=0+3i$

$$\sqrt{2}\,i = 0 + \sqrt{2}\,i,\ 2-3i = 2+(-3)i,\ 2+\sqrt{3}\,i,\ \cdots$$

일반적으로 허수단위는 i 로 나타내지만 공학에서는 전류를 i 로 나타내므로 이와 구분하기 위하여 앞으로는 허수단위를 j 로 표기하겠으니 유의하기 바란다.

x, y 가 실수이고, $z = x + yj$ 라 할 때, x를 복소수 z 의 **실수부**(real part), y를 복소수 z 의 **허수부**(imaginary part)라 하며, 각각 Re z, Im z 로 나타낸다. 즉,

$$\mathrm{Re}z = x,\quad \mathrm{Im}z = y$$

직교좌표계에서 x 축을 **실(수)축**(real axis), y 축을 **허(수)축**(imaginary axis)으로 하고, 0이 아닌 복소수 $z = x + yj$ 를 원점 O 에서 점 (x, y) 까지의 선분(또는 벡터)으로 다음 그림에서와 같이 나타낸다. 이러한 좌표평면을 **복소평면**(complex plane)이라 한다.

그리고 복소수 $z = x + yj$ 의 크기는 $|z|$ 로 나타내고 이것은 원점 O 에서 점 (x, y) 까지의 거리를 의미하여 음이 아닌 실수이다. 즉,

$$|z| = \sqrt{x^2 + y^2}$$

예를 들어 $z_1 = -2 - j$ 의 크기를 구하면

$$|z_1| = \sqrt{(-2)^2 + (-1)^2} = \sqrt{5}$$

이다.

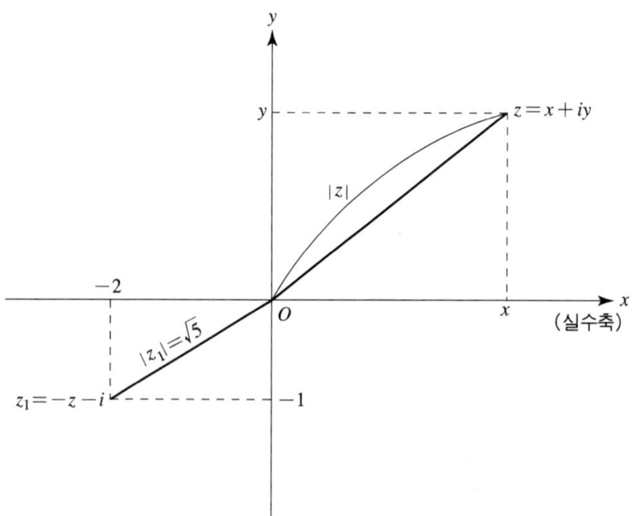

4.2 복소수의 연산

두 복소수 $z_1 = x_1 + y_1 j$, $z_2 = x_2 + y_2 j$에 대하여 두 복소수의 합, 차, 곱, 몫과 실수배를 다음과 같이 정의한다.

$$z_1 + z_2 = (x_1 + y_1 j) + (x_2 + y_2 j) = (x_1 + x_2) + (y_1 + y_2) j$$

$$z_1 - z_2 = (x_1 + y_1 j) - (x_2 + y_2 j) = (x_1 - x_2) + (y_1 - y_2) j$$

$$z_1 z_2 = (x_1 + y_1 j) \cdot (x_2 + y_2 j) = (x_1 x_2 - y_1 y_2) + (x_1 y_2 + x_2 y_1) j$$

$$\frac{z_1}{z_2} = \frac{x_1 + y_1 j}{x_2 + y_2 j} = \frac{x_1 x_2 + y_1 y_2}{x_2^2 + y_2^2} - \frac{x_1 y_2 - x_2 y_1}{x_2^2 + y_2^2} j$$

$$\alpha z_1 = \alpha (x_1 + y_1 j) = \alpha x_1 + \alpha y_1 j \qquad (\text{여기서 } \alpha\text{는 실수})$$

예제 4-2-1

주어진 두 복소수의 합과 곱을 각각 구하여라.

(1) $z_1 = 1 + 2j$, $z_2 = -2 + 3j$ (2) $z_1 = \sqrt{2} - 2j$, $z_2 = 3 - \sqrt{2} j$

풀이 (1)
$$z_1 + z_2 = 1 + 2j + (-2 + 3j) = (1 + (-2)) + (2 + 3) j$$
$$= -1 + 5j$$
$$z_1 z_2 = (1 + 2j)(-2 + 3j) = 1(-2) - 2 \cdot 3 + (1 \cdot 3 + 2(-2)) j$$
$$= -8 - j$$

(2)
$$z_1 + z_2 = (\sqrt{2} - 2j) + (3 - \sqrt{2} j) = (\sqrt{2} + 3) + (-2 - \sqrt{2}) j$$
$$= 3 + \sqrt{2} - (2 + \sqrt{2}) j$$
$$z_1 z_2 = (\sqrt{2} - 2j)(3 - \sqrt{2} j)$$
$$= 3\sqrt{2} - (-2)(-\sqrt{2}) + (\sqrt{2}(-\sqrt{2}) - 2 \cdot 3) j$$
$$= \sqrt{2} - 8j$$

복소수의 정의에 의하면 $j = \sqrt{-1}$ 이므로

$$j^2 = j \cdot j = \sqrt{-1} \cdot \sqrt{-1} = -1$$

이고 $j^3 = j^2 \cdot j = (-1) j = -j$, $j^4 = j^2 \cdot j^2 = (-1)(-1) = 1$ 임을 알 수 있다.

다음은 복소수 z_1, z_2, z_3에 대하여도 덧셈과 곱셈에 관한 교환법칙(commutative law), 결합법칙(associative law), 분배법칙(distributin law)이

성립함을 정리한 것이다.

$z_1+z_2=z_2+z_1$,	$(z_1z_2)=z_2z_1$
$(z_1+z_2)+z_3=z_1+(z_2+z_3)$,	$(z_1z_2)z_3=z_1(z_2z_3)$
$z_1(z_2+z_3)=z_1z_2+z_1z_3$	$-z_1=(-1)z_1$

복소수에서도 덧셈에 대한 항등원(additive identity)은 $0(=0+j\cdot 0)$, 곱셈에 대한 항등원(multiplicative identity)은 $1(=1+j\cdot 0)$이다. 즉, 복소수 z 에 대하여

$$z+0=0+z=z$$

$$z\cdot 1=1\cdot z=z$$

이다. 두 복소수 $z_1=x_1+y_1j$, $z_2=x_2+y_2j$에 대하여 뺄셈 z_1-z_2이

$$-z_2=(-1)z_2=(-1)(x_2+y_2j)=(-1)x_2+(-1)y_2j=-x_2-y_2j$$

으로 부터

$$\begin{aligned} z_1-z_2 &= (x_1-x_2)+(y_1-y_2)j \\ &= \{x_1+(-x_2)\}+\{y_1+(-y_2)\}j \\ &= (x_1+y_1j)+\{(-x_2)+(-y_2)j\} \\ &= (x_1+y_1j)+(-x_2-y_2j) \\ &= z_1+(-z_2) \end{aligned}$$

와 같이 합으로 표현 됨을 알 수 있다.

두 복소수 $z_1=x_1+y_1j$, $z_2=x_2+y_2j$ 에 대하여 $z_1=z_2$이기 위한 필요충분조건은 $x_1=x_2$, $y_1=y_2$ 이다.

복소수 $z=x+yj$의 덧셈에 대한 역원(additive inverse)는 $z+(-z)=0$이므로

$$-z=-x-jy$$

이고, 0이 아닌 복소수 $z=x+yi$의 곱셈에 대한 역원(multiplicative inverse)은 z^{-1}로 나타내고 $z^{-1}=u+jv$라 하고 u 와 v 를 구하여 보자. $zz^{-1}=1$이므로

$$(x+yj)(u+vj)=1+0\cdot j$$

$$\therefore (xu-yv)+(yu+vx)j=1+0\cdot j$$

$$\therefore \begin{cases} xu-yv=1 \\ yu+xv=0 \end{cases}$$

이것은 u 와 v 에 대한 연립방정식이므로 이 방정식을 풀면

$$u=\frac{x}{x^2+y^2}, \quad v=\frac{-y}{x^2+y^2}$$

가 된다. 따라서 $z=x+yj$ 의 곱셈에 대한 역원 z^{-1}은 다음과 같다.

$$z^{-1}=\frac{x}{x^2+y^2}+\frac{-y}{x^2+y^2}j$$

두 복소수 $z_1=x_1+y_1j$, $z_2=x_2+y_2j$에 대하여 나눗셈의 정의는 다음과 같다.

$$\frac{z_1}{z_2}=z_1z_2^{-1}, \qquad (z_2\neq 0)$$

복소수 $z_2=x_2+y_2j$의 곱셈에 대한 역원은

$$z_2^{-1}=\frac{1}{z_2}=\frac{x_2}{x_2^2+y_2^2}+\frac{-y_2}{x_2^2+y_2^2}j$$

이므로 두 복소수의 곱의 정의에 의하면

$$\frac{z_1}{z_2}=z_1z_2^{-1}=(x_1+y_1j)\left(\frac{x_2}{x_2^2+y_2^2}+j\frac{-y_2}{x_2^2+y_2^2}\right)$$

$$=\frac{x_1x_2+y_1y_2}{x_2^2+y_2^2}+j\frac{y_1x_2-x_1y_2}{x_2^2+y_2^2}$$

가 됨을 알 수 있다.

복소수 $z=x+yj$ 에 대한 복소수 $x-yj$ 를 복소수 $z=x+yj$ 의 **공액복소수** 또는 **켤레복소수**(complex conjugate)라 하고 $\bar{z}$ 로 나타낸다. 즉,

$$\bar{z}=\overline{x+yj}=x-yj$$

복소평면에서 z와 $\bar{z}$는 실수축에 대하여 서로 대칭이다.

$z=x+yj$, $\bar{z}=x-yj$ 의 변끼리 더하면 실수 $2x$, 즉 $z+\bar{z}-2x$ 이고, 변끼리 빼면 **순허수**(pure imaginary number) $2yj$, 즉 $z-\bar{z}=2yj$ 이다. 따라서 다음과 같이 나타낼 수 있다.

$$\mathrm{Re}\, z=\frac{z+\bar{z}}{2}, \quad \mathrm{Im}\, z=\frac{z-\bar{z}}{2j}$$

두 복소수 $z_1=x_1+y_1j$, $z_2=x_2+y_2j$에 대하여

$$\overline{z_1+z_2} = (x_1+x_2)-(y_1+y_2)j = (x_1-y_1j)+(x_2-y_2j)$$
$$= \overline{z_1}+\overline{z_2}$$

이다. 같은 방법으로 다음이 성립한다.

$$\overline{z_1-z_2} = \overline{z_1}-\overline{z_2}$$

$$\overline{z_1z_2} = \overline{z_1}\ \overline{z_2}$$

$$\overline{\left(\frac{z_1}{z_2}\right)} = \frac{\overline{z_1}}{\overline{z_2}}, \qquad (z_2 \neq 0)$$

복소수 $z=x+yj$ 에 대하여 $|z|^2=x^2+y^2$ 이고 $z\bar{z}=(x+yj)(x-yj)=x^2+y^2$ 이므로

$$z\bar{z}=|z|^2$$

이다.

예제 4-2-2

복소수 $\dfrac{-1+3j}{2-j}$ 를 간단히 하여라.

풀이 $\dfrac{-1+3j}{2-j} = \dfrac{(-1+3j)(2+j)}{(2-j)(2+j)} = \dfrac{-5+5j}{2^2+1^2} = -1+i$

4. 3 극좌표

지금까지 취급한 **직교좌표**와는 다른 좌표계를 사용하면 평면 위의 점이나 곡선을 연구 해석하는데 간편할 경우가 있다. 이러한 좌표계의 여러 종류 중 여기서는 **극좌표계**(polar coordinate system)에 대하여 알아보도록 한다.

평면 위의 고정점 O와 반직선 $\overrightarrow{O}$ 를 잡으면 평면 위의 점 P의 위치는 두 점 O와 P 사이의 거리와 $\angle OP$의 크기로 나타낼 수 있다. 아래 그림에서

$$\overline{OP}=r \ , \ \angle OP=\theta$$

라 할 때, r과 θ의 순서쌍 $(r,\ \theta)$를 점 P의 **극좌표**(polar coordinate)라 하고

$$P(r,\ \theta)$$

로 나타낸다.

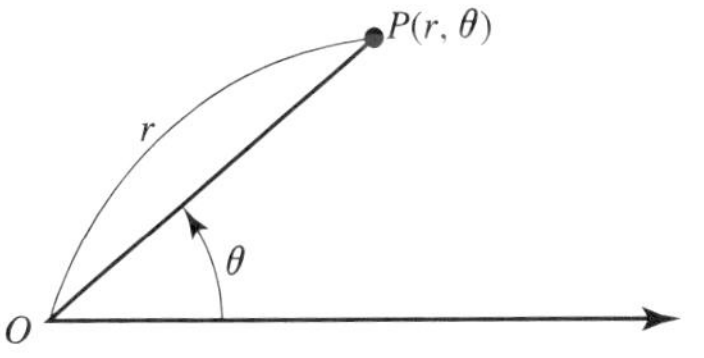

이때, 점 O를 극(polar, pole) 또는 원점(origin)이라 하고, 반직선 $\overrightarrow{O}$를 시초선 또는 기선(initial line) 또는 극좌표축, 극축(polar axis)이라 하며, $\overrightarrow{OP}$를 동경벡터(radius vector) 또는 간단히 동경(radius), θ를 편각(argument)이라 한다.

직교좌표계에서는 평면 위의 한 점은 오직 한 개의 좌표에 대응하고 좌표하나에 평면 위의 한 점이 대응하지만 극좌표계에서는 그렇지 않다.

극좌표계에서 편각과 동경을 어떻게 나타내는지를 관찰하여 보자.

편각 θ는 회전각을 극축 $\overrightarrow{O}$로부터 시계바늘 방향의 반대로 측정하면 양, 바늘방향과 같은 방향으로 측정하면 음으로 한다.

아래 그림의 (1)은 점 P의 극좌표 $\left(3, \dfrac{\pi}{6}\right)$를 나타내고 있다. 이 $P\left(3, \dfrac{\pi}{6}\right)$는 그림의 (2), (3)에서와 같이 $P\left(3, \dfrac{13\pi}{6}\right)$, $P\left(3, -\dfrac{11\pi}{6}\right)$ 등 여러 가지로 나타낼 수 있다.

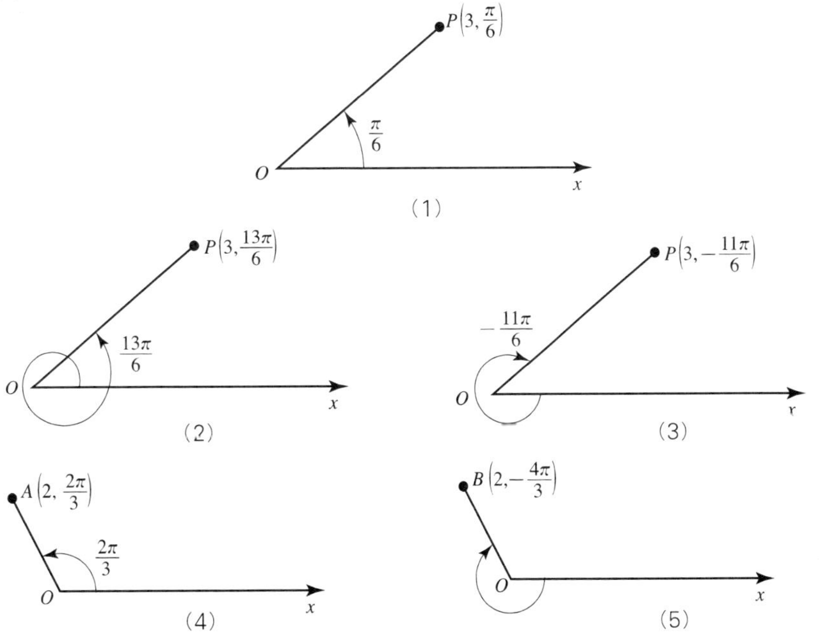

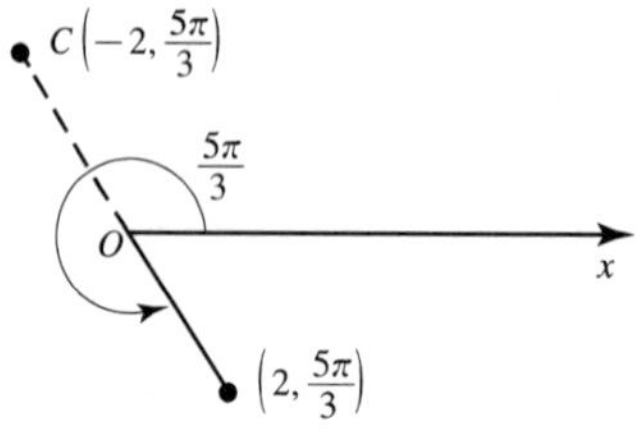

(6)

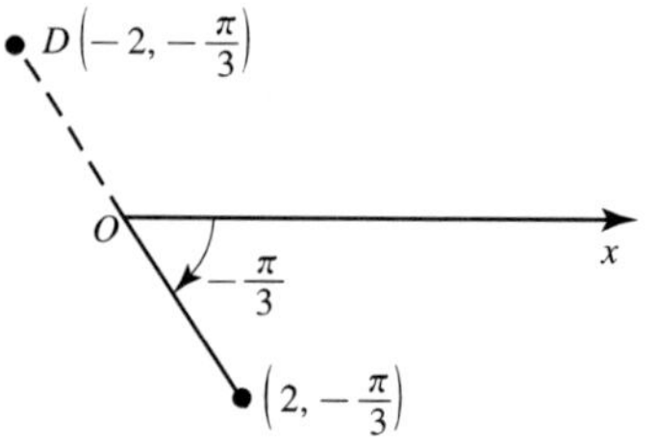

(7)

그리고 동경 r 은 극 O로부터 편각을 측정하기 위한 화살표의 끝점 쪽으로 측정하면 양, 그렇지 않은 경우 즉 동경의 반대 방향으로 측정하면 음으로 한다.

그림의 (4)는 점 A의 극좌표 $\left(2, \frac{2\pi}{3}\right)$를 나타내고 있다.

그림의 (6), (7)에서는 r 을 동경과 반대 방향으로 측정하고 편각 θ를 시계바늘 방향이나 그 반대 방향으로 측정하여 나타낸 것이다.

즉,
$$C\left(-2,\ \frac{5\pi}{3}\right),\ D\left(-2,\ \frac{-\pi}{3}\right)$$

그림의 (4), (5), (6), (7)은 동일한 점을 네 가지로 나타낸 것이다.

따라서 극좌표계에서는 한 점에 대하여 여러 가지의 극좌표로 나타낼 수 있다. 그러므로 평면 위의 모든 점의 집합과 극좌표의 집합 사이에서는 일대일 대응 관계가 성립하지 않는다.

따라서 앞의 그림의 (1), (2), (3)에서의 점 P의 극좌표는 일반적으로

$$\left(3,\ \frac{\pi}{6}+2n\pi\right)\left(-3,\ \frac{7\pi}{6}+2n\pi\right) \quad (n \text{ 은 정수})$$

또는 $\left((-1)^n 3,\ \frac{\pi}{6}+n\pi\right)$로 나타낼 수 있으면 (4)~(7)에서의 점 A의 극좌표는 $\left((-1)^n 2,\ \frac{2\pi}{3}+n\pi\right)$로 나타낼 수 있다.

그러나 평면 위의 점의 극좌표는 (1), (4)와 같이 나타내어 사용한다.

또, 점 (r, θ)와 점 $(-r,\ \pi+\theta)$는 같은 점을 나타낸다.

직교좌표계의 원점과 극좌표계의 극점이 직교좌표계의 x 축과 극좌표계의 극축이 일치하도록 하고 한 점 P의 직교좌표를 $(x,\ y)$, 극좌표를 $(r,\ \theta)$라 할때 좌표들 사이의 관계를 살펴보자.

아래 그림에서 $r > 0$이고 $r = |\overline{OP}|$이다. 따라서

$$\cos\theta = \frac{x}{|\overline{OP}|} = \frac{x}{r},\ \sin\theta = \frac{y}{|\overline{OP}|} = \frac{y}{r}$$

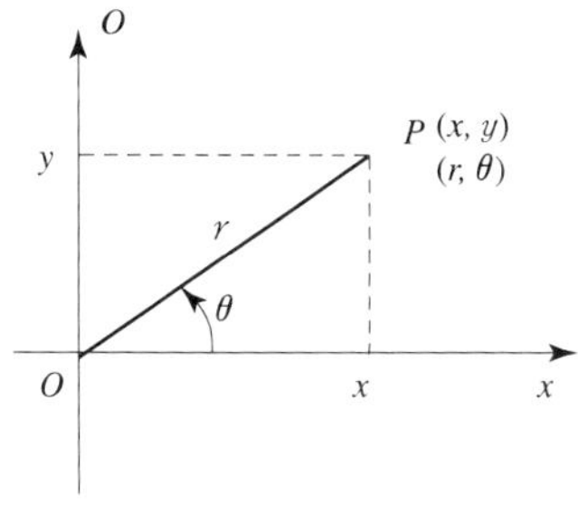

따라서

$$\therefore x = r\cos\theta,\ y = r\sin\theta \text{ 이고 } x^2 + y^2 = r^2 \text{이다.}$$

그리고 다음의 그림에서 $r < 0$이고 $r = -|\overline{OP}|$이다. 점 P의 원점에 대한

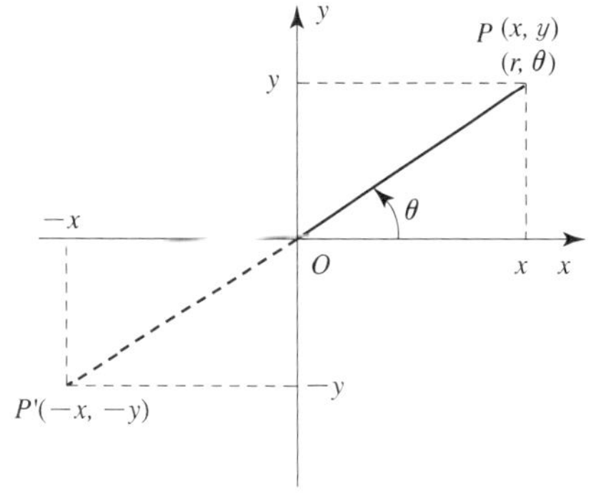

대칭점 $P'(-x, -y)$를 잡으면

$$\cos\theta = \frac{-x}{|OP'|} = \frac{-x}{|\overline{OP}|} = \frac{-x}{-r} = \frac{x}{r}$$

이 두 가지 경우 그 결과가 같음을 알 수 있다.

여기서

$$r = \pm\sqrt{x^2 + y^2},$$

$$\tan\theta = \frac{y}{x} \text{에서 } \theta = \tan^{-1}\frac{y}{x}, \text{ 여기서 } x \neq 0.$$

예제 4-3-1

직교좌표가 $(-3,\ \sqrt{3})$인 점 P의 극좌표를 구하여라.

풀이 점 P의 극좌표를 (r, θ)라 하면

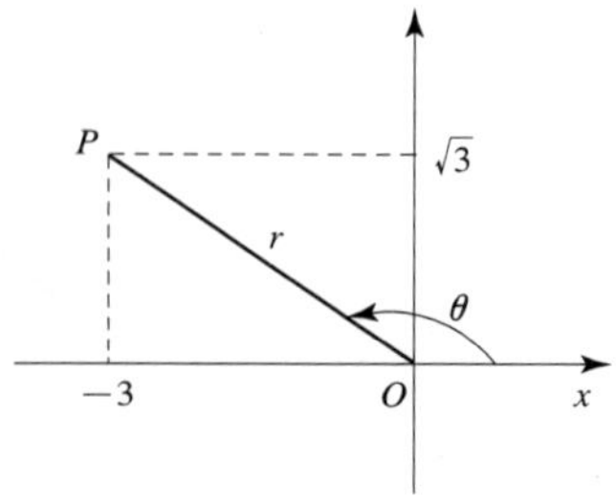

$x = -3,\ y = -\sqrt{3}$ 이므로

$$r = \sqrt{(-3)^2 + (\sqrt{3})^2} = 2\sqrt{3}$$

$\tan\theta = \dfrac{\sqrt{3}}{-3} = -\dfrac{1}{\sqrt{3}}$ 이고 점 P가 제2사분면의 각이므로

$$\theta = \frac{5}{6}\pi \qquad \therefore P\left(2\sqrt{3},\ \frac{5}{6}\pi\right)$$

예제 4-3-2

점 $P\left(2,\ -\dfrac{\pi}{3}\right)$를 직교좌표로 나타내어라.

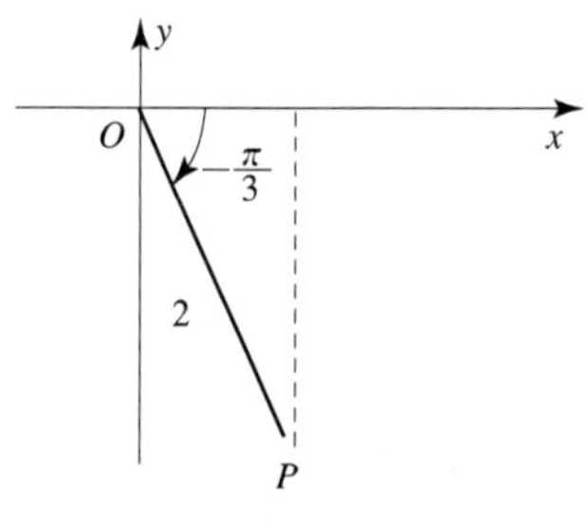

풀이 점 P의 직교좌표를 $(x,\ y)$라 하면

$r = 2,\ \theta = -\dfrac{\pi}{3}$ 이므로

$$x = r\cos\theta = 2\cos\left(-\frac{\pi}{3}\right) = 1$$

$$y = r\sin\theta = 2\sin\left(-\frac{\pi}{3}\right) = -\sqrt{3}$$

$$\therefore P(1,\ -\sqrt{3})$$

4.4 복소수의 극형식

직교좌표계에서 한 점 (x, y)를 극좌표계에서 극좌표로 (r, θ)와 같이 나타내어진다면 이 좌표 사이에는

$$x = r\cos\theta, \quad y = r\sin\theta$$

와 같은 관계가 있음을 앞에서 배웠다.

여기서 앞의 x, y에 대하여 복소수

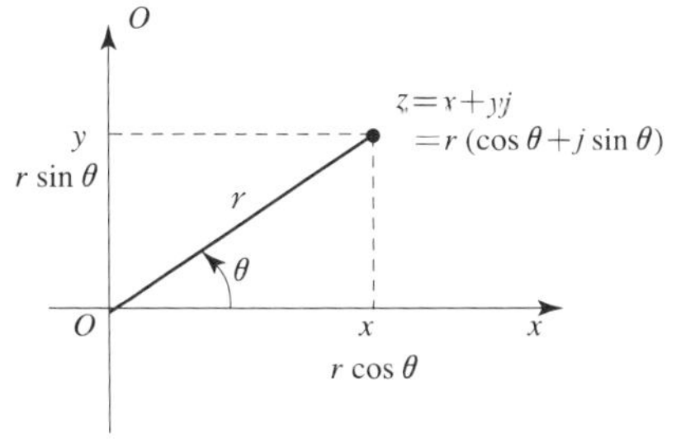

$$z = x + yj$$

는 r, θ를 사용하여

$$\begin{aligned} z &= (r\cos\theta) + (r\sin\theta)j \\ &= r(\cos\theta + j\sin\theta) \end{aligned}$$

로 나타낼 수 있는데 이를 복소수 z의 **극형식**(polar form)이라 한다. 이때, r은 복소수 z의 크기이고 θ는 복소수 z의 편각이며 argz 로 나타낸다. 즉,

$$r = |z| = \sqrt{x^2 + y^2}$$

$$\theta = \arg z = \tan^{-1}\frac{y}{x}$$

예제 4-4-1

다음 복소수를 극형식으로 표시하여라.

(1) $z = 1 + \sqrt{3}\,j$ (2) $z = -1 - j$

풀이 (1) $r = \sqrt{1^2 + (\sqrt{3})^2} = 2$

$$\theta = \tan^{-1}\frac{\sqrt{3}}{1} \;\Rightarrow\; \tan\theta = \sqrt{3} \quad \therefore \theta = \frac{\pi}{3}$$

$$\therefore\ z = 2\left(\cos\frac{\pi}{3} + j\sin\frac{\pi}{3}\right)$$

(2) $r = \sqrt{(-1)^2 + (-1)^2} = \sqrt{2}$

$$\theta = \tan^{-1}\frac{-1}{-1} = \tan^{-1}1 \quad \Rightarrow \quad \tan\theta = 1 \qquad \therefore \theta = \frac{\pi}{4},\ \frac{5}{4}\pi,\ \cdots$$

여기서 $P(-1,\ -1)$는 3사분면의 점이므로

$$\theta = \frac{\pi}{4} + \pi = \frac{5\pi}{4}$$

$$\therefore z = \sqrt{2}\left(\cos\frac{5\pi}{4} + j\sin\frac{5\pi}{4}\right)$$

예제 4-4-2

$|z| = 2,\ \arg z = -\frac{\pi}{6}$ 인 복소수를 구하여라.

풀이

$$\begin{aligned} z &= r(\cos\theta + j\sin\theta) \\ &= 2\left[\cos\left(-\frac{\pi}{6}\right) + j\sin\left(-\frac{\pi}{6}\right)\right] \\ &= 2\left(\cos\frac{\pi}{6} - j\sin\frac{\pi}{6}\right) \\ &= 2\left(\frac{\sqrt{3}}{2} - j\frac{1}{2}\right) = \sqrt{3} - j \end{aligned}$$

복소수를 극형식으로 표현하는 경우 장점중의 하나는 **"곱과 나눗셈을 계산하는 데 용이하다."**는 것이다. 즉 임의의 두 복소수 $z_1,\ z_2$가

$$z_1 = r_1(\cos\theta_1 + j\sin\theta_1)$$
$$z_2 = r_2(\cos\theta_2 + j\sin\theta_2)$$

라고 하면, z_1과 z_2의 곱은 삼각함수의 성질을 이용하면 다음과 같다.

$$\begin{aligned} z_1 \cdot z_2 &= r_1(\cos\theta_1 + j\sin\theta_1) \cdot r_2(\cos\theta_2 + j\sin\theta_2) \\ &= r_1 r_2[(\cos\theta_1\cos\theta_2 - \sin\theta_1\sin\theta_2) + j(\sin\theta_1\cos\theta_2 + \cos\theta_1\sin\theta_2)] \\ &= r_1 r_2[\cos(\theta_1 + \theta_2) + j\sin(\theta_1 + \theta_2)] \end{aligned}$$

따라서

$$|z_1 z_2| = r_1 r_2, \quad \text{즉 } |z_1 z_2| = |z_1||z_2|$$
$$\arg(z_1 z_2) = \theta_1 + \theta_2, \quad \text{즉 } \arg(z_1 z_2) = \arg z_1 + \arg z_2$$

또 두 복소수 z_1, z_2의 나눗셈도 삼각함수의 성질을 이용하면 다음과 같다.

$$\begin{aligned}
\frac{z_1}{z_2} &= \frac{r_1(\cos\theta_1 + j\sin\theta_1)}{r_2(\cos\theta_2 + j\sin\theta_2)} \\
&= \frac{r_1}{r_2} \cdot \frac{(\cos\theta_1 + j\sin\theta_1)}{(\cos\theta_2 + j\sin\theta_2)} \cdot \frac{(\cos\theta_2 - j\sin\theta_2)}{(\cos\theta_2 - j\sin\theta_2)} \\
&= \frac{r_1}{r_2} \cdot \frac{\cos\theta_1\cos\theta_2 + \sin\theta_1\sin\theta_2 + j(\sin\theta_1\cos\theta_2 - \sin\theta_2\cos\theta_1)}{\cos^2\theta_2 + \sin^2\theta_2} \\
&= \frac{r_1}{r_2}\left[\cos(\theta_1 - \theta_2) + j\sin(\theta_1 - \theta_2)\right]
\end{aligned}$$

따라서

$$\left|\frac{z_1}{z_2}\right| = \frac{r_1}{r_2} = \frac{|z_1|}{|z_2|}$$

$$\arg\left(\frac{z_1}{z_2}\right) - \theta_1 - \theta_2 = \arg z_1 - \arg z_2$$

앞에서의 복소수의 곱에 따라 $z = r(\cos\theta + i\sin\theta)$에 대하여 z^2, z^3, …을 계산할 수 있고 이를 적용하여 z를 n번 거듭 제곱하면

$$\begin{aligned}
z^n &= \{r(\cos\theta + j\sin\theta)\}^n \\
&= r^n(\cos(n\theta) + j\sin(n\theta))
\end{aligned}$$

을 얻는다. 여기서

$$(\cos\theta + j\sin\theta)^n = \cos(n\theta) + j\sin(n\theta)$$

가 되는데 이 식을 **드 므아브르 공식**(de Moivre's formula)이라 한다.

예제 4-4-3

$z_1 = 1 + j$, $z_2 = 1 - j$ 일 때 극형식을 이용하여 $z_1 z_2$, $\frac{z_1}{z_2}$를 구하여라.

풀이 $r_1 = |z_1| = \sqrt{1^2 + 1^2} = \sqrt{2}$, $\theta_1 = \arg z_1 = \frac{\pi}{4}$

$r_2 = |z_2| = \sqrt{1^2 + (-1)^2} = \sqrt{2}$, $\theta_2 = \arg z_2 = -\frac{\pi}{4}$

$$\therefore z_1 z_2 = r_1 r_2[\cos(\theta_1+\theta_2)+j\sin(\theta_1+\theta_2)]$$
$$= 2(\cos 0 + j\sin 0) = 2$$

$$\frac{z_1}{z_2} = \frac{r_1}{r_2}[\cos(\theta_1-\theta_2)+j\sin(\theta_1-\theta_2)]$$
$$= \frac{\sqrt{2}}{\sqrt{2}}\left(\cos\frac{\pi}{2}+j\sin\frac{\pi}{2}\right) = j$$

예제 4-4-4

다음을 복소수의 극형식을 이용하여 계산하라.

(1) $(1-j)^3$ (2) $(\sqrt{3}+j)^5$

풀이 (1) $1-j = \sqrt{2}\left[\cos\left(-\frac{\pi}{4}\right)+j\sin\left(-\frac{\pi}{4}\right)\right]$

$$\therefore (1-j)^3 = (\sqrt{2})^3\left[\cos 3\left(-\frac{\pi}{4}\right)+\sin 3\left(-\frac{\pi}{4}\right)j\right]$$
$$= 2\sqrt{2}\left(-\frac{1}{\sqrt{2}}-\frac{1}{\sqrt{2}}j\right) = -2-2j$$

(2) $\sqrt{3}+j = 2\left(\cos\frac{\pi}{6}+\sin\frac{\pi}{6}j\right)$ 이므로

$$(\sqrt{3}+j)^5 = 2^5\left(\cos\left(5\cdot\frac{\pi}{6}\right)+\sin\left(5\cdot\frac{\pi}{6}\right)j\right)$$
$$= 32\left(-\frac{\sqrt{3}}{2}+\frac{1}{2}j\right) = -16\sqrt{3}+16j$$

$|z|=1$ 즉, 그 크기가 1인 복소수 z 는 극형식으로 다음과 같이 나타낸다.

$$z = \cos\theta + j\sin\theta \quad \cdots\cdots ①$$

이것을 θ 에 대하여 미분하면

$$\frac{dz}{d\theta} = -\sin\theta + j\cos\theta$$
$$= j^2\sin\theta + j\cos\theta \quad (\because -1 = j^2)$$
$$= j(\cos\theta + j\sin\theta)$$
$$= jz$$
$$\therefore \frac{1}{z}\frac{dz}{d\theta} = j$$

이 식의 양변을 θ 에 대하여 적분하면

$$\int \frac{1}{z}\frac{dz}{d\theta}d\theta = \int j\,d\theta$$

$$\int \frac{1}{z}dz = j\int d\theta$$

$$\therefore \ln z = j\theta$$

$$\therefore z = e^{j\theta} \quad \cdots\cdots ②$$

①, ②에서

$$e^{j\theta} = \cos\theta + j\sin\theta$$

가 된다. 이것을 **오일러의 공식**(Euler's formula)이라 한다.

따라서 극형식으로 나타낸 복소수 $z = r(\cos\theta + j\sin\theta)$는

$$z = re^{j\theta}$$

과 같이 **지수형식**(exponential form)으로 나타낼 수 있다.

예제 4-4-5

복소수 $-1-j$ 를 지수형식으로 나타내면

$$r = \sqrt{(-1)^2 + (-1)^2} = \sqrt{2}$$

$$\theta = \tan^{-1}\frac{-1}{-1} \Rightarrow \tan\theta = 1 \quad \therefore \theta = -\frac{3\pi}{4} \quad (\therefore \theta\text{는}3\text{사분면의각})$$

$$\therefore -1-i = \sqrt{2}\,e^{-\frac{3\pi}{4}j}$$

$$e^{j2\pi} = \cos 2\pi + j\sin 2\pi = 1$$

이므로

$$e^{z+j2\pi} = e^z \cdot e^{j2\pi} = e^z$$

가 되어 e^z 는 수기가 $2\pi j$ 인 주기함수이다.

$$e^{j\theta} = \cos\theta + j\sin\theta,$$

$$e^{-j\theta} = \cos(-\theta) + j\sin(-\theta) = \cos\theta - j\sin\theta$$

인데 이 두 식을 변끼리 더하거나 빼면 다음을 얻을 수 있다.

$$\cos\theta = \frac{e^{j\theta} + e^{-j\theta}}{2}, \quad \sin\theta = \frac{e^{j\theta} - e^{-j\theta}}{2j}$$

이 식의 θ 자리에 $j\theta$ 를 대입하면

$$\cos j\theta = \frac{1}{2}(e^{j(j\theta)} + e^{-j(j\theta)})$$
$$= \frac{1}{2}(e^{-\theta} + e^{\theta})$$
$$= \frac{1}{2}(e^{\theta} + e^{-\theta})$$
$$= \cosh\theta$$
$$\sin j\theta = \frac{1}{2j}(e^{j(j\theta)} - e^{-j(j\theta)})$$
$$= \frac{1}{2j}(e^{-\theta} - e^{\theta})$$
$$= -\frac{1}{2j}(e^{\theta} - e^{-\theta})$$
$$= \frac{-j}{2j^2}(e^{\theta} - e^{-\theta}) \quad (\because -1 = j^2)$$
$$= \frac{j}{2}(e^{\theta} - e^{-\theta})$$
$$= j\sinh\theta$$

인 관계가 성립함을 알 수 있다.

복소수 z 에 대한 sine 함수와 cosine 함수는 다음과 같이 정의한다.

$$\sin z = \frac{e^{jz} - e^{-jz}}{2j}, \qquad \cos z = \frac{e^{jz} + e^{-jz}}{2}$$
$$\tan z = \frac{\sin z}{\cos z}, \qquad \cot z = \frac{\cos z}{\sin z},$$
$$\sec z = \frac{1}{\cos z}, \qquad \operatorname{cosec} z = \frac{1}{\sin z}$$

그리고 실변수함수에서와 같이 복소수함수에 대하여도

$$\frac{d}{dz}\sin z = \cos z, \quad \frac{d}{dz}\cos z = -\sin z, \quad \frac{d}{dz}\tan z = \sec^2 z$$

등이 성립한다. 또

$$\sin(-z) = -\sin z,\ \ \cos(-z) = \cos z$$
$$\sin(z_1 + z_2) = \sin z_1 \cos z_2 + \cos z_1 \sin z_2$$
$$\cos(z_1 + z_2) = \cos z_1 \cos z_2 - \sin z_1 \sin z_2$$
$$\sin^2 z + \cos^2 z = 1$$

그리고,

$$\sin z = \sin(x + jy) = \sin x \cosh y + j\cos x \sinh y$$
$$\cos z = \cos(x + jy) = \cos x \cosh y - j\sin x \sinh y$$

복소수 $z_0 = r_0 e^{j\theta_0}$의 n 제곱근은 $z = re^{j\theta_0}$라 하고 이 z를 구하여 보자. 즉, $z^n = z_0$가 되는 z를 찾자.

$z^n = z_0$이므로 $(re^{j\theta})^n = r_0 e^{j\theta_0}$

$$\therefore r^n e^{jn\theta} = r_0 e^{j\theta_0}$$
$$\therefore r^n = r_0,\ \ n\theta = \theta_0$$
$$\therefore r = \sqrt[n]{r_0},\ \ \theta = \frac{\theta_0 + 2k\pi}{n} \quad (k = 0,\ 1,\ 2,\ \cdots,\ n-1)$$

예제 4-4-6

$z^3 = -27j$ 에서 z를 구하여 보자. ($(-27j)^{\frac{1}{3}}$으로 나타낸다)

$-27j = 27e^{j\left(-\frac{\pi}{2} + 2k\pi\right)}$ 이므로

$$C_k = (-27j)^{\frac{1}{3}} = \sqrt[3]{27}\left(e^{j\left(-\frac{\pi}{2} + 2k\pi\right)}\right)^{\frac{1}{3}} = 3e^{j\left(-\frac{\pi}{6} + \frac{2k\pi}{3}\right)} \qquad (k = 0,\ 1,\ 2)$$

$k = 0, 1, 2$를 내입해서 c_0, c_1, c_2를 구하자.

$$c_0 = 3e^{j(-\frac{\pi}{6}+0)} = 3e^{-\frac{\pi}{6}j} = 3(\cos\frac{\pi}{6} - j\sin\frac{\pi}{6})$$
$$= 3(\frac{\sqrt{3}}{2} - \frac{1}{2}j) = \frac{3\sqrt{3}}{2} - \frac{3}{2}j$$

$$c_1 = 3e^{j(-\frac{\pi}{6}+\frac{2}{3}\pi)}$$

$$= 3e^{j\frac{\pi}{2}} = 3(\cos\frac{\pi}{2} + j\sin\frac{\pi}{2}) = 3j$$

$$c_2 = 3e^{j(-\frac{\pi}{6}+\frac{4}{3}\pi)} = 3e^{j(\frac{7}{6}\pi)}$$

$$= 3(\cos\frac{7}{6}\pi + j\sin\frac{7}{6}\pi)$$

$$= 3(-\frac{\sqrt{3}}{2} + j(-\frac{1}{2})) = -\frac{3\sqrt{3}}{2} - \frac{3}{2}j$$

따라서 $(-27j)^{\frac{1}{3}}$은 $\pm\frac{3\sqrt{3}}{2} - \frac{3}{2}j$, $3j$이다.

연습문제

1. 다음 복소수의 실수부와 허수부를 구하여라.

(1) $z_1=-3$ (2) $z_2=-5j$

(3) $z_3=-\sqrt{2}j$ (4) $z_4=-\sqrt{3}+j$

2. 다음 복소수를 복소평면에 나타내고 그 크기를 각각 구하여라.

(1) $z_1=\sqrt{2}$ (2) $z_2=2-4j$

(3) $z_3=3j$ (4) $z_4=1-3j$

3. 다음을 계산하여라.

(1) $\dfrac{1}{1+j}\cdot\dfrac{1}{2-3j}$ (2) $\dfrac{2-j}{5j}+\dfrac{1+2j}{3-4j}$ (3) $(-\sqrt{3}+j)\cdot(\sqrt{3}+0\cdot j)$

(4) $(1+j)^4$ (5) $(1-j)^4$ (6) j^{27}

(7) $(\sqrt{2}-j)-j(1-\sqrt{2}j)$

4. 다음이 성립함을 밝혀라.

(1) $(z_1z_2)^{-1}=z_1^{-1}z_2^{-1}$ (2) $\dfrac{1}{z_1z_2}=\dfrac{1}{z_1}\cdot\dfrac{1}{z_2}$

(3) $|z_1z_2|=|z_1||z_2|$

5. 다음을 간단히 하여라.

(1) $\overline{z+2j}$ (2) $\overline{jz}$ (3) $\overline{(1-j)^2}$

6. 복소수에서도 다음과 같은 **삼각부등식**(triangle inequality)이 성립함을 증명하여라.

$$|z_1+z_2|\le|z_1|+|z_2|$$

7. 극좌표가 다음과 같은 점을 평면 위에 나타내어라.

$$A\left(2,\ \frac{\pi}{3}\right),\ B(1,\ 0),\ C\left(0,-\frac{\pi}{4}\right),\ D\left(-3,-\frac{3}{4}\pi\right),\ E\left(-2,\frac{8}{3}\pi\right)$$

8. 직교좌표가 (-3, -3)인 점P의 극좌표를 구하여라.

9. 점$P\left(-3,\ -\dfrac{5}{4}\pi\right)$를 직교좌표로 나타내어라.

10. 다음 복소수를 극형식으로 나타내어라.

(1) $z_1=1+j$ (2) $z_2=-1+\sqrt{3}j$

(3) $z_3=\sqrt{3}-j$ (4) $z_4=-3j$

11. 다음을 계산하여라.

(1) $\left(\cos\frac{\pi}{3}+j\sin\frac{\pi}{3}\right)\left(\cos\frac{\pi}{6}+j\sin\frac{\pi}{6}\right)$

(2) $2\left(\cos\frac{\pi}{2}+j\sin\frac{\pi}{2}\right) \div \sqrt{3}\left(\cos\frac{\pi}{6}+j\sin\frac{\pi}{6}\right)$

12. 다음의 값을 각각 구하여라.

(1) $e^{\pi j}$ (2) $e^{-\frac{\pi}{2}j}$ (3) $e^{-\frac{\pi}{4}j}$ (4) $e^{-4\pi j}$

13. 다음을 간단히 하여라.

(1) $(-1+j)^7$ (2) $\frac{5j}{2+j}$

14. 다음이 성립함을 밝혀라.

(1) $|e^{j\theta}|=1$ (2) $\overline{e^{j\theta}}=e^{-j\theta}$

제 5 장

행렬과 행렬식

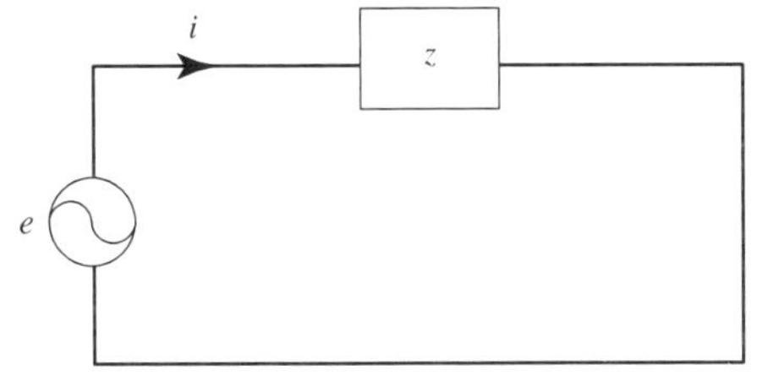

그림 5-1

일반적으로 사용하고 있는 그림 5-1과 같은 2단자 망에서는 한 쌍의 단자에서의 전압-전류관계가 문제가 되며, 식은

$$e = z\,i$$

로 간단하게 표현할 수 있고, 이것을 단 입력 단 출력(SISO : Single input single output)시스템이라고 한다. 그러나 특히 통신회로나 제어회로에서는 한 쌍의 단자에 신호가 가해지고 다른 한 쌍의 단자에서 그것을 받는 경우가 많으며, 이 경우 우리는 두 쌍의 단자에서의 전류-전압관계에 관심을 가지게 된다. 그림 5-2와 같이 단자가 두 쌍, 즉 단자가 4개인 회로망을 4단자 망(four terminal network)이라 하고, 이와 같이 둘 이상의 전원이 사용되는 경우에 있어서 회로를 해석하는데, 일반적으로 행렬을 사용하는 것이 용이하다.

그림 5-2에서 각 폐회로에 키르히호프의 제 2법칙을 적용하여 전압방정식을 세우면

$$e_1 = (z_1 + z_3)\,i_1 + z_3 i_2$$

$$e_2 = z_3 i_1 + (z_2 + z_3)\,i_2$$

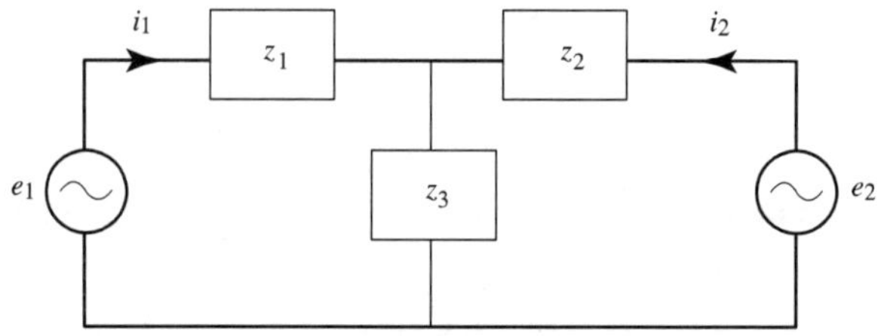

그림 5-2

행렬로 표시하면

$$\begin{bmatrix} e_1 \\ e_2 \end{bmatrix} = \begin{bmatrix} z_1+z_3 & z_3 \\ z_3 & z_2+z_3 \end{bmatrix} = \begin{bmatrix} i_1 \\ i_2 \end{bmatrix}$$

이고, 여기서 전압과 전류 그리고 임피던스를 짙은 고딕체를 사용하여

$$\begin{bmatrix} e_1 \\ e_2 \end{bmatrix} = \mathbf{E}, \quad \begin{bmatrix} z_1+z_3 & z_3 \\ z_3 & z_2+z_3 \end{bmatrix} = \mathbf{Z}, \quad \begin{bmatrix} i_1 \\ i_2 \end{bmatrix} = \mathbf{I}$$

로 표현하면

$$\mathbf{E} = \mathbf{ZI}$$

가 되며 하나의 식으로 간략화 된다. 이것을 다입력 다출력(MIMO : Multi Input Multi Output)시스템이라 한다.

5.1 행렬식

<행렬식의 정의>

일반적인 2원 1차 연립 방정식을 다음과 같이 가정하면

$$\begin{cases} a_{11}x_1 + a_{12}x_2 = b_1 \cdots\cdots ① \\ a_{21}x_1 + a_{22}x_2 = b_2 \cdots\cdots ② \end{cases}$$

이고, 이 연립방정식을 해를 구하면

$$① \times a_{22} - ② \times a_{12}$$

$$(a_{11}a_{22} - a_{12}a_{21})x_1 = a_{22}b_1 - a_{12}b_2$$

$$② \times a_{11} - ① \times a_{21}$$

$$(a_{11}a_{22} - a_{12}a_{21})x_2 = a_{11}b_2 - a_{21}b_1$$

따라서 $(a_{11}a_{22}-a_{12}a_{21}) \neq 0$ 이면 구하고자 하는 해는 다음과 같다.

$$x_1 = \frac{a_{22}b_1 - a_{12}b_2}{a_{11}a_{22}-a_{12}a_{21}}, \quad x_2 = \frac{a_{11}b_2 - a_{21}b_1}{a_{11}a_{22}-a_{12}a_{21}}$$

이 때, 분모를

$$a_{11}a_{22}-a_{12}a_{21} = \begin{vmatrix} a_{11} & a_{12} \\ a_{21} & a_{22} \end{vmatrix}$$

의 형태로 쓰고, 이것을 2**차 행렬식**(determinant of second order)이라 정의한다. 여기서 a_{11}, a_{12}, a_{21}, a_{22}를 행렬식의 원소(element)라고 하며, 가로로 배열된 원소를 행(column), 세로로 배열된 원소를 열(row)이라고 한다. 행렬식에서는 반드시 행의 수와 열의 수가 같아야 한다. 이 때 행과 열의 수가 n 이면 n 차 행렬식이라 하며 다음과 같이 나타낸다.

$$\begin{vmatrix} a_{11} & a_{12} & \cdots & a_{1n} \\ a_{21} & a_{22} & \cdots & a_{2n} \\ \cdots & \cdots & \cdots & \cdots \\ a_{n1} & a_{n2} & \cdots & a_{nn} \end{vmatrix}$$

<행렬식의 전개>

행렬식을 전개하는 방법은 다음과 같다.

(1) 2차 및 3차일 경우

$$\begin{vmatrix} a_{11} & a_{12} \\ a_{21} & a_{22} \end{vmatrix} = a_{11}a_{22}-a_{12}a_{21}$$

$$\begin{vmatrix} a_{11} & a_{12} & a_{13} \\ a_{21} & a_{22} & a_{23} \\ a_{31} & a_{32} & a_{33} \end{vmatrix} = a_{11}a_{22}a_{33}+a_{12}a_{23}a_{31}+a_{13}a_{21}a_{32}$$

$$-a_{11}a_{23}a_{32}-a_{12}a_{21}a_{33}-a_{13}a_{22}a_{31}$$

(2) 3차 이상일 경우

$$|A| = \begin{vmatrix} a_{11} & a_{12} & a_{13} \\ a_{21} & a_{22} & a_{23} \\ a_{31} & a_{32} & a_{33} \end{vmatrix}$$

3차 행렬식은 임의의 한 행 혹은 한 열을 선택하여 전개를 하는데, 예를 들어 여기서는 1행을 선택하면

$$|A| = (-1)^{1+1}a_{11}|A_{11}| + (-1)^{1+2}a_{12}|A_{12}| + (-1)^{1+3}a_{13}|A_{13}|$$

이 된다. 여기서 $|A_{11}|$, $|A_{12}|$, $|A_{13}|$는 행렬식$|A|$의 **소 행렬식**(minore dterminant)이라 하며

$$|A_{11}| = \begin{vmatrix} a_{22} & a_{23} \\ a_{32} & a_{33} \end{vmatrix}$$

$$|A_{12}| = \begin{vmatrix} a_{21} & a_{23} \\ a_{31} & a_{33} \end{vmatrix}$$

$$|A_{13}| = \begin{vmatrix} a_{21} & a_{22} \\ a_{31} & a_{32} \end{vmatrix}$$

와 같이 표현한다. 즉, 소 행렬식$|A_{ij}|$는 행렬식$|A|$의 i행과 j열을 제외한 나머지 원소로 된 행렬식이다. 그리고 i행과 j열의 원소의 **여인수**(cofactor)는 그 원소의 소 행렬식의 $(-1)^{i+j}$배로 정의된다. 즉

$$\text{여인수} = (-1)^{i+j}|A_{ij}|$$

이것을 이용하여 3차 행렬식을 전개하면 다음과 같다.

$$\begin{aligned} |A| &= \begin{vmatrix} a_{11} & a_{12} & a_{13} \\ a_{21} & a_{22} & a_{23} \\ a_{31} & a_{32} & a_{33} \end{vmatrix} \\ &= (-1)^{1+1}a_{11}|A_{11}| + (-1)^{1+2}a_{12}|A_{12}| + (-1)^{1+3}a_{13}|A_{13}| \\ &= a_{11}\begin{vmatrix} a_{22} & a_{23} \\ a_{32} & a_{33} \end{vmatrix} - a_{12}\begin{vmatrix} a_{21} & a_{23} \\ a_{31} & a_{33} \end{vmatrix} + a_{13}\begin{vmatrix} a_{21} & a_{22} \\ a_{31} & a_{32} \end{vmatrix} \\ &= a_{11}(a_{22}a_{33} - a_{23}a_{32}) - a_{12}(a_{21}a_{33} - a_{23}a_{31}) + a_{13}(a_{21}a_{32} - a_{22}a_{31}) \\ &= a_{11}a_{22}a_{33} + a_{12}a_{23}a_{31} + a_{13}a_{21}a_{32} - a_{11}a_{23}a_{32} - a_{12}a_{21}a_{33} - a_{13}a_{22}a_{31} \end{aligned}$$

예제 5-1-1

행렬식 $\begin{vmatrix} 2 & 3 \\ 4 & 5 \end{vmatrix}$을 계산하여라.

풀이 $\begin{vmatrix} 2 & 3 \\ 4 & 5 \end{vmatrix} = 2 \times 5 - 3 \times 4 = -2$

예제 5-1-2

행렬식 $\begin{vmatrix} 1 & 2 & 3 \\ 2 & 3 & 4 \\ 3 & 4 & 5 \end{vmatrix}$을 계산하여라.

풀이 (i) $\begin{vmatrix} 1 & 2 & 3 \\ 2 & 3 & 4 \\ 3 & 4 & 5 \end{vmatrix} = 1\times3\times5+2\times4\times3+3\times2\times4$

$$-1\times4\times4-2\times2\times5-3\times3\times3$$

$$=15+24+24-16-20-27=0$$

(ii) $\begin{vmatrix} 1 & 2 & 3 \\ 2 & 3 & 4 \\ 3 & 4 & 5 \end{vmatrix} = 1\times\begin{vmatrix} 3 & 4 \\ 4 & 5 \end{vmatrix} - 2\times\begin{vmatrix} 2 & 4 \\ 3 & 5 \end{vmatrix} + 3\times\begin{vmatrix} 2 & 3 \\ 3 & 4 \end{vmatrix}$

$$=(15-16)-2\times(10-12)+3\times(8-9)$$

$$=-1+4-3=0$$

<행렬식의 성질>

일반적으로 행렬식의 성질은 다음과 같은 정리들에 의하여 설명되어지며, 이 정리의 증명을 보다 편리하고 알기 쉽게 하기 위하여, 여기서는 3차 행렬식을 에 대하여 증명을 소개하기로 한다.

정리 5-1-1

행렬식의 값은 행과 열을 서로 바꾸어도 변하지 않는다. 즉,

$$\begin{vmatrix} a_{11} & a_{12} & a_{13} \\ a_{21} & a_{22} & a_{23} \\ a_{31} & a_{32} & a_{33} \end{vmatrix} = \begin{vmatrix} a_{11} & a_{21} & a_{31} \\ a_{12} & a_{22} & a_{32} \\ a_{13} & a_{23} & a_{33} \end{vmatrix}$$

증명 $\begin{vmatrix} a_{11} & a_{21} & a_{31} \\ a_{12} & a_{22} & a_{32} \\ a_{13} & a_{23} & a_{33} \end{vmatrix} = a_{11}a_{22}a_{33} + a_{21}a_{32}a_{13} + a_{31}a_{12}a_{23}$

$$- a_{11}a_{32}a_{23} - a_{21}a_{12}a_{33} - a_{31}a_{22}a_{13}$$

$$= a_{11}a_{22}a_{33} + a_{12}a_{23}a_{31} + a_{13}a_{21}a_{32}$$

$$- a_{11}a_{23}a_{32} - a_{12}a_{21}a_{33} - a_{13}a_{22}a_{31}$$

$$= -\begin{vmatrix} a_{11} & a_{12} & a_{13} \\ a_{21} & a_{22} & a_{23} \\ a_{31} & a_{32} & a_{33} \end{vmatrix}$$

정리 5-1-2

행렬식의 임의의 두 행(또는 열)을 서로 바꾸면 행렬식의 값은 -1을 곱한 것과 같다. 즉,

$$\begin{vmatrix} a_{11} & a_{12} & a_{13} \\ a_{21} & a_{22} & a_{23} \\ a_{31} & a_{32} & a_{33} \end{vmatrix} = -\begin{vmatrix} a_{11} & a_{12} & a_{13} \\ a_{31} & a_{32} & a_{33} \\ a_{21} & a_{22} & a_{23} \end{vmatrix}$$

증명

$$\begin{aligned} \begin{vmatrix} a_{11} & a_{12} & a_{13} \\ a_{31} & a_{32} & a_{33} \\ a_{21} & a_{22} & a_{23} \end{vmatrix} &= a_{11}a_{32}a_{23} + a_{12}a_{33}a_{21} + a_{13}a_{31}a_{22} \\ &\quad - a_{11}a_{22}a_{33} - a_{12}a_{31}a_{23} - a_{13}a_{32}a_{21} \\ &= -(a_{11}a_{22}a_{33} + a_{12}a_{23}a_{31} + a_{13}a_{21}a_{32} \\ &\quad - a_{11}a_{23}a_{32} - a_{12}a_{21}a_{33} - a_{13}a_{22}a_{31}) \\ &= -\begin{vmatrix} a_{11} & a_{12} & a_{13} \\ a_{21} & a_{22} & a_{23} \\ a_{31} & a_{32} & a_{33} \end{vmatrix} \end{aligned}$$

정리 5-1-3

임의의 행 (또는 열)의 원소의 공통인수는 행렬식의 앞에 놓을 수 있다. 즉,

$$\begin{vmatrix} a_{11} & a_{12} & a_{13} \\ \lambda a_{21} & \lambda a_{22} & \lambda a_{23} \\ a_{31} & a_{32} & a_{33} \end{vmatrix} = \lambda\begin{vmatrix} a_{11} & a_{12} & a_{13} \\ a_{21} & a_{22} & a_{23} \\ a_{31} & a_{32} & a_{33} \end{vmatrix}$$

※ 한 행(또는 열)의 모든 원소가 0인 행렬식의 값은 0이다.

증명

$$\begin{aligned} \begin{vmatrix} a_{11} & a_{12} & a_{13} \\ \lambda a_{21} & \lambda a_{22} & \lambda a_{23} \\ a_{31} & a_{32} & a_{33} \end{vmatrix} &= \lambda a_{11}a_{22}a_{33} + \lambda a_{12}a_{23}a_{31} + \lambda a_{13}a_{21}a_{32} \\ &\quad - \lambda a_{11}a_{23}a_{32} - \lambda a_{12}a_{21}a_{33} - \lambda a_{13}a_{22}a_{31} \\ &= \lambda(a_{11}a_{22}a_{33} + a_{12}a_{23}a_{31} + a_{13}a_{21}a_{32} \\ &\quad - a_{11}a_{23}a_{32} - a_{12}a_{21}a_{33} - a_{13}a_{22}a_{31}) \\ &= \lambda\begin{vmatrix} a_{11} & a_{12} & a_{13} \\ a_{21} & a_{22} & a_{23} \\ a_{31} & a_{32} & a_{33} \end{vmatrix} \end{aligned}$$

정리 5-1-4

행렬식의 한 행(또는 열)의 각 원소가 이항식으로 표시된다면 행렬식은 두 행렬식의 합으로 나타낼 수 있다.

$$\begin{vmatrix} a_{11} & a_{12} & a_{13} \\ a_{21}+a_{21}' & a_{22}+a_{22}' & a_{23}+a_{23}' \\ a_{31} & a_{32} & a_{33} \end{vmatrix} = \begin{vmatrix} a_{11} & a_{12} & a_{13} \\ a_{21} & a_{22} & a_{23} \\ a_{31} & a_{32} & a_{33} \end{vmatrix} + \begin{vmatrix} a_{11} & a_{12} & a_{13} \\ a_{21}' & a_{22}' & a_{23}' \\ a_{31} & a_{32} & a_{33} \end{vmatrix}$$

증명

$$\begin{aligned} &\begin{vmatrix} a_{11} & a_{12} & a_{13} \\ a_{21}+a_{21}' & a_{22}+a_{22}' & a_{23}+a_{23}' \\ a_{31} & a_{32} & a_{33} \end{vmatrix} \\ &= a_{11}(a_{22}+a_{22}')a_{33}+a_{12}(a_{23}+a_{23}')a_{31}+a_{13}(a_{21}+a_{21}')a_{32} \\ &\quad -a_{11}(a_{23}+a_{23}')a_{32}-a_{12}(a_{21}+a_{21}')a_{33}-a_{13}(a_{22}+a_{22}')a_{31} \\ &= a_{11}a_{22}a_{33}+a_{12}a_{23}a_{31}+a_{13}a_{21}a_{32}-a_{11}a_{23}a_{32}-a_{12}a_{21}a_{33}-a_{13}a_{22}a_{31} \\ &\quad +a_{11}a_{22}'a_{33}+a_{12}a_{23}'a_{31}+a_{13}a_{21}'a_{32}-a_{11}a_{23}'a_{32}-a_{12}a_{21}'a_{33}-a_{13}a_{22}'a_{31} \\ &= \begin{vmatrix} a_{11} & a_{12} & a_{13} \\ a_{21} & a_{22} & a_{23} \\ a_{31} & a_{32} & a_{33} \end{vmatrix} + \begin{vmatrix} a_{11} & a_{12} & a_{13} \\ a_{21}' & a_{22}' & a_{23}' \\ a_{31} & a_{32} & a_{33} \end{vmatrix} \end{aligned}$$

정리

행렬식의 두 행(또는 열)의 원소가 서로 같으면 그 행렬식의 값은 0이다.
※ 행렬식의 두 행(또는 열)의 원소가 비례할 때에도 행렬식의 값은 0이다.

$$\begin{vmatrix} a_{11} & a_{12} & a_{13} \\ a_{11} & a_{12} & a_{13} \\ a_{31} & a_{32} & a_{33} \end{vmatrix} = 0$$

증명

$$\begin{aligned} \begin{vmatrix} a_{11} & a_{12} & a_{13} \\ a_{11} & a_{12} & a_{13} \\ a_{31} & a_{32} & a_{33} \end{vmatrix} &= a_{11}a_{12}a_{33}+a_{12}a_{13}a_{31}+a_{13}a_{11}a_{32} \\ &\quad -a_{11}a_{13}a_{32}-a_{12}a_{11}a_{33}-a_{13}a_{12}a_{31}=0 \end{aligned}$$

정리 5-1-6

행렬식의 한 행(또는 열)의 원소에 동일한 수를 곱한 것을 다른 행(또는 열)에 합하여도 행렬식의 값은 변하지 않는다.

증명 $\begin{vmatrix} a_{11} & a_{12} & a_{13} \\ a_{21} & a_{22} & a_{23} \\ a_{31}+ka_{11} & a_{32}+ka_{12} & a_{33}+ka_{13} \end{vmatrix} = \begin{vmatrix} a_{11} & a_{12} & a_{13} \\ a_{21} & a_{22} & a_{23} \\ a_{31} & a_{32} & a_{33} \end{vmatrix} + \begin{vmatrix} a_{11} & a_{12} & a_{13} \\ a_{21} & a_{22} & a_{23} \\ ka_{11} & ka_{12} & ka_{13} \end{vmatrix}$

$$= \begin{vmatrix} a_{11} & a_{12} & a_{13} \\ a_{21} & a_{22} & a_{23} \\ a_{31} & a_{32} & a_{33} \end{vmatrix} + k\begin{vmatrix} a_{11} & a_{12} & a_{13} \\ a_{21} & a_{22} & a_{23} \\ a_{11} & a_{12} & a_{13} \end{vmatrix}$$

$$= \begin{vmatrix} a_{11} & a_{12} & a_{13} \\ a_{21} & a_{22} & a_{23} \\ a_{31} & a_{32} & a_{33} \end{vmatrix} + 0$$

예제 5-1-3

행렬식 $\begin{vmatrix} 1 & 2 & 3 \\ 4 & 3 & 1 \\ 2 & 4 & 6 \end{vmatrix}$을 계산하여라.

풀이 3행의 공통인수는 2이므로

$$\begin{vmatrix} 1 & 2 & 3 \\ 4 & 3 & 1 \\ 2 & 4 & 6 \end{vmatrix} = 2\begin{vmatrix} 1 & 2 & 3 \\ 4 & 3 & 1 \\ 1 & 2 & 3 \end{vmatrix} = 0$$

예제 5-1-4

행렬식 $\begin{vmatrix} 1 & 1 & 1 \\ 2 & 3 & 7 \\ 4 & 5 & 6 \end{vmatrix}$을 계산하여라.

풀이 <정리 5-1-6>을 이용하며,

(2열)−(1열), (3열)−(1열)

$$\begin{vmatrix} 1 & 1 & 1 \\ 2 & 3 & 7 \\ 4 & 5 & 6 \end{vmatrix} = \begin{vmatrix} 1 & 1-1 & 1-1 \\ 2 & 3-2 & 7-2 \\ 4 & 5 \quad 4 & 6-4 \end{vmatrix} = \begin{vmatrix} 1 & 0 & 0 \\ 2 & 1 & 5 \\ 4 & 1 & 2 \end{vmatrix}$$

$$= (-1)^{1+1} \times \begin{vmatrix} 1 & 5 \\ 1 & 2 \end{vmatrix} = 2-5 = -3$$

예제 5-1-5

행렬식 $\begin{vmatrix} 4 & 3 & 5 \\ 2 & 1 & 1 \\ 1 & 1 & 1 \end{vmatrix}$을 계산하여라.

풀이 (1열) − (2열), (3열) − (2열)

$$\begin{vmatrix} 4 & 3 & 5 \\ 2 & 1 & 1 \\ 1 & 1 & 1 \end{vmatrix} = \begin{vmatrix} 4-3 & 3 & 5-3 \\ 2-1 & 1 & 1-1 \\ 1-1 & 1 & 1-1 \end{vmatrix} = \begin{vmatrix} 1 & 3 & 2 \\ 1 & 1 & 0 \\ 0 & 1 & 0 \end{vmatrix}$$

$$= (-1)^{3+2} \times \begin{vmatrix} 1 & 2 \\ 1 & 0 \end{vmatrix} = (-1) \times (-2) = 2$$

<Cramer의 공식>

복잡한 연립방정식을 풀 때, 지금까지 배운 방법보다 행렬식을 사용하면 간편할 수 있다. 이 때, Cramer의 공식을 사용하는 데 이것에 대하여 알아보자.

n 원 1차 연립방정식

$$\begin{cases} a_{11}x_1 + a_{12}x_2 + \cdots + a_{1n}x_n = b_1 \\ a_{21}x_1 + a_{22}x_2 + \cdots + a_{2n}x_n = b_2 \\ \cdots\cdots\cdots\cdots\cdots\cdots\cdots\cdots \\ a_{n1}x_1 + a_{n2}x_2 + \cdots + a_{nn}x_n = b_n \end{cases}$$

에서 $x_1, x_2, \cdots x_n$의 계수로 된 행렬식은

$$D = \begin{vmatrix} a_{11} & a_{12} & \cdots & a_{1n} \\ a_{21} & a_{22} & \cdots & a_{2n} \\ \vdots & \vdots & \vdots & \vdots \\ a_{n1} & a_{n2} & \cdots & a_{nn} \end{vmatrix} \qquad (D \neq 0)$$

이며, $x_1, x_2, \cdots x_n$를 구하기 위하여 먼저 $x_1, x_2, \cdots x_n$의 계수의 행렬식에서 1행, 2행, $\cdots$, n행의 원소를 $b_1, b_2, \cdots, b_n$으로 하는 행릴식을 $D_1, D_2, \cdots, D_n$이라 한다. 즉,

$$D_1 = \begin{vmatrix} b_1 & a_{12} & \cdots & a_{1n} \\ b_2 & a_{22} & \cdots & a_{2n} \\ \cdots & \cdots & \cdots & \cdots \\ b_n & a_{n2} & \cdots & a_{nn} \end{vmatrix}$$

$$D_2 = \begin{vmatrix} a_{11} & b_1 & \cdots & a_{1n} \\ a_{21} & b_2 & \cdots & a_{2n} \\ \cdots & \cdots & \cdots & \cdots \\ a_{n1} & b_n & \cdots & a_{nn} \end{vmatrix}$$

$$\cdots\cdots\cdots\cdots\cdots\cdots\cdots\cdots\cdots\cdots\cdots$$

$$D_n = \begin{vmatrix} a_{11} & a_{12} & \cdots & b_1 \\ a_{21} & a_{22} & \cdots & b_2 \\ \cdots & \cdots & \cdots & \cdots \\ a_{n1} & a_{n2} & \cdots & b_n \end{vmatrix}$$

이 때, $D_1, D_2, \cdots, D_n$을 각각 D로 나눈 값이 구하는 해가 된다. 즉,

$$x_1 = \frac{D_1}{D},\ x_2 = \frac{D_2}{D},\ \cdots\ x_n = \frac{D_n}{D}$$

이것을 **Cramer의 공식**이라고 한다.

예제 5-1-6

다음 연립방정식을 Cramer의 공식을 이용하여 풀어라.

$$\begin{cases} 2x + y = 8 \\ 5x - 2y = 11 \end{cases}$$

풀이 $D = \begin{vmatrix} 2 & 1 \\ 5 & -2 \end{vmatrix} = -9 \neq 0$이므로

$D_1 = \begin{vmatrix} 8 & 1 \\ 11 & -2 \end{vmatrix} = -27$ $\qquad \therefore x = \dfrac{D_1}{D} = \dfrac{-27}{-9} = 3$

$D_2 = \begin{vmatrix} 2 & 8 \\ 5 & 11 \end{vmatrix} = -18$ $\qquad \therefore y = \dfrac{D_2}{D} = \dfrac{-18}{-9} = 2$

예제 5-1-7

다음 연립방정식을 Cramer의 공식을 이용하여 풀어라.

$$\begin{cases} x + y + z = 6 \\ 2x - y + z = 3 \\ 3x + 2y - z = 4 \end{cases}$$

풀이

$$D = \begin{vmatrix} 1 & 1 & 1 \\ 2 & -1 & 1 \\ 3 & 2 & -1 \end{vmatrix}$$

$$= \begin{vmatrix} 1+3 & 1+2 & 1-1 \\ 2+3 & -1+2 & 1-1 \\ 3 & 2 & -1 \end{vmatrix} = \begin{vmatrix} 4 & 3 & 0 \\ 5 & 1 & 0 \\ 3 & 2 & -1 \end{vmatrix}$$

$$= (-1)^{3+3} \times (-1) \times \begin{vmatrix} 4 & 3 \\ 5 & 1 \end{vmatrix}$$

$$= -(4-15) = 11 \quad (D \neq 0)$$

이고, 같은 방법으로

$$D_1 = \begin{vmatrix} 6 & 1 & 1 \\ 3 & -1 & 1 \\ 4 & 2 & -1 \end{vmatrix} = 11 \qquad \therefore\ x = \frac{D_1}{D} = \frac{11}{11} = 1$$

$$D_2 = \begin{vmatrix} 1 & 6 & 1 \\ 2 & 3 & 1 \\ 3 & 4 & -1 \end{vmatrix} = 22 \qquad \therefore\ y = \frac{D_2}{D} = \frac{22}{11} = 2$$

$$D_3 = \begin{vmatrix} 1 & 1 & 6 \\ 2 & -1 & 3 \\ 3 & 2 & 4 \end{vmatrix} = 33 \qquad \therefore\ z = \frac{D_3}{D} = \frac{33}{11} = 3$$

특히 Cramer의 공식을 이용하면 전기 · 전자회로의 문제를 해결하기가 간단해진다. 전기 · 전자회로의 문제를 해결하고자 하는 경우에는 일반적으로 키르히호프의 법칙을 이용하여 관계식을 구하고, 이 식들을 정리하면 연립방정식이 된다.

예제 5-1-8

그림 5-3과 같은 회로에서 z_L에 흐르는 전류 i_L을 행렬식을 이용하여 구하여라.

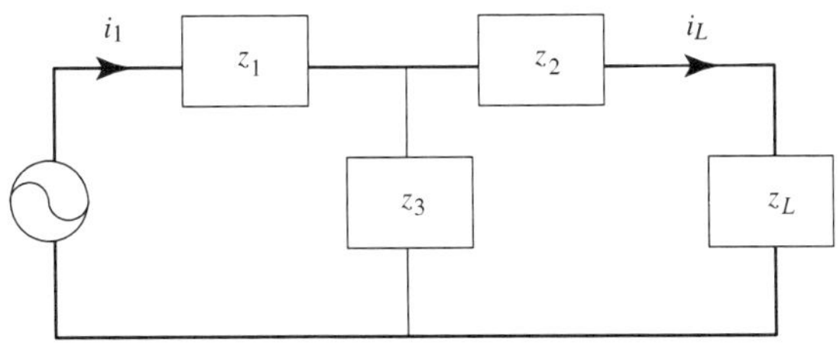

그림 5-3

풀이 각 폐 회로에 키르히호프의 제 2법칙을 적용하여 전압방정식을 만들면

$$\begin{cases} e = z_1 i_1 + z_3(i_1 - i_L) \\ 0 = z_3(i_L - i_1) + (z_2 + z_1)\, i_L \end{cases}$$

$$\therefore \begin{cases} (z_1 + z_3)\, i_1 - z_3 i_L = e \\ -z_3 i_1 + (z_2 + z_3 + z_L)\, i_L = 0 \end{cases}$$

이 연립방정식의 계수행렬식은

$$D=\begin{vmatrix} z_1+z_3 & -z_3 \\ -z_3 & z_2+z_3+z_L \end{vmatrix}$$
$$=(z_1+z_3)(z_2+z_3+z_L)-z_3^2$$
$$=z_1z_2+z_1z_3+z_1z_L+z_2z_3+z_3^2+z_3z_L-z_3^2$$
$$=z_1z_2+z_1z_3+z_1z_L+z_2z_3+z_3z_L$$

$$D_L=\begin{vmatrix} z_1+z_3 & e \\ -z_3 & 0 \end{vmatrix}=z_3e$$

따라서, z_L에 흐르는 전류 i_L는

$$i_L=\frac{D_L}{D}=\frac{z_3e}{z_1z_3+z_1z_2+z_1z_L+z_2z_3+z_3z_L}$$

5. 2 행 렬

<행렬의 정의>

일반적으로 $m\times n$ 개의 원소 $a_{ij}(i=1,\ 2,\ \cdots\ m,\ j=1,\ 2,\ \cdots\ n)$를 m 행, n 열로 하는 사각형으로 배열한 것을 행렬(matrix)이라 한다. 즉,

$$\begin{bmatrix} a_{11} & a_{12} & \cdots & a_{1n} \\ a_{21} & a_{22} & \cdots & a_{2n} \\ \cdots & \cdots & \cdots & \cdots \\ a_{m1} & a_{m2} & \cdots & a_{mn} \end{bmatrix}$$

이 때, 이것을 $m\times n$ 행렬이라 하고, 이것을 간단히 (a_{ij})로 표시하기도 하고, 하나의 문자**A**로 나타내기도 한다. 그리고 행렬**A**에 들어 있는 각 성분을 행렬**A**의 원소(element)라 하고 가로로 배열한 것을 행(row), 세로로 배열한 것을 열(column)이라 한다. 원소 a_{ij}의 첫 번째 첨자 i는 행, 그리고 두 번째 첨자 j는 열을 표시한다.

따라서 행렬**A**는 다음과 같이 표시할 수 있다.

$$\mathbf{A}=[a_{ij}]_{mn}=\begin{bmatrix} a_{11} & a_{12} & \cdots & a_{1n} \\ a_{21} & a_{22} & \cdots & a_{2n} \\ \cdots & \cdots & \cdots & \cdots \\ a_{m1} & a_{m2} & \cdots & a_{mn} \end{bmatrix}$$

<행렬의 종류>

(1) 정방행렬

행의 수와 열의 수가 같을 때 (즉, $m=n$일 때)의 행렬을 **정방행렬**(square matrix)이라 한다.

$$\mathbf{A}=\begin{bmatrix} a_{11} & a_{12} & \cdots & a_{1n} \\ a_{21} & a_{22} & \cdots & a_{2n} \\ \cdots & \cdots & \cdots & \cdots \\ a_{n1} & a_{n2} & \cdots & a_{nn} \end{bmatrix}$$

(2) 행행렬

$m=1$일 때의 행렬 (즉, 한 행으로 된 행렬)을 행행렬 또는 **행벡터**(row vector)라 한다.

$$\mathbf{A}=\begin{bmatrix} a_1 & a_2 & \cdots & a_n \end{bmatrix}$$

(3) 열행렬

$n=1$일 때의 행렬 (즉, 한 열로 된 행렬)을 열행렬 또는 **열벡터**(column vector)라 한다.

$$\mathbf{A}=\begin{bmatrix} a_1 \\ a_2 \\ \vdots \\ a_m \end{bmatrix}$$

(4) 영행렬

원소가 모두 0인 행렬을 **영행렬**(zero matrix)이라 하고, O으로 나타낸다.

$$\mathbf{O}=\begin{bmatrix} 0 & 0 & \cdots & 0 \\ 0 & 0 & \cdots & 0 \\ \cdots & \cdots & \cdots & \cdots \\ 0 & 0 & \cdots & 0 \end{bmatrix}$$

(5) 대각행렬

정방행렬의 주 대각선의 $a_{11}, a_{22}, \cdots, a_{nn}$을 제외한 모든 원소가 0, 즉 $i \neq j$일 때 $a_{ij}=0$인 정방행렬을 **대각행렬**(diagonal matrix)이라 한다.

$$A = \begin{bmatrix} a_{11} & 0 & \cdots & 0 \\ 0 & a_{22} & \cdots & 0 \\ \cdots & \cdots & \cdots & \cdots \\ 0 & 0 & \cdots & a_{nn} \end{bmatrix}$$

(6) 단위행렬

정방행렬에서 주 대각선 원소가 모두 1이고, 나머지가 모두 0인 행렬을 **단위행렬**(unit matrix)이라 하고, 주로 I로 표시한다.

$$I = \begin{bmatrix} 1 & 0 & \cdots & 0 \\ 0 & 1 & \cdots & 0 \\ \cdots & \cdots & \cdots & \cdots \\ 0 & 0 & \cdots & 1 \end{bmatrix}$$

(7) 전치행렬

행렬A의 행과 열을 서로 바꾸어 놓은 행렬을 행렬A의 **전치행렬**(transposed matrix)이라 하고, A^T 로 표시한다.

임의의 i, j $(i=1, 2, 3, \cdots, m, j=1, 2, \cdots, n)$에 대하여 $A^T=(a_{ji})$, 즉

$$A^T = \begin{bmatrix} a_{11} & a_{21} & \cdots & a_{m1} \\ a_{12} & a_{22} & \cdots & a_{m2} \\ \cdots & \cdots & \cdots & \cdots \\ a_{1n} & a_{2n} & \cdots & a_{mn} \end{bmatrix}$$

전치행렬의 성질은 정의에 따라 다음과 같음을 알 수 있다.

(i) $(A^T)^T = A$

(ii) $(A+B)^T = A^T + B^T$

(iii) $(AB)^T = B^T A^T$

(iv) $(kA)^T = (kA)^T$

특히, $A^T = A$로 되는 행렬A를 **대칭행렬**(symmetric matrix)이라고 하며, 대각행렬, 단위행렬 등이 대칭행렬에 속한다.

예제 5-2-1

다음 행렬의 전치행렬을 구하여라.

$$A = [3 \ \ -5 \ \ 1] \qquad B = \begin{bmatrix} 1 & 2 & 3 \\ 4 & 5 & 6 \end{bmatrix}$$

풀이 $A^T = \begin{bmatrix} 3 \\ -5 \\ 1 \end{bmatrix}$ $B^T = \begin{bmatrix} 1 & 4 \\ 2 & 5 \\ 3 & 6 \end{bmatrix}$

---

(8) 역행렬

임의의 n차 정방행렬 A, B 를

$$A = \begin{bmatrix} a_{11} & a_{12} & \cdots & a_{1n} \\ a_{21} & a_{22} & \cdots & a_{2n} \\ \cdots & \cdots & \cdots & \cdots \\ a_{n1} & a_{n2} & \cdots & a_{nn} \end{bmatrix}, \qquad B = \begin{bmatrix} b_{11} & b_{12} & \cdots & b_{1n} \\ b_{21} & b_{22} & \cdots & b_{2n} \\ \cdots & \cdots & \cdots & \cdots \\ b_{n1} & b_{n2} & \cdots & b_{nn} \end{bmatrix}$$

라 하면, 행렬 A, B 사이에

$$AB = I \text{ (여기서 } I\text{는 } n\text{차 단위행렬)}$$

이 성립할 때 B 를A의 **역행렬**(inverse matrix)라 하고, 다음과 같이 표시한다.

$$B = A^{-1} = (b_{kj})$$

즉, A의 역행렬은 A^{-1}이고, A^{-1}의 원소는

$$b_{kj} = \frac{(-1)^{j+k}|A_{jk}|}{|A|}$$

이다. 여기서 b_{kj}는 행렬 B 의 원소이고, $|A|$는 A의 행렬식이고, $|A_{jk}|$는 $|A|$에서 j 행과 k 열을 제외한 소 행렬식이다. $|A| \neq 0$ 이어야 하며, 이때 행렬A를 **정칙행렬**(nonsingular matrix)이라 하고, $|A| = 0$ 이면 **특이행렬**(singular matrix)이라 한다.

예제 5-2-2

다음 행렬의 역행렬을 구하여라.

$$A = \begin{bmatrix} a_{11} & a_{12} \\ a_{21} & a_{22} \end{bmatrix}$$

풀이 $A^{-1} = B = \begin{bmatrix} b_{11} & b_{12} \\ b_{21} & b_{22} \end{bmatrix}$

이라 하면 A 의 행렬식은

$$|A| = \begin{vmatrix} a_{11} & a_{12} \\ a_{21} & a_{22} \end{vmatrix} = a_{11}a_{22} - a_{12}a_{21}$$

따라서

$$b_{11}=\frac{(-1)^{1+1}}{|\mathbf{A}|}a_{22} \qquad b_{12}=\frac{(-1)^{2+1}}{|\mathbf{A}|}a_{12}$$

$$b_{21}=\frac{(-1)^{1+2}}{|\mathbf{A}|}a_{21} \qquad b_{22}=\frac{(-1)^{2+2}}{|\mathbf{A}|}a_{11}$$

그러므로

$$\mathbf{A}^{-1}=\frac{1}{|\mathbf{A}|}\begin{bmatrix} a_{22} & -a_{12} \\ -a_{21} & a_{11} \end{bmatrix}$$

예제 5-2-3

다음 행렬의 역행렬을 구하여라.

$$\mathbf{A}=\begin{bmatrix} 1 & 2 \\ 3 & 4 \end{bmatrix}$$

풀이 $\mathbf{A}^{-1}=\begin{bmatrix} b_{11} & b_{12} \\ b_{21} & b_{22} \end{bmatrix}$이라 하자.

$$|\mathbf{A}|=\begin{vmatrix} 1 & 2 \\ 3 & 4 \end{vmatrix}=1\times4-2\times3=-2$$

따라서

$$b_{11}=\frac{(-1)^{1+1}}{-2}\times4=-2 \qquad b_{12}=\frac{(-1)^{2+1}}{-2}\times2=1$$

$$b_{21}=\frac{(-1)^{1+2}}{-2}\times3=\frac{3}{2} \qquad b_{22}=\frac{(-1)^{2+2}}{-2}\times1=-\frac{1}{2}$$

그러므로

$$\mathbf{A}^{-1}=\begin{bmatrix} -2 & 1 \\ \frac{3}{2} & -\frac{1}{2} \end{bmatrix}$$

예제 5-2-4

다음 행렬의 역행렬을 구하여라.

$$\mathbf{A}=\begin{bmatrix} a_{11} & a_{12} & a_{13} \\ a_{21} & a_{22} & a_{23} \\ a_{31} & a_{32} & a_{33} \end{bmatrix}, \quad |\mathbf{A}|\neq0$$

풀이 $\mathbf{A}^{-1}=\begin{bmatrix} b_{11} & b_{12} & b_{13} \\ b_{21} & b_{22} & b_{23} \\ b_{31} & b_{32} & b_{33} \end{bmatrix}$이라 하자.

$$|\mathbf{A}|=\begin{vmatrix} a_{11} & a_{12} & a_{13} \\ a_{21} & a_{22} & a_{23} \\ a_{31} & a_{32} & a_{33} \end{vmatrix} = a_{11}a_{22}a_{33}+a_{12}a_{23}a_{31}+a_{13}a_{21}a_{32}$$

$$-a_{11}a_{23}a_{32}-a_{12}a_{21}a_{33}-a_{13}a_{22}a_{31}$$

여기서 역행렬 $\mathbf{A}^{-1}$의 원소는 다음과 같다.

$$b_{11}=\frac{(-1)^{1+1}}{|\mathbf{A}|}\times\begin{vmatrix} a_{22} & a_{23} \\ a_{32} & a_{33} \end{vmatrix} \qquad b_{12}=\frac{(-1)^{2+1}}{|\mathbf{A}|}\times\begin{vmatrix} a_{12} & a_{13} \\ a_{32} & a_{33} \end{vmatrix}$$

$$b_{13}=\frac{(-1)^{3+1}}{|\mathbf{A}|}\times\begin{vmatrix} a_{12} & a_{13} \\ a_{22} & a_{23} \end{vmatrix} \qquad b_{21}=\frac{(-1)^{1+2}}{|\mathbf{A}|}\times\begin{vmatrix} a_{21} & a_{23} \\ a_{31} & a_{33} \end{vmatrix}$$

$$b_{22}=\frac{(-1)^{2+2}}{|\mathbf{A}|}\times\begin{vmatrix} a_{11} & a_{13} \\ a_{31} & a_{33} \end{vmatrix} \qquad b_{23}=\frac{(-1)^{3+2}}{|\mathbf{A}|}\times\begin{vmatrix} a_{11} & a_{13} \\ a_{21} & a_{23} \end{vmatrix}$$

$$b_{31}-\frac{(-1)^{1+3}}{|\mathbf{A}|}\times\begin{vmatrix} a_{21} & a_{22} \\ a_{31} & a_{32} \end{vmatrix} \qquad b_{32}=\frac{(-1)^{2+3}}{|\mathbf{A}|}\times\begin{vmatrix} a_{11} & a_{12} \\ a_{31} & a_{32} \end{vmatrix}$$

$$b_{33}=\frac{(-1)^{3+3}}{|\mathbf{A}|}\times\begin{vmatrix} a_{11} & a_{12} \\ a_{21} & a_{22} \end{vmatrix}$$

예제 5-2-5

다음 행렬의 역행렬을 구하여라.

$$\mathbf{A}=\begin{bmatrix} -1 & 0 & 1 \\ -1 & 1 & -1 \\ 4 & -2 & 1 \end{bmatrix}$$

풀이 $\mathbf{A}^{-1}=\begin{bmatrix} b_{11} & b_{12} & b_{13} \\ b_{21} & b_{22} & b_{23} \\ b_{31} & b_{32} & b_{33} \end{bmatrix}$이라 하자.

$$|\mathbf{A}|=\begin{vmatrix} -1 & 0 & 1 \\ -1 & 1 & -1 \\ 4 & -2 & 1 \end{vmatrix}=\begin{vmatrix} -1 & 0 & 1 \\ 0 & 1 & 0 \\ 2 & -2 & -1 \end{vmatrix}=1-2=-1(\neq 0)$$

따라서

$$b_{11}=\frac{(-1)^{1+1}}{-1}\begin{vmatrix} 1 & -1 \\ -2 & 1 \end{vmatrix}=(-1)\times(1-2)=1$$

$$b_{12}=\frac{(-1)^{2+1}}{-1}\begin{vmatrix} 0 & 1 \\ -2 & 1 \end{vmatrix}=2$$

$$b_{13}=\frac{(-1)^{3+1}}{-1}\begin{vmatrix} 0 & 1 \\ 1 & -1 \end{vmatrix}=(-1)\times(-1)=1$$

$$b_{21}=\frac{(-1)^{1+2}}{-1}\begin{vmatrix} -1 & -1 \\ 4 & 1 \end{vmatrix}=(-1+4)=3$$

$$b_{22}=\frac{(-1)^{2+2}}{-1}\begin{vmatrix} -1 & 1 \\ 4 & 1 \end{vmatrix}=(-1)\times(-1-4)=5$$

$$b_{23}=\frac{(-1)^{3+2}}{-1}\begin{vmatrix} -1 & 1 \\ -1 & -1 \end{vmatrix}=(1+1)=2$$

$$b_{31} = \frac{(-1)^{1+3}}{-1}\begin{vmatrix} -1 & 1 \\ 4 & -2 \end{vmatrix} = (-1) \times (2-4) = 2$$

$$b_{32} = \frac{(-1)^{2+3}}{-1}\begin{vmatrix} -1 & 0 \\ 4 & -2 \end{vmatrix} = 2$$

$$b_{33} = \frac{(-1)^{3+3}}{-1}\begin{vmatrix} -1 & 0 \\ -1 & 1 \end{vmatrix} = (-1) \times (-1) = 1$$

그러므로

$$\mathrm{A}^{-1} = \begin{bmatrix} b_{11} & b_{12} & b_{13} \\ b_{21} & b_{22} & b_{23} \\ b_{31} & b_{32} & b_{33} \end{bmatrix} = \begin{bmatrix} 1 & 2 & 1 \\ 3 & 5 & 2 \\ 2 & 2 & 1 \end{bmatrix}$$

<행렬의 연산>

(1) 행렬의 상등

임의의 행렬 A, B를

$$\mathrm{A} = \begin{bmatrix} a_{11} & a_{12} & \cdots & a_{1n} \\ a_{21} & a_{22} & \cdots & a_{2n} \\ \cdots & \cdots & \cdots & \cdots \\ a_{n1} & a_{n2} & \cdots & a_{nn} \end{bmatrix}, \quad \mathrm{B} = \begin{bmatrix} b_{11} & b_{12} & \cdots & b_{1n} \\ b_{21} & b_{22} & \cdots & b_{2n} \\ \cdots & \cdots & \cdots & \cdots \\ b_{n1} & b_{n2} & \cdots & b_{nn} \end{bmatrix}$$

라 하면, 행렬 A와 행렬 B의 서로 대응하는 원소가 같을 때, 즉 행렬 A의 원소 a_{ij}와 행렬 B의 원소 b_{ij}의 사이에

$$a_{ij} = b_{ij}$$

가 성립할 때, 행렬 A와 행렬 B는 **상등**이라고 하고, 다음과 같이 나타낸다.

$$\mathrm{A} = \mathrm{B}$$

예제 5-2-6

다음에서 x, y를 구하여라.

$$\begin{bmatrix} x & x-y \\ x+y & y \end{bmatrix} = \begin{bmatrix} 5 & 1 \\ 9 & 4 \end{bmatrix}$$

풀이 행렬의 상등에 의하여

$$x=5,\ x-y=1,\ x+y=9,\ y=4$$

이므로

$$x=5,\ y=4$$

---

(2) 행렬의 덧셈과 뺄셈

행렬의 덧셈 뺄셈은 각각 서로 대응하는 원소의 덧셈 뺄셈을 원소로 하는 행렬이다. 즉

$$\mathrm{A}+\mathrm{B}=\mathrm{C}=(c_{ij}) \iff c_{ij}=a_{ij}+b_{ij}$$

$$\mathrm{A}-\mathrm{B}=\mathrm{D}=d_{ij} \iff d_{ij}=a_{ij}-b_{ij}$$

이다.

예제 5-2-7

다음 두 행렬의 덧셈을 구하여라.

$$\mathrm{A}=\begin{bmatrix}-4 & 5 & 3\\ 0 & 1 & 2\end{bmatrix},\ \mathrm{B}=\begin{bmatrix}5 & -1 & 0\\ 3 & 1 & 0\end{bmatrix}$$

풀이
$$\begin{aligned}\mathrm{A}+\mathrm{B}&=\begin{bmatrix}-4 & 5 & 3\\ 0 & 1 & 2\end{bmatrix}+\begin{bmatrix}5 & -1 & 0\\ 3 & 1 & 0\end{bmatrix}\\ &=\begin{bmatrix}-4+5 & 5-1 & 3+0\\ 0+3 & 1+1 & 2+0\end{bmatrix}=\begin{bmatrix}1 & 4 & 3\\ 3 & 2 & 2\end{bmatrix}\end{aligned}$$

예제 5-2-8

다음 두 행렬의 차를 구하여라.

$$\mathrm{A}=\begin{bmatrix}5 & 4\\ 3 & 2\end{bmatrix},\ \mathrm{B}=\begin{bmatrix}3 & 2\\ 2 & 1\end{bmatrix}$$

풀이
$$\mathrm{A}-\mathrm{B}=\begin{bmatrix}5-3 & 4-2\\ 3-2 & 2-1\end{bmatrix}=\begin{bmatrix}2 & 2\\ 1 & 1\end{bmatrix}$$

따라서 행렬의 덧셈은 다음과 같은 성질을 가진다.

(i) $\mathrm{A}+\mathrm{B}=\mathrm{B}+\mathrm{A}$	(교환법칙)
(ii) $(\mathrm{A}+\mathrm{B})+\mathrm{C}=\mathrm{A}+(\mathrm{B}+\mathrm{C})$	(결합법칙)
(iii) $\mathrm{A}+0=\mathrm{A}$	(0은 영행렬)
(iv) $\mathrm{A}+(-\mathrm{A})=0$	

(3) 수와 행렬의 곱셈(실수배)

$m \times n$행렬 A에 수 k의 곱은 kA로 나타내고, 이것은 A의 모든 원소에 k를 곱한 행렬이 된다. 즉

$$kA = k\begin{bmatrix} a_{11} & a_{12} & \cdots & a_{1n} \\ a_{21} & a_{22} & \cdots & a_{2n} \\ \cdots & \cdots & \cdots & \cdots \\ a_{m1} & a_{m2} & \cdots & a_{mn} \end{bmatrix} = \begin{bmatrix} ka_{11} & ka_{12} & \cdots & ka_{1n} \\ ka_{21} & ka_{22} & \cdots & ka_{2n} \\ \cdots & \cdots & \cdots & \cdots \\ ka_{m1} & ka_{m2} & \cdots & ka_{mn} \end{bmatrix}$$

예제 5-2-9

행렬 $A = \begin{bmatrix} 1 & 2 \\ 3 & 4 \end{bmatrix}$일 때 B=2A인 행렬 B를 구하여라.

풀이 $B = 2A = 2\begin{bmatrix} 1 & 2 \\ 3 & 4 \end{bmatrix} = \begin{bmatrix} 2\times1 & 2\times2 \\ 2\times3 & 2\times4 \end{bmatrix} = \begin{bmatrix} 2 & 4 \\ 6 & 8 \end{bmatrix}$

(4) 행렬의 곱셈

행렬 A는 $m \times n$행렬이고 행렬 B는 $(r \times p)$행렬이라고 하면 행렬 A와 행렬 B의 곱은 $n = r$일 때, 즉 행렬 A의 열의 수 n과 행렬 B의 행의 수 r이 같을 때(즉, $n = r$)만 성립되고 원소가 $m \times p$인 행렬이 된다. 이 때, $m \times n$행렬 A와 $n \times p$행렬 B의 곱을 AB로 나타낸다. 여기서 AB=C라 할 때 행렬 C의 원소 c_{jk}는

$$c_{jk} = a_{j1}b_{1k} + a_{j2}b_{2k} + \cdots + a_{jn}b_{nk} = \sum_{i=1}^{n} a_{ji}b_{ik}$$

이다.

예를 들어 3×2 행렬 A와 2×3 행렬 B를

$$A = \begin{bmatrix} a_{11} & a_{12} \\ a_{21} & a_{22} \\ a_{31} & a_{32} \end{bmatrix}, \quad B = \begin{bmatrix} b_{11} & b_{12} & b_{13} \\ b_{21} & b_{22} & b_{23} \end{bmatrix}$$

이라 하면, 행렬 A의 열의 수와 행렬 B의 행의 수가 같으므로 A와 B의 곱셈이 가능하며 행렬 A와 행렬 B를 곱한 행렬 C는

$$C = A \times B = \begin{bmatrix} a_{11} & a_{12} \\ a_{21} & a_{22} \\ a_{31} & a_{32} \end{bmatrix} \begin{bmatrix} b_{11} & b_{12} & b_{13} \\ b_{21} & b_{22} & b_{23} \end{bmatrix}$$

$$= \begin{bmatrix} a_{11}b_{11}+a_{12}b_{21} & a_{11}b_{12}+a_{12}b_{22} & a_{11}b_{13}+a_{12}b_{23} \\ a_{21}b_{11}+a_{22}b_{21} & a_{21}b_{12}+a_{22}b_{22} & a_{21}b_{13}+a_{22}b_{23} \\ a_{31}b_{11}+a_{32}b_{21} & a_{31}b_{12}+a_{32}b_{22} & a_{31}b_{13}+a_{32}b_{23} \end{bmatrix}$$

와 같이 됨을 알 수 있다.

예제 5-2-10

다음 행렬의 곱을 계산하여라.

(1) $\begin{bmatrix} 1 \\ 2 \\ 4 \end{bmatrix} \begin{bmatrix} 3 & 6 & 1 \end{bmatrix}$ (2) $\begin{bmatrix} 3 & 6 & 1 \end{bmatrix} \begin{bmatrix} 1 \\ 2 \\ 4 \end{bmatrix}$

풀이 (1) $\begin{bmatrix} 1 \\ 2 \\ 4 \end{bmatrix} \begin{bmatrix} 3 & 6 & 1 \end{bmatrix} = \begin{bmatrix} 3 & 6 & 1 \\ 6 & 12 & 2 \\ 12 & 24 & 4 \end{bmatrix}$

(2) $\begin{bmatrix} 3 & 6 & 1 \end{bmatrix} \begin{bmatrix} 1 \\ 2 \\ 4 \end{bmatrix} = \begin{bmatrix} 19 \end{bmatrix}$

예제 5-2-10의 결과로부터 알 수 있는 바와 같이 곱셈의 경우는 곱의 순서가 바뀌면 그 결과가 같지 않다. 즉 $AB \neq BA$ 이다. 행렬의 덧셈과 곱셈이 가능한 행렬 A, B, C에 대하여 행렬의 곱셈의 성질은 다음과 같다.

(i) $AB \neq BA$	(교환법칙은 성립하지 않는다.)
(ii) $A(BC) = (AB)C$	(결합법칙)
(iii) $(A+B)C = AC+BC$	(분배법칙)

단, 여기서 곱셈의 성질 (i)는 두 행렬 중 어느 것 하나가 단위행렬 I 혹은 영행렬O 이라 하면

$$AI = IA = A$$

$$AO = OA = O$$

이므로 교환법칙이 성립하게 되어 성질 (i)의 반례이다.

(5) 행렬의 나눗셈

행렬 A를 정칙행렬 B로 나눌 때, 다음과 같이 나타낸다.

$$\frac{A}{B} = AB^{-1}$$

여기서 B^{-1}은 행렬 B의 역행렬이다.

예제 5-2-11

$A = \begin{bmatrix} 3 & 4 \\ 1 & 2 \end{bmatrix}$, $B = \begin{bmatrix} 1 & 2 \\ 3 & 4 \end{bmatrix}$일 때 $\frac{A}{B}$를 구하여라.

풀이 $\frac{A}{B} = AB^{-1}$이므로 먼저 B^{-1}를

$$B^{-1} = \begin{bmatrix} d_{11} & d_{12} \\ d_{21} & d_{22} \end{bmatrix}$$

이라 하면,

$$|B| = \begin{vmatrix} 1 & 2 \\ 3 & 4 \end{vmatrix} = 1\times 4 - 2\times 3 = -2$$

이므로

$$d_{11} = \frac{(-1)^{1+1}}{-2}\times 4 = -2 \qquad d_{12} = \frac{(-1)^{2+1}}{-2}\times 2 = 1$$

$$d_{21} = \frac{(-1)^{1+2}}{-2}\times 3 = \frac{3}{2} \qquad d_{22} = \frac{(-1)^{2+2}}{-2}\times 1 = -\frac{1}{2}$$

$$\therefore B^{-1} = \begin{bmatrix} -2 & 1 \\ \frac{3}{2} & -\frac{1}{2} \end{bmatrix}$$

따라서

$$AB^{-1} = \begin{bmatrix} 3 & 4 \\ 1 & 2 \end{bmatrix}\begin{bmatrix} -2 & 1 \\ \frac{3}{2} & -\frac{1}{2} \end{bmatrix}$$

$$= \begin{bmatrix} 3\times(-2)+4\times\frac{3}{2} & 3\times 1+4\times(-\frac{1}{2}) \\ 1\times(-2)+2\times\frac{3}{2} & 1\times 1+2\times(-\frac{1}{2}) \end{bmatrix}$$

$$= \begin{bmatrix} 0 & 1 \\ 1 & 0 \end{bmatrix}$$

<연립방정식>

n개의 미지수 $x_1, x_2, \cdots, x_n$을 갖는 n개의 선형 연립방정식

$$\begin{cases} a_{11}x_1 + a_{12}x_2 + \cdots + a_{1n}x_n = b_1 \\ a_{21}x_1 + a_{22}x_2 + \cdots + a_{2n}x_n = b_2 \\ \cdots\cdots\cdots\cdots\cdots\cdots\cdots\cdots \\ a_{n1}x_1 + a_{n2}x_2 + \cdots + a_{nn}x_n = b_n \end{cases}$$

을 행렬로 나타내면

$$\begin{bmatrix} a_{11} & a_{12} & \cdots & a_{1n} \\ a_{21} & a_{22} & \cdots & a_{2n} \\ \vdots & \vdots & \vdots & \vdots \\ a_{n1} & a_{n2} & \cdots & a_{nn} \end{bmatrix} \begin{bmatrix} x_1 \\ x_2 \\ \vdots \\ x_3 \end{bmatrix} = \begin{bmatrix} b_1 \\ b_2 \\ \vdots \\ b_n \end{bmatrix}$$

간단히

$$\mathrm{AX} = \mathrm{B}$$

로 나타낸다.

A가 정칙행렬이면 양변에 A의 역행렬 A^{-1}를 곱하여

$$\mathrm{A}^{-1}\mathrm{AX} = \mathrm{A}^{-1}\mathrm{B}$$

$$\therefore \mathrm{X} = \mathrm{A}^{-1}\mathrm{B}$$

을 구할수 있다.

그러므로 이 연립방정식의 해는 계수행렬의 역행렬을 이용하여 구할 수 있다.

예제 5-2-12

다음 연립방정식을 행렬로 풀어라.

$$\begin{cases} x_1 - x_2 + 2x_3 = 1 \\ 2x_1 \qquad - x_3 = 2 \\ x_1 + x_2 + \ x_3 = 3 \end{cases}$$

풀이 행렬로 나타내어

$$\begin{bmatrix} 1 & -1 & 2 \\ 2 & 0 & -1 \\ 1 & 1 & 1 \end{bmatrix} \begin{bmatrix} x_1 \\ x_2 \\ x_3 \end{bmatrix} = \begin{bmatrix} 1 \\ 2 \\ 3 \end{bmatrix}$$

$$\mathrm{AX} = \mathrm{B}$$

라 하면

$$\therefore \mathrm{X} = \mathrm{A}^{-1}\mathrm{B}$$

$$\begin{bmatrix} x_1 \\ x_2 \\ x_3 \end{bmatrix} = \begin{bmatrix} 1 & -1 & 2 \\ 2 & 0 & -1 \\ 1 & 1 & 1 \end{bmatrix} \begin{bmatrix} 1 \\ 2 \\ 3 \end{bmatrix}$$

$$\mathbf{A}^{-1} = \begin{bmatrix} c_{11} & c_{12} & c_{13} \\ c_{21} & c_{22} & c_{23} \\ c_{31} & c_{32} & c_{33} \end{bmatrix}$$

이라 하면 **A** 의 행렬식은

$$|\mathbf{A}| = \begin{vmatrix} 1 & -1 & 2 \\ 2 & 0 & -1 \\ 1 & 1 & 1 \end{vmatrix} = \begin{vmatrix} 2 & 0 & 3 \\ 2 & 0 & -1 \\ 1 & 1 & 1 \end{vmatrix} = (-1)\times(-2-6) = 8$$

$$\therefore c_{11} = \frac{(-1)^{1+1}}{8}\begin{bmatrix} 0 & -1 \\ 1 & 1 \end{bmatrix} = \frac{1}{8}$$

$$c_{12} = \frac{(-1)^{2+1}}{8}\begin{bmatrix} -1 & 2 \\ 1 & 1 \end{bmatrix} = -\frac{1}{8}\times(-3) = \frac{3}{8}$$

$$c_{13} = \frac{(-1)^{3+1}}{8}\begin{bmatrix} -1 & 2 \\ 0 & -1 \end{bmatrix} = \frac{1}{8}\times 1 = \frac{1}{8}$$

$$c_{21} = \frac{(-1)^{1+2}}{8}\begin{bmatrix} 2 & -1 \\ 1 & 1 \end{bmatrix} = -\frac{1}{8}\times 3 = -\frac{3}{8}$$

$$c_{22} = \frac{(-1)^{2+2}}{8}\begin{bmatrix} 1 & 2 \\ 1 & 1 \end{bmatrix} = \frac{1}{8}\times(-1) = -\frac{1}{8}$$

$$c_{23} = \frac{(-1)^{3+2}}{8}\begin{bmatrix} 1 & 2 \\ 2 & -1 \end{bmatrix} = -\frac{1}{8}\times(-5) = \frac{5}{8}$$

$$c_{31} = \frac{(-1)^{1+3}}{8}\begin{bmatrix} 2 & 0 \\ 1 & 1 \end{bmatrix} = \frac{1}{8}\times 2 = \frac{2}{8}$$

$$c_{32} = \frac{(-1)^{2+3}}{8}\begin{bmatrix} 1 & -1 \\ 1 & 1 \end{bmatrix} = -\frac{1}{8}\times 2 = -\frac{2}{8}$$

$$c_{33} = \frac{(-1)^{3+3}}{8}\begin{bmatrix} 1 & -1 \\ 2 & 0 \end{bmatrix} = \frac{1}{8}\times 2 = \frac{2}{8}$$

$$\therefore \mathbf{A}^{-1} = \frac{1}{8}\begin{bmatrix} 1 & 3 & 1 \\ -3 & -1 & 5 \\ 2 & -2 & 2 \end{bmatrix}$$

따라서

$$\mathbf{X} = \begin{bmatrix} x_1 \\ x_2 \\ x_3 \end{bmatrix} = \frac{1}{8}\begin{bmatrix} 1 & 3 & 1 \\ -3 & -1 & 5 \\ 2 & -2 & 2 \end{bmatrix}\begin{bmatrix} 1 \\ 2 \\ 3 \end{bmatrix}$$

$$= \frac{1}{8}\begin{bmatrix} 1\times 1+3\times 2+1\times 3 \\ -3\times 1-1\times 2+5\times 3 \\ 2\times 1-2\times 2+2\times 3 \end{bmatrix} = \frac{1}{8}\begin{bmatrix} 10 \\ 10 \\ 4 \end{bmatrix}$$

$$\therefore x_1 = \frac{5}{4},\ x_2 = \frac{5}{4},\ x_3 = \frac{1}{2}$$

5. 3 행렬의 응용

어떤 회로망이 한 쌍의 입력단자와 출력단자를 갖고, 이 두 쌍의 단자만을 경유해서 전기적으로 동작할 때, 이것을 4단자 회로망이라고 부른다.

4단자 회로망의 성질을 표시하는 것으로서 임피던스 파라미터, 어드미턴스 파라미터, 4단자 정수 또는 파라미터 등이 있다.

<임피던스 행렬>

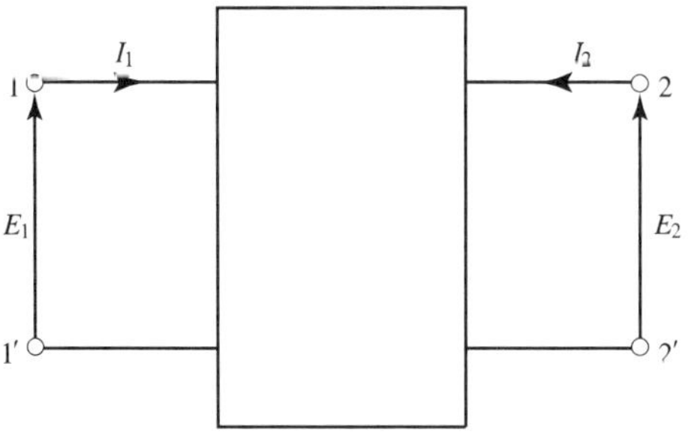

그림 5-4

4단자 회로망이 그림 5-4와 같이 주어졌을 때 전압과 전류 사이에

$$\begin{bmatrix} E_1 \\ E_2 \end{bmatrix} = \begin{bmatrix} Z_{11} & Z_{12} \\ Z_{21} & Z_{22} \end{bmatrix} \begin{bmatrix} I_1 \\ I_2 \end{bmatrix}$$

간략화 하면

$$\mathbf{E} = \mathbf{Z}\,\mathbf{I}$$

의 관계가 성립할 때

$$\mathbf{Z} = \begin{bmatrix} Z_{11} & Z_{12} \\ Z_{21} & Z_{22} \end{bmatrix}$$

$\mathbf{Z}$를 **임피던스 행렬**, Z_{11}, Z_{12}, Z_{21}, Z_{22}를 **임피던스 파라미터**라고 한다.

앞의 행렬을 풀어쓰면

$$\begin{cases} E_1 = Z_{11} I_1 + Z_{12} I_2 \\ E_2 = Z_{21} I_1 + Z_{22} I_2 \end{cases}$$

여기서 임피던스 파라미터의 물리적인 의미를 보면

Z_{11}과 Z_{21}은 2-2′ 단자를 개방하고 $I_2 = 0$로 했을 때 $E_1 = Z_{11} I_1$과 $E_2 = Z_{21} I_1$에

의해서

$$Z_{11}=\left(\frac{E_1}{I_1}\right)_{I_2=0} \quad : \text{단자 1-1'에서의 개방 구동점 임피던스}$$

$$Z_{21}=\left(\frac{E_2}{I_1}\right)_{I_2=0} \quad : \text{개방 순방향 임피던스}$$

이고, Z_{22}과 Z_{12}에 대해서도 같은 방법으로 1-1′ 단자를 개방하고 $I_1=0$로 했을 때 $E_2=Z_{22}I_2$과 $E_1=Z_{12}I_2$에 의해서 다음과 같다.

$$Z_{22}=\left(\frac{E_2}{I_2}\right)_{I_1=0} \quad : \text{단자 2-2' 에서의 개방 구동점 임피던스}$$

$$Z_{12}=\left(\frac{E_1}{I_2}\right)_{I_1=0} \quad : \text{개방 역방향 임피던스}$$

예제 5-3-1

그림 5-5와 같은 회로에서 임피던스 파라미터를 구하여라.

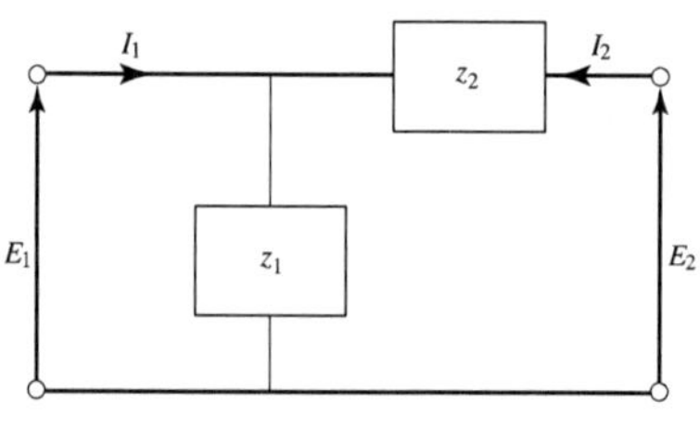

그림 5-5

풀이 (i) 키로히호프의 제2법칙을 사용하면

$$\begin{cases} E_1 = Z_1 I_1 + Z_1 I_2 \\ E_2 = Z_1 I_1 + (Z_1 + Z_2) I_2 \end{cases}$$

행렬로 표현하면

$$\begin{bmatrix} E_1 \\ E_2 \end{bmatrix} = \begin{bmatrix} Z_1 & Z_1 \\ Z_1 & Z_1+Z_2 \end{bmatrix} \begin{bmatrix} I_1 \\ I_2 \end{bmatrix}$$

따라서 임피던스 파라미터는

$$Z_{11}, Z_{12}, Z_{21} = Z_1, \ \ Z_{22} = Z_1 + Z_2$$

(ii) 임피던스 파라미터의 물리적인 성질을 사용한다.
먼저 2-2′ 단자를 개방하면

$$Z_{11} = \left(\frac{E_1}{I_1}\right)_{I_2=0} = Z_1$$

$$Z_{21} = \left(\frac{E_2}{I_1}\right)_{I_2=0} = Z_1$$

이고, 1-1′ 단자를 개방하면

$$Z_{22} = \left(\frac{E_2}{I_2}\right)_{I_1=0} = Z_1 + Z_2$$

$$Z_{12} = \left(\frac{E_1}{I_2}\right)_{I_1=0} = Z_1$$

<어드미턴스 행렬>

그림 5-4의 4단자 회로망에서 전류와 전압 사이에

$$\begin{bmatrix} I_1 \\ I_2 \end{bmatrix} = \begin{bmatrix} Y_{11} & Y_{12} \\ Y_{21} & Y_{22} \end{bmatrix} \begin{bmatrix} E_1 \\ E_2 \end{bmatrix}$$

이를 다음과 같이 나타내자.

$$\mathbf{I} = \mathbf{YE}$$

$$\mathbf{Y} = \begin{bmatrix} Y_{11} & Y_{12} \\ Y_{21} & Y_{22} \end{bmatrix}$$

$\mathbf{Y}$를 어드미턴스 행렬, Y_{11}, Y_{12}, Y_{21}, Y_{22}를 어드미턴스 파라미터라고 하며 앞의 행렬에 대한 식을 풀어 쓰면

$$\begin{cases} I_1 = Y_{11}E_1 + Y_{12}E_2 \\ I_2 = Y_{21}E_1 + Y_{22}E_2 \end{cases}$$

여기서 어드미턴스 파라미터의 물리적인 의미는 임피던스 파라미터와 같은 방법으로 구할 수 있다. 즉, Y_{11}과 Y_{21}은 2-2′ 단자를 단락하고 $E_2 = 0$로 했을 때 $I_1 = Y_{11}E_1$과 $I_2 = Y_{21}E_1$에 의해서

$$Y_{11} = \left(\frac{I_1}{E_1}\right)_{E_2=0}$$: 단자 1-1′ 에서의 단락구동점 어드미턴스

$$Y_{21} = \left(\frac{I_2}{E_1}\right)_{E_2=0}$$: 단락순방향 어드미턴스

이고, Y_{22}과 Y_{12}에 대해서도 같은 방법으로 1-1′ 단자를 단락하고 $E_1 = 0$로 했을 때 $I_2 = Y_{22}E_2$과 $I_1 = Y_{12}E_2$에 의해서 다음과 같다.

$$Y_{22} = \left(\frac{I_2}{E_2}\right)_{E_1=0}$$: 단자 2-2′에서의 단락구동점 어드미턴스

$$Y_{12} = \left(\frac{I_1}{E_2}\right)_{E_1=0}$$: 단락역방향 어드미턴스

$$\mathbf{E} = \mathbf{ZI}$$

의 양변 앞에 $\mathbf{Z}^{-1}$를 곱하면

$$\mathbf{Z}^{-1}\mathbf{E} = \mathbf{Z}^{-1}\mathbf{ZI}$$

$$\therefore \mathbf{I} = \mathbf{Z}^{-1}\mathbf{E} = \mathbf{YE}$$

에서 임피던스 행렬과 어드미턴스 행렬의 관계를 구하면 다음과 같다.

$$\mathbf{Y} = \mathbf{Z}^{-1}$$

예제 5-3-2

그림 5-6에서 어드미턴스 파라미터 및 4단자 정수를 구하여라.

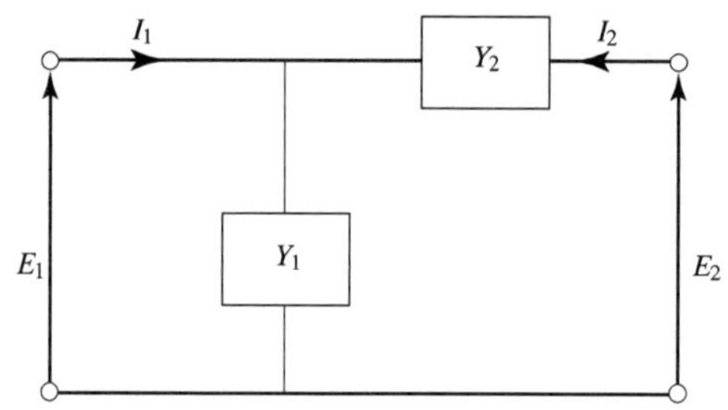

그림 5-6

풀이 (i) 전류에 관한 회로방정식을 만들면

$$\begin{cases} I_1 = (Y_1 + Y_2)E_1 - Y_2 E_2 \\ I_2 = -Y_2 E_1 + Y_2 E_2 \end{cases}$$

행렬로 나타내면

$$\begin{bmatrix} I_1 \\ I_2 \end{bmatrix} = \begin{bmatrix} Y_1 + Y_2 & -Y_2 \\ -Y_2 & Y_2 \end{bmatrix} \begin{bmatrix} E_1 \\ E_2 \end{bmatrix}$$

따라서 어드미턴스 파라미터는

$$Y_{11} = Y_1 + Y_2, \quad Y_{12} = Y_{21} = -Y_2, \quad Y_{22} = Y_2$$

(ii) 어드미턴스 파라미터의 물리적인 성질을 사용한다.

먼저 2-2′ 단자를 단락하면

$$Y_{11} = \left(\frac{I_1}{E_1}\right)_{E_2=0} = Y_1 + Y_2$$

$$Y_{21} = \left(\frac{I_2}{E_1}\right)_{E_2=0} = -Y_2$$

이고, 1-1′ 단자를 단락하면

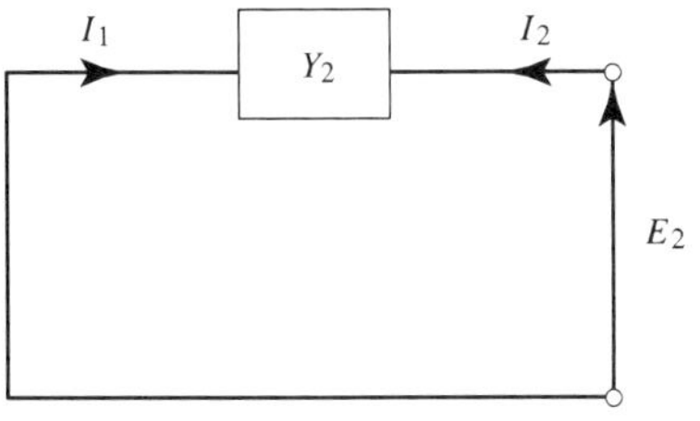

$$Y_{22} = \left(\frac{I_2}{E_2}\right)_{E_1=0} = Y_2$$

$$Y_{12} = \left(\frac{I_1}{E_2}\right)_{E_1=0} = -Y_2$$

<4단자 행렬>

일반적으로 신호전송 문제를 다룰 때에는 한 쌍의 단자에서 전압, 전류를 다른쪽 쌍의 단자에서의 전압, 전류로 표시하는 것이 편리하다. 이 경우 I_2의 기준 방향은 이 때까지와 반대로 4단자 망에서 밖으로 나가는 방향을 그림 5-7과 같이 정(正)으로 하는 것이 편리하다.

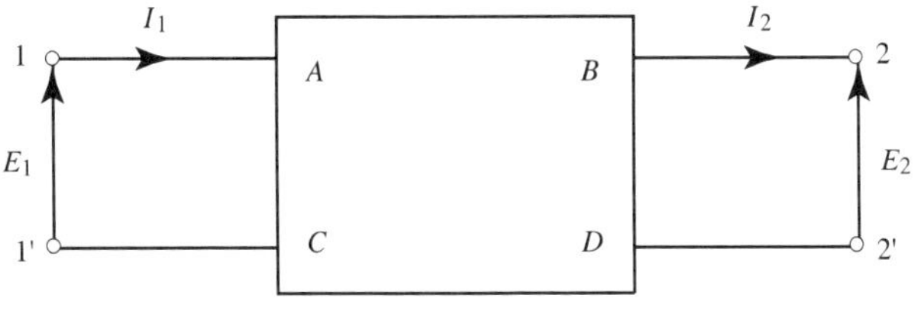

그림 5-7

그림 5-7의 4단자 망은 다음과 같은 식으로 주어진다.

$$\begin{bmatrix} E_1 \\ I_1 \end{bmatrix} = \begin{bmatrix} A & B \\ C & D \end{bmatrix} \begin{bmatrix} E_2 \\ I_2 \end{bmatrix}$$

여기서

$$\begin{bmatrix} A & B \\ C & D \end{bmatrix}$$

를 4단자 행렬, A, B, C, D를 4단자 정수 또는 $ABCD$파라미터라고 하고, 위의 행렬에 대한 식을 풀어 쓰면

$$\begin{cases} E_1 = AE_2 + BI_2 \\ I_2 = CE_2 + DI_2 \end{cases}$$

특히 A, B, C, D는 입력단자의 양과 출력단자의 양과의 비(比)이므로

$$\begin{vmatrix} A & B \\ C & D \end{vmatrix} = AD - BC = 1$$

임을 주목하라.

예제 5-3-3

그림 5-8과 같은 직렬 임피던스 회로의 4단자 정수를 구하여라.

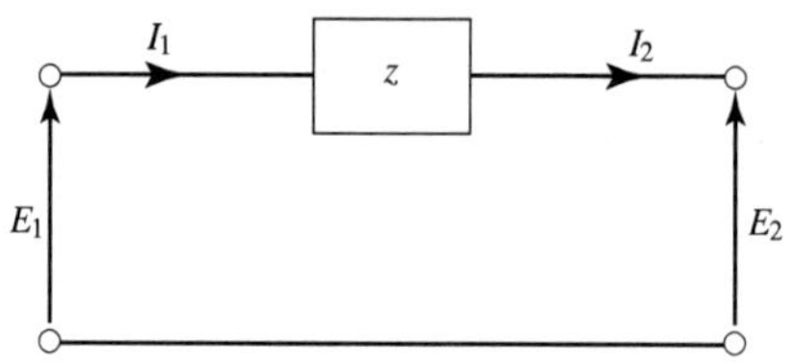

그림 5-8

풀이 그림에서

$$I_1 = I_2$$
$$E_1 - E_2 = ZI_1 = ZI_2$$
$$\therefore E_1 = E_2 + ZI_2$$

이므로, 위의 두 식을 정리하면

$$\begin{cases} E_1 = E_2 + ZI_2 \\ I_2 = 0 + I_2 \end{cases}$$

이고 행렬로 다시 쓰면

$$\begin{bmatrix} E_1 \\ I_1 \end{bmatrix} = \begin{bmatrix} 1 & Z \\ 0 & 1 \end{bmatrix} \begin{bmatrix} E_2 \\ I_2 \end{bmatrix}$$

이다. 그러므로 4단자 정수는 다음과 같다.

$$A = 1,\ B = Z,\ C = 0,\ D = 1$$

예제 5-3-4

그림 5-9와 같은 병렬 임피던스 회로의 4단자 정수를 구하여라.

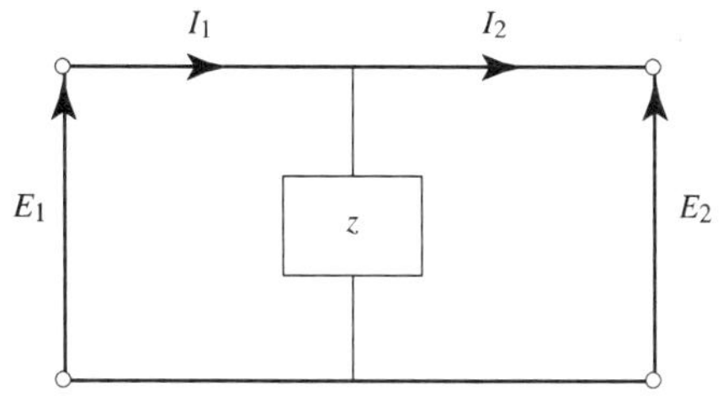

그림 5-9

풀이 그림에서

$$E_1 = E_2$$
$$E_2 = Z(I_1 - I_2)$$
$$\therefore I_1 = \frac{1}{Z}E_2 + I_2$$

이므로, 위의 두 식을 정리하면

$$\begin{cases} E_1 = E_2 + 0 \\ I_1 = \dfrac{1}{Z}E_2 + I_2 \end{cases}$$

이고 행렬로 다시 쓰면

$$\begin{bmatrix} E_1 \\ I_1 \end{bmatrix} = \begin{bmatrix} 1 & 0 \\ \dfrac{1}{Z} & 1 \end{bmatrix} \begin{bmatrix} E_2 \\ I_2 \end{bmatrix}$$

이다. 그러므로 4단자 정수는 다음과 같다.

$$A = 1,\ B = 0,\ C = \frac{1}{Z},\ D = 1$$

<4단자 망의 종속접속>

그림 5-10과 같이 두 4단자 망을 종속접속(tandem connection)한 경우 합성 4단자 망의 $ABCD$파라미터를 각각의 4단자 망의 $ABCD$파라미터로 표현할 수 있다.

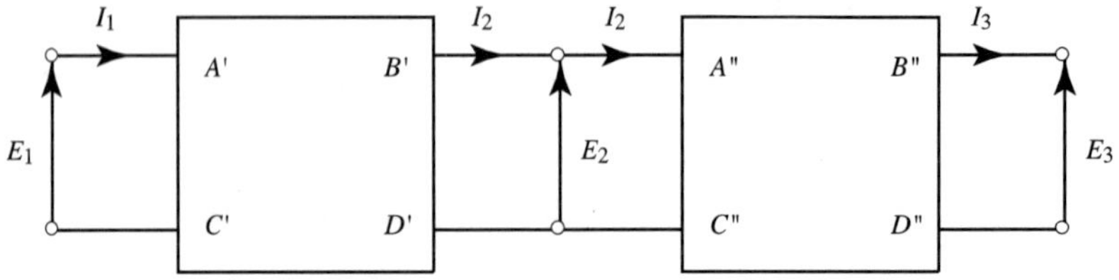

그림 5-10

그림 5-10의 왼쪽 4단자 망에서

$$\begin{bmatrix} E_1 \\ I_1 \end{bmatrix} = \begin{bmatrix} A' & B' \\ C' & D' \end{bmatrix} \begin{bmatrix} E_2 \\ I_2 \end{bmatrix}$$

이고, 오른쪽 4단자 망은

$$\begin{bmatrix} E_2 \\ I_2 \end{bmatrix} = \begin{bmatrix} A'' & B'' \\ C'' & D'' \end{bmatrix} \begin{bmatrix} E_3 \\ I_3 \end{bmatrix}$$

이므로

$$\begin{aligned} \begin{bmatrix} E_1 \\ I_1 \end{bmatrix} &= \begin{bmatrix} A' & B' \\ C' & D' \end{bmatrix} \begin{bmatrix} A'' & B'' \\ C'' & D'' \end{bmatrix} \begin{bmatrix} E_3 \\ I_3 \end{bmatrix} \\ &= \begin{bmatrix} A'A'' + B'C'' & A'B'' + B'D'' \\ C'A'' + D'C'' & C'B'' + D'D'' \end{bmatrix} \begin{bmatrix} E_3 \\ I_3 \end{bmatrix} \end{aligned}$$

예제 5-3-5

그림 5-11과 같은 회로망에서 4단자 정수를 구하여라.

풀이 (i) 그림 5-11에서 키로히호프의 제2법칙을 사용하면

$$E_1 = (Z_1 + Z_2)\, I_1 - Z_2 I_2 \cdots\cdots ①$$

$$E_2 = Z_2 I_1 - Z_2 I_2 \cdots\cdots ②$$

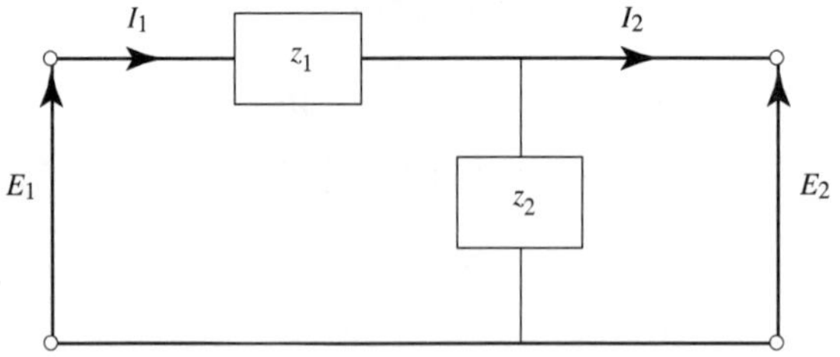

그림 5-11

②에서

$$Z_2 I_1 = E_2 + Z_2 I_2$$

$$\therefore I_1 = \frac{1}{Z_2}E_2 + I_2 \cdots\cdots ③$$

③ → ①

$$\begin{aligned} E_1 &= (Z_1 + Z_2)\left(\frac{1}{Z_2}E_2 + I_2\right) - Z_2 I_2 \\ &= \frac{Z_1 + Z_2}{Z_2}E_2 + Z_1 I_2 + Z_2 I_2 - Z_2 I_2 \\ &= \frac{Z_1 + Z_2}{Z_2}E_2 + Z_1 I_2 \cdots\cdots ④ \end{aligned}$$

③과 ④에서

$$\begin{cases} E_1 = \left(1 + \dfrac{Z_1}{Z_2}\right)E_2 + Z_1 I_2 \\ I_1 = \dfrac{1}{Z_2}E_2 + I_2 \end{cases}$$

가 되므로 행렬로 표시하면

$$\begin{bmatrix} E_1 \\ I_1 \end{bmatrix} = \begin{bmatrix} 1 + \dfrac{Z_1}{Z_2} & Z_1 \\ \dfrac{1}{Z_2} & 1 \end{bmatrix} \begin{bmatrix} E_2 \\ I_2 \end{bmatrix}$$

따라서 4단자 정수는

$$A = 1 + \frac{Z_1}{Z_2},\ B = Z_1,\ C = \frac{1}{Z_2},\ D = 1$$

(ii) 종속접속을 이용하면

$$\begin{bmatrix} E_1 \\ I_1 \end{bmatrix} = \begin{bmatrix} 1 & Z_1 \\ 0 & 1 \end{bmatrix} \begin{bmatrix} E_x \\ I_x \end{bmatrix},\quad \begin{bmatrix} E_x \\ I_x \end{bmatrix} = \begin{bmatrix} 1 & 0 \\ \dfrac{1}{Z_2} & 1 \end{bmatrix} \begin{bmatrix} E_2 \\ I_2 \end{bmatrix}$$

$$\begin{bmatrix} E_1 \\ I_1 \end{bmatrix} = \begin{bmatrix} 1 & Z_1 \\ 0 & 1 \end{bmatrix} \begin{bmatrix} 1 & 0 \\ \dfrac{1}{Z_2} & 1 \end{bmatrix} \begin{bmatrix} E_2 \\ I_2 \end{bmatrix} = \begin{bmatrix} 1 + \dfrac{Z_1}{Z_2} & Z_1 \\ \dfrac{1}{Z_2} & 1 \end{bmatrix} \begin{bmatrix} E_2 \\ I_2 \end{bmatrix}$$

따라서 4단자 정수는

$$A = 1 + \frac{Z_1}{Z_2},\ B = Z_1,\ C = \frac{1}{Z_2},\ D = 1$$

예제 5-3-6

그림 5-12와 같은 회로망에서 4단자 정수를 구하여라.

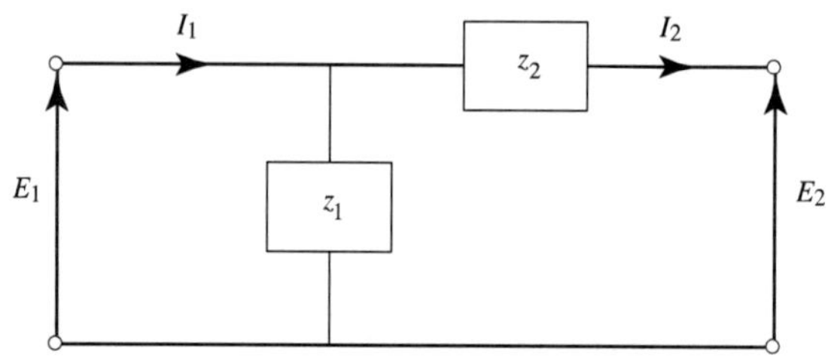

그림 5-12

풀이 (i) 그림 5-12에서 키로히호프의 제 2법칙을 사용하면

$$E_1 = Z_1 I_1 - Z_1 I_2 \quad \cdots\cdots ①$$

$$E_2 = Z_1 I_1 - (Z_1 + Z_2) I_2 \quad \cdots\cdots ②$$

②에서

$$Z_1 I_1 = E_2 + (Z_1 + Z_2) I_2$$

$$\therefore I_1 = \frac{1}{Z_1} E_2 + \frac{Z_1 + Z_2}{Z_1} I_2 \quad \cdots\cdots ③$$

③→①

$$\begin{aligned} E_1 &= Z_1 \left(\frac{1}{Z_1} E_2 + \frac{Z_1 + Z_2}{Z_1} I_2 \right) - Z_1 I_2 \\ &= E_2 + Z_1 I_2 + Z_2 I_2 - Z_1 I_2 \\ &= E_2 + Z_2 I_2 \quad \cdots\cdots ④ \end{aligned}$$

③과 ④에서

$$\begin{cases} E_1 = E_2 + Z_2 I_2 \\ I_1 = \dfrac{1}{Z_1} E_2 + \dfrac{Z_1 + Z_2}{Z_1} I_2 \end{cases}$$

가 되므로 행렬로 나타내면

$$\begin{bmatrix} E_1 \\ I_1 \end{bmatrix} = \begin{bmatrix} 1 & Z_2 \\ \dfrac{1}{Z_1} & 1 + \dfrac{Z_2}{Z_1} \end{bmatrix} \begin{bmatrix} E_2 \\ I_2 \end{bmatrix}$$

따라서 4단자 정수는

$$A = 1, \ B = Z_2, \ C = \frac{1}{Z_1}, \ D = 1 + \frac{Z_2}{Z_1}$$

(ii) 종속접속을 이용하면

$$\begin{bmatrix} E_1 \\ I_1 \end{bmatrix} = \begin{bmatrix} 1 & 0 \\ \dfrac{1}{Z_1} & 1 \end{bmatrix} \begin{bmatrix} E_x \\ I_x \end{bmatrix}, \quad \begin{bmatrix} E_x \\ I_x \end{bmatrix} = \begin{bmatrix} 1 & Z_2 \\ 0 & 1 \end{bmatrix} \begin{bmatrix} E_2 \\ I_2 \end{bmatrix}$$

$$\begin{aligned} \begin{bmatrix} E_1 \\ I_1 \end{bmatrix} &= \begin{bmatrix} 1 & 0 \\ \dfrac{1}{Z_1} & 1 \end{bmatrix} \begin{bmatrix} 1 & Z_2 \\ 0 & 1 \end{bmatrix} \begin{bmatrix} E_2 \\ I_2 \end{bmatrix} \\ &= \begin{bmatrix} 1 & Z_2 \\ \dfrac{1}{Z_1} & 1+\dfrac{Z_2}{Z_1} \end{bmatrix} \begin{bmatrix} E_2 \\ I_2 \end{bmatrix} \end{aligned}$$

따라서 4단자 정수는

$$A=1,\ B=Z_1,\ C=\frac{1}{Z_2},\ D=1+\frac{Z_1}{Z_2}$$

연습문제

1. 다음의 행렬식을 계산하여라.

(1) $\begin{vmatrix} -4 & 8 \\ -2 & 9 \end{vmatrix}$

(2) $\begin{vmatrix} 2 & -1 & 1 \\ 1 & 3 & 2 \\ 3 & 2 & 3 \end{vmatrix}$

(3) $\begin{vmatrix} -7 & -4 & 3 \\ 5 & -2 & 8 \\ -3 & 4 & -5 \end{vmatrix}$

(4) $\begin{vmatrix} 1 & 3 & 2 & -1 \\ 2 & -1 & 3 & 1 \\ -1 & 2 & 1 & 1 \\ -2 & -5 & 2 & 3 \end{vmatrix}$

2. 다음 연립방정식을 Cramer의 공식을 이용하여 해를 구하여라.

(1) $\begin{cases} 2x-y-z=3 \\ 4x+2y-z=15 \\ 4x+3y=18 \end{cases}$

(2) $\begin{cases} 2x+2y+2z=2 \\ 2x+4y+6z=0 \\ 2x+6y+12z=0 \end{cases}$

(3) $\begin{cases} x-y+2z=1 \\ 2x-z=2 \\ x+y+z=3 \end{cases}$

(4) $\begin{cases} x_1-x_2+2x_3+x_4=-5 \\ -x_1+3x_3+2x_4=0 \\ 2x_1+x_2-x_4=1 \\ 2x_1-2x_2+x_3+3x_4=-1 \end{cases}$

3. 다음 회로에서 저항 4Ω에 흐르는 전류 i_3를 Cramer의 공식을 이용하여 구하여라.

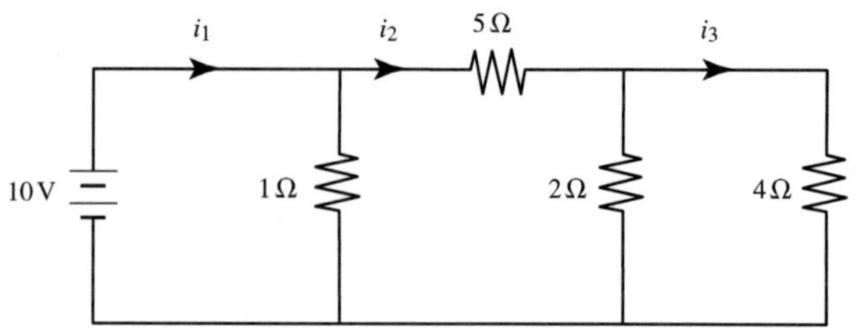

4. 다음의 행렬을 계산하여라.

(1) $\begin{bmatrix} 1 & -7 & 2 \\ 4 & 1 & -5 \\ 3 & -8 & 6 \end{bmatrix} + \begin{bmatrix} 9 & -1 & 8 \\ -4 & 5 & -1 \\ -7 & 4 & -2 \end{bmatrix}$

(2) $\begin{bmatrix} 1 & 3 & 2 \\ -4 & 4 & 1 \\ 5 & 2 & -2 \end{bmatrix} \begin{bmatrix} 4 \\ 2 \\ 1 \end{bmatrix}$

(3) $\left\{ \begin{bmatrix} 3 & 2 \\ -1 & 4 \end{bmatrix} + \begin{bmatrix} 2 & -1 \\ 3 & -1 \end{bmatrix} \right\} \begin{bmatrix} 4 \\ 5 \end{bmatrix}$

(4) $\begin{bmatrix} 0 & 2 \\ 1 & -1 \end{bmatrix} \begin{bmatrix} 1 & 2 \\ 3 & 4 \end{bmatrix} \begin{bmatrix} 5 & 2 \\ 3 & 1 \end{bmatrix}$

(5) $\begin{bmatrix} 1 & 3 \\ 2 & 4 \end{bmatrix}^{-1}$

(6) $\begin{bmatrix} 2 & 3 \\ 3 & 5 \end{bmatrix} \begin{bmatrix} 3 & 1 \\ 4 & 2 \end{bmatrix}$

(7) $\begin{bmatrix} 2 & 4 & 5 \\ 3 & 1 & 0 \\ 0 & 6 & 3 \end{bmatrix} \begin{bmatrix} 1 & 0 & 1 \\ 3 & 2 & 8 \\ 2 & 3 & 10 \end{bmatrix}$

5. 다음의 연립방정식을 풀어라.

$$\begin{cases} x_1 + 2x_2 + 4x_3 = -2 \\ 3x_1 + x_2 + 3x_3 = 0 \\ -x_1 + 3x_2 + x_3 = -8 \end{cases}$$

6. 행렬 A, B, C를 아래와 같이 가정할 때 다음을 증명하여라.

$$\mathrm{A} = \begin{bmatrix} a_{11} & a_{12} \\ a_{21} & a_{22} \end{bmatrix}, \ \mathrm{B} = \begin{bmatrix} b_{11} & b_{12} \\ b_{21} & b_{22} \end{bmatrix}, \ \mathrm{C} = \begin{bmatrix} c_{11} & c_{12} \\ c_{21} & c_{22} \end{bmatrix}$$

(1) $(\mathrm{A}^{\mathrm{T}})^{\mathrm{T}} = \mathrm{A}$

(2) $(\mathrm{A}+\mathrm{B})^{\mathrm{T}} = \mathrm{A}^{\mathrm{T}} + \mathrm{B}^{\mathrm{T}}$

(3) $(\mathrm{AB})^{\mathrm{T}} = \mathrm{B}^{\mathrm{T}}\mathrm{A}^{\mathrm{T}}$

(4) $\mathrm{AB} \neq \mathrm{BA}$ (반례)

(5) $\mathrm{A}(\mathrm{BC}) = (\mathrm{AB})\mathrm{C}$

(6) $(\mathrm{A}+\mathrm{B})\mathrm{C} = \mathrm{AC} + \mathrm{BC}$

7. 다음 그림과 같은 4단자 회로망에서 임피던스 파라미터를 구하여라.

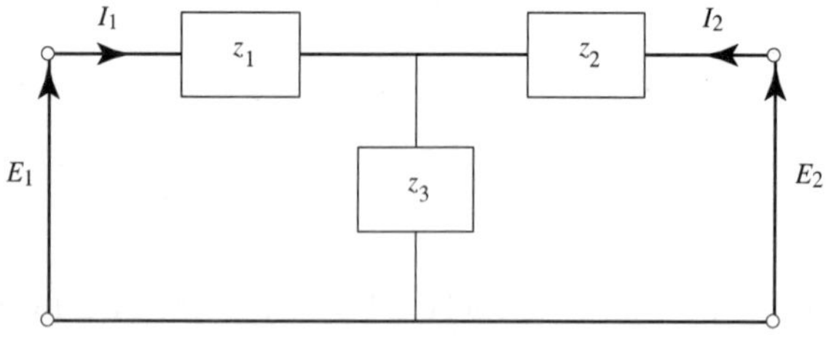

8. 다음 그림과 같은 4단자 회로망에서 어드미턴스 파라미터를 구하여라.

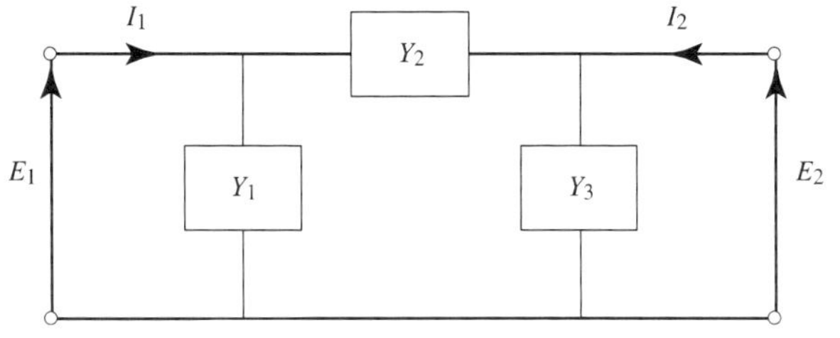

9. 다음 4단자망의 정수를 각각 구하여라.

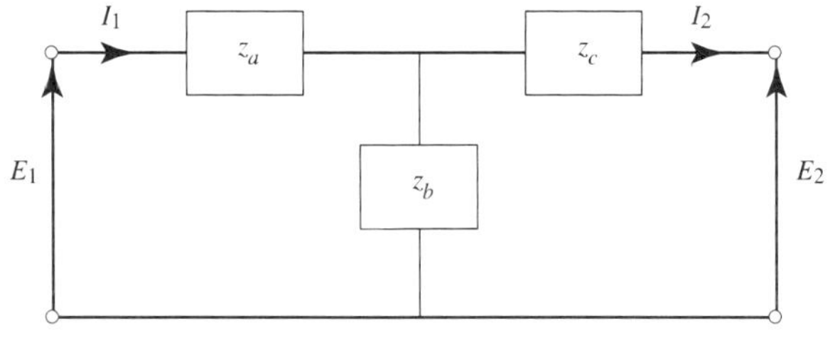

(a)

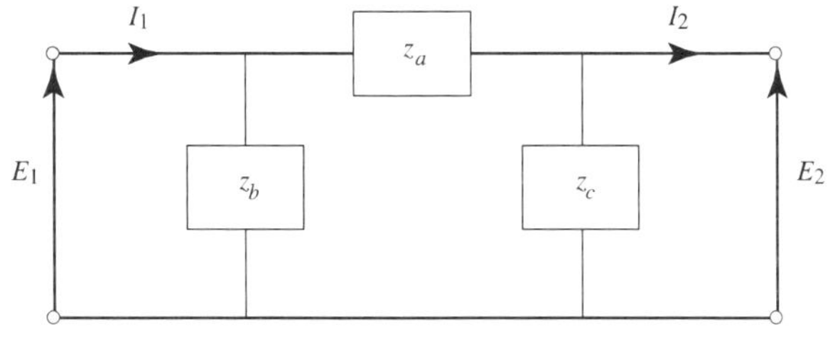

(b)

제 6 장

벡 터

6. 1 벡터의 기본 개념

벡터는 물체의 균형과 운동을 다루는 역학(力學)이라는 물리학의 한 분야에서 계산의 필요에 의해 탄생하였다. 역학에서는 이떤 물제에 두 개의 힘이 작용할 때, 그 둘을 합성해야 할 경우가 생긴다.

동일한 점에 작용하는 것이면 합하기 쉽지만, 힘의 작용은 반드시 그렇지 않는 경우가 일반적이다. 이 때문에, 동일하지 않는 점에 작용하는 힘을 하나의 점으로 평행 이동시켜서 합성한다는 방법을 생각해 내게 되었다.

이 때, **방향과 크기만을 나타내며, 평행 이동하여도 같은 것**이 필요하여진다. 이 필요에 의해 만들어진 것이 바로 **벡터**이다.

당연한 결과로, 벡터는 **크기**와 **방향**을 가지고 있다. 이 기능을 단적으로 나타내어 주는 것이 화살표이다. 즉, 화살표의 방향이 벡터의 방향이고, 화살표의 길이가 벡터의 크기이다.

<스칼라(Scalar)와 벡터(Vector)>

물리량(物理量)을 표시하는 데 있어서 물건의 개수, 길이, 면적, 질량, 온도, 전기저항, 전류 등의 양은 2개, 6 m, 20 m², 5 kg, 30 ℃, 100 Ω, 10A 등과 같이 단위의 크기를 정하면 하나의 실수값 2, 6, 20, 5, 30, 100, 10 등을 써서 나타낼 수 있다. 이와 같이 크기만으로 상태를 충분히 나타낼 수 있는 양(量)을 **스칼라**(scalar)라 하고, 이 스칼라를 수치(數値)와 단위(單位)로 나타내는 것을 스칼라량(scalar quantity)이라 한다. 스칼라량을 표시하는 방법은 이태릭체인 A, B,

C, ⋯ 또는 a, b, c, ⋯ 등을 사용한다.

이에 대하여 평면 또는 공간에 있는 어떤 물체에 힘을 줄 때, 힘의 크기에 따라 물체는 다른 운동을 한다. 또 힘의 크기가 같다고 하더라도 힘이 작용하는 방향에 따라 그 물체의 운동은 달라진다. 따라서 힘에 대해서는 그 크기와 방향을 함께 생각할 필요가 있다. 즉 힘, 속도, 가속도, 모멘트, 전계, 자계 등과 같이 크기와 방향을 동시에 나타내어야 하는 물리량을 **벡터**(vector)라 하고, 벡터량(vector quantity)은 고딕체인 $\mathbf{A}$, $\mathbf{B}$, $\mathbf{C}$, ⋯ 또는 $\mathbf{a}$, $\mathbf{b}$, $\mathbf{c}$, ⋯ 등을 사용하며, 때에 따라서는 이태릭체 위에 화살표를 사용하여 $\overrightarrow{A}$, $\overrightarrow{B}$, $\overrightarrow{C}$, ⋯ 또는 $\overrightarrow{a}$, $\overrightarrow{b}$, $\overrightarrow{c}$, ⋯ 등으로 표시한다.

크기가 1인 벡터를 단위벡터(unit vector)라 하며 방향을 표시하는데 사용한다. 또한 크기가 0인 벡터를 영벡터(zero vector)라고 부르며 $\mathbf{0}$으로 표시한다.

<벡터량의 표시>

일반적으로 점 O에서 점 P로의 이동을 나타내려면, O에서 P까지의 거리와 O에서 P로의 방향을 생각하여야 한다. 이와 같이 선분 OP에 O에서 P로 향하는 방향이 주어질 때, 이 선분을 유향선분 OP라 하고, 점 O를 시점, 점 P를 종점이라 한다. 실제 유향선분 OP에서, 시점 O의 위치에는 관계없이 크기와 방향만을 생각하여 이를 벡터 $\mathbf{A}$라 하면

$$\mathbf{A} = \overrightarrow{\mathrm{OP}}$$

로 표시하며, 벡터 $\mathbf{A}$의 길이를 크기라 하고, A 혹은 $|\mathbf{A}|$로 표시한다. 여기서 크기가 1인 $\mathbf{A}$의 단위벡터를 $\mathbf{e}$라 하면

$$\mathbf{A} = \mathbf{e}\,A$$

이고, A는 벡터 $\mathbf{A}$의 크기이며 단위벡터 $\mathbf{e}$방향의 성분이다.

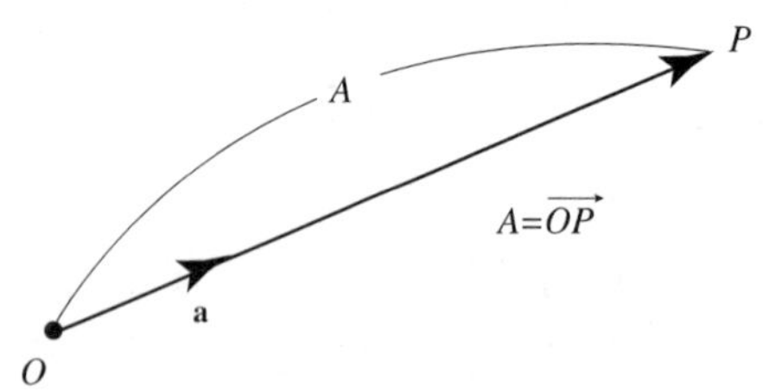

위의 유향선분을 사용하여 벡터를 나타낼 때, 그 벡터가 평면 위에서 그 크기과 방향을 가지고 있을 때, 이 벡터를 평면벡터 또는 이차원벡터라 하고, 공간에서 크기와 방향을 가지고 있을 때, 이 벡터를 공간벡터 또는 삼차원벡터라 한다.

<벡터의 상등>

유향선분 AB, 유향선분 CD가 나타내는 두 벡터 $\overrightarrow{AB}$, $\overrightarrow{CD}$에서 그 크기와 방향이 같을 때 두 벡터는 같다고 하고

$$\overrightarrow{AB} = \overrightarrow{CD}$$

로 나타낸다.

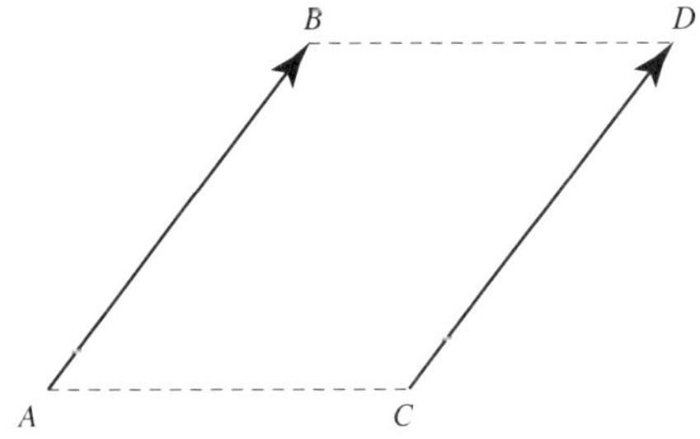

유향선분 CD를 평행이동하여 유향선분 AB에 포갤 수 있다. 역으로 평행이동에 의해 포갤 수 있는 두 유향선분은 같은 벡터이다.

이와 같이 벡터는 항상 유향선분으로 나타내어지므로 그 시점의 위치와 관계없이 방향과 크기만 고려한 유향선분이라 할 수 있겠다.

<벡터의 성분>

직교 좌표계에서 x축, y축, z축의 각각의 정방향으로 크기가 1인 단위벡터를 $\mathbf{i}$, $\mathbf{j}$, $\mathbf{k}$로 표시하고 그들을 각각의 좌표축 방향의 기본 벡터(fundamental vector)라 한다. 따라서 임의의 벡터 $\mathbf{A}$는

$$\begin{aligned} \mathbf{A} &= \overrightarrow{OP} \\ &= \overrightarrow{OR} + \overrightarrow{RQ} + \overrightarrow{QP} \\ &= \overrightarrow{OR} + \overrightarrow{OV} + \overrightarrow{OT} \\ &= \mathbf{i}A_x + \mathbf{j}A_y + \mathbf{k}A_z \end{aligned}$$

로 나타낼 수 있으며, 크기 A_x, A_y, A_z는 벡터 $\mathbf{A}$의 x, y, z 방향의 **성분**

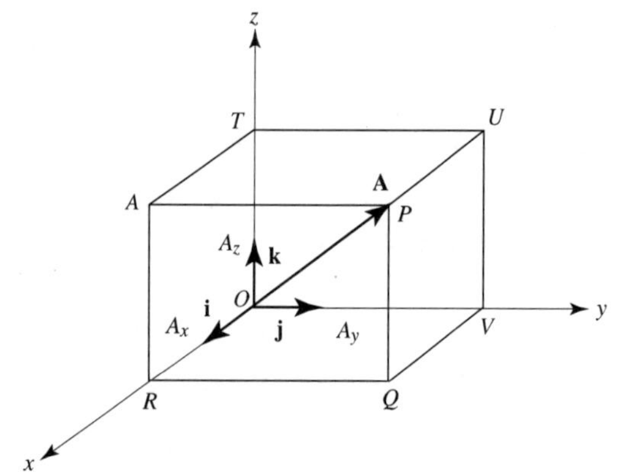

(component)이라고 부른다. 벡터 **A** 의 크기는

$$\begin{aligned} A^2 &= \overline{OP}^2 \\ &= \overline{OR}^2 + \overline{RQ}^2 + \overline{QP}^2 \\ &= \overline{OR}^2 + \overline{OV}^2 + \overline{OT}^2 \\ &= A_x^2 + A_y^2 + A_z^2 \end{aligned}$$

그러므로

$$A = |\mathbf{A}| = \sqrt{A_x^2 + A_y^2 + A_z^2}$$

x, y, z 축으로부터 벡터 **A** 와 이루는 각을 각각 α, β, γ 로 표시하면

$$\begin{aligned} A_x &= A\cos\alpha \\ A_y &= A\cos\beta \\ A_z &= A\cos\gamma \end{aligned}$$

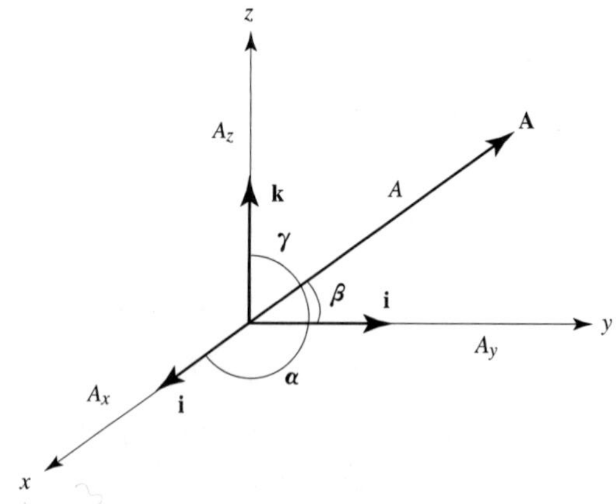

가 된다. 여기서 $\cos\alpha$, $\cos\beta$, $\cos\gamma$를 벡터 **A**의 방향코사인이라고 하며

$$\cos\alpha = \frac{A_x}{A} = \frac{A_x}{\sqrt{A_x^2 + A_y^2 + A_z^2}}$$

$$\cos\beta = \frac{A_y}{A} = \frac{A_y}{\sqrt{A_x^2 + A_y^2 + A_z^2}}$$

$$\cos\gamma = \frac{A_z}{A} = \frac{A_z}{\sqrt{A_x^2 + A_y^2 + A_z^2}}$$

가 되고 방향코사인 사이에는 다음이 성립한다.

$$\cos^2\alpha + \cos^2\beta + \cos^2\gamma = 1$$

예제 6-1-1

전계의 식이 $\mathbf{E} = 30\mathbf{i} + 40\mathbf{j} + 50\mathbf{k}$ [V/m]로 주어졌을 때 전계의 크기를 구하여라.

풀이 $E = \sqrt{30^2 + 40^2 + 50^2} = 70.7$ [V/m]

6.2 벡터의 합과 차

'두 사람을 상대로 줄다리기에 이기는 방법이 없을까?' 하는 문제는 벡터를 이용하면 매우 간단하게 해결할 수 있다.

한 사람이 당기는 힘을 하나의 벡터로 표시하면 줄다리기는 상대로 하는 두 사람의 당기는 힘에 대한 두 개의 벡터와 한 사람의 당기는 힘에 대한 하나의 벡터로 나누어지며, 상대로 하는 두 개의 벡터보다 하나의 벡터가 크면 이길 수 있다. 이 둘의 크기를 비교하기 위해서는, 두 개의 벡터를 하나의 벡터로 나타낸

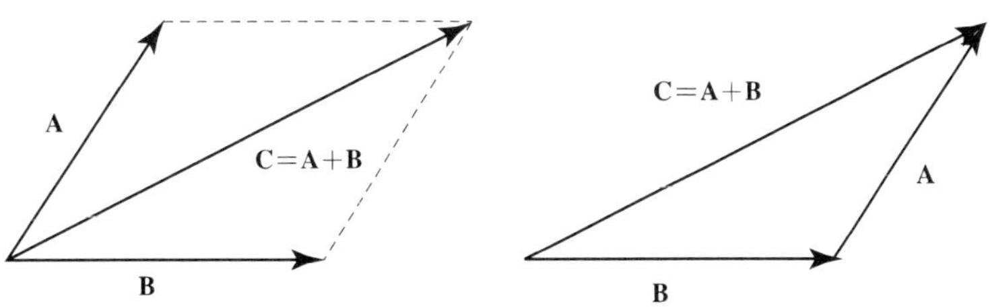

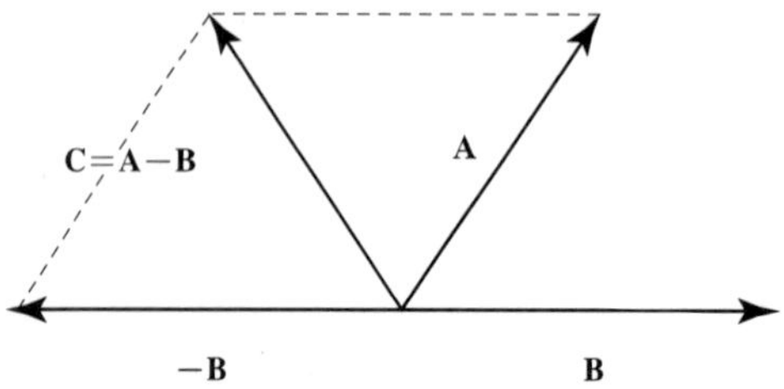

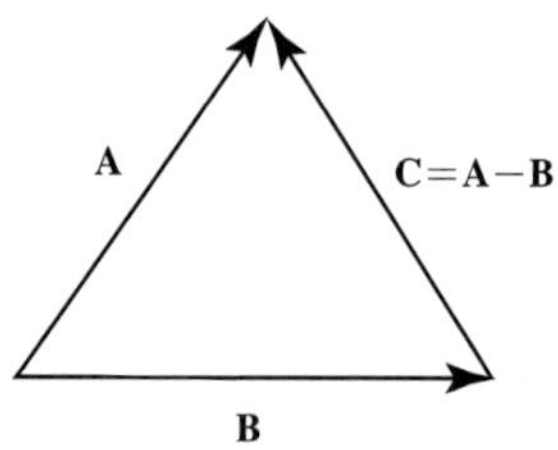

수 있으면 된다. 따라서 벡터끼리는 덧셈을 할 수 있음을 뜻한다.

벡터의 합과 차를 나타내는 데에는 평행사변형법 또는 삼각형법의 두 가지 방법이 사용된다.

벡터의 합은 두 벡터 $\mathbf{A}(=\mathbf{i}A_x+\mathbf{j}A_y+\mathbf{k}A_z)$와 $\mathbf{B}(=\mathbf{i}B_x+\mathbf{j}B_y+\mathbf{k}B_z)$를 각각 평행이동시켜 평행사변형을 만든 후, 그 대각선을 이루는 벡터 C를 두 벡터 A, B의 합이라 하고 다음과 같다.

$$\begin{aligned}\mathbf{C}&=\mathbf{A}+\mathbf{B}\\&=\mathbf{i}A_x+\mathbf{j}A_y+\mathbf{k}A_z+\mathbf{i}B_x+\mathbf{j}B_y+\mathbf{k}B_z\\&=\mathbf{i}(A_x+B_x)+\mathbf{j}(A_y+B_y)+\mathbf{k}(A_z+B_z)\end{aligned}$$

벡터의 차는 같이 벡터 B에 따라 −B를 정한 후 두 벡터 A와 −B를 각각 평행 이동시켜 평행사변형을 만든 후 그 대각선을 이루는 벡터 C를 두 벡터 A, B의 차라 하고 다음과 같다.

$$\begin{aligned}\mathbf{C}&=\mathbf{A}-\mathbf{B}\\&=\mathbf{i}A_x+\mathbf{j}A_y+\mathbf{k}A_z-(\mathbf{i}B_x+\mathbf{j}B_y+\mathbf{k}B_z)\\&=\mathbf{i}(A_x-B_x)+\mathbf{j}(A_y-B_y)+\mathbf{k}(A_z-B_z)\end{aligned}$$

벡터의 덧셈에서도 교환법칙과 결합법칙 및 분배법칙이 성립한다.

$\mathbf{A}+\mathbf{B}=\mathbf{B}+\mathbf{A}$ (교환법칙)

$\mathbf{A}+(\mathbf{B}+\mathbf{C})=(\mathbf{A}+\mathbf{B})+\mathbf{C}$ (결합법칙)

$m(\mathbf{A}+\mathbf{B})=m\mathbf{A}+m\mathbf{B}$ (분배법칙)

예제 6-2-1

벡터 A(2, 3, 4), B(1, 2, 3)일 때 A+B, A−B를 계산하여라.

풀이 벡터 A, B는

$$\mathbf{A}=\mathbf{i}2+\mathbf{j}3+\mathbf{k}4,\qquad \mathbf{B}=\mathbf{i}1+\mathbf{j}2+\mathbf{k}3$$

이므로

$$\begin{aligned} A+B &= (i2+j3+k4)+(i1+j2+k3) \\ &= i3+j5+k7 = 3i+5j+7k \\ A-B &= (i2+j3+k4)-(i1+j2+k3) \\ &= i1+j1+k1 = i+j+k \end{aligned}$$

6.3 벡터의 내적과 외적

벡터와 벡터를 곱하여 그 결과가 스칼라가 되는 것을 내적 또는 스칼라적이라 하고, 벡터와 벡터의 곱의 결과가 벡터가 되는 것을 외적 또는 벡터적이라 한다. 스칼라와 벡터의 곱은 항상 벡터가 된다.

<법선벡터와 면벡터>

임의의 평면에서 임의의 폐곡선 C로 둘러싸인 평면을 S라 할 때, 이 S평면에 수직이고 크기가 1인 단위벡터 n을 **법선벡터**(normal vector)라 한다.

면적의 크기는 스칼라량이지만, 같은 크기를 가진 평면이라도 놓여 있는 상태에 따라서 면적을 통하는 선속의 값이 달라지므로 특별한 약속으로써 면적을 벡터량으로 표현하는 것이 편리할 때가 많다. 따라서 폐곡면 S의 면적과 같은 크기의 선분을 S평면의 법선벡터 방향으로 표시하여 이를 폐곡면 S**면벡터**라 한다. 즉

$$\mathbf{S} = \mathbf{n}S$$

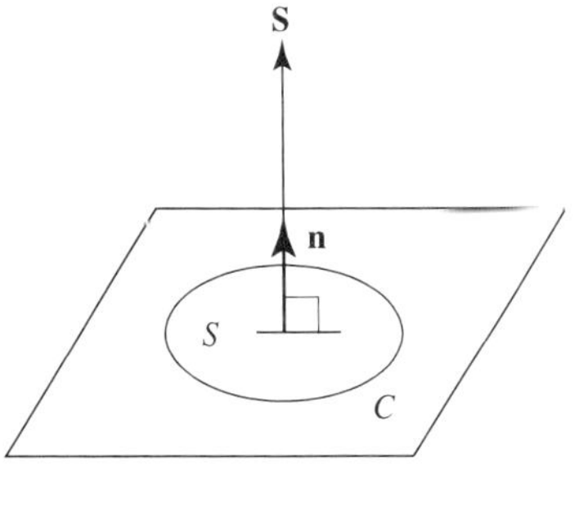

<벡터의 내적(스칼라적)>

벡터의 내적(內積)은 두 벡터 간의 서로 작용하는 힘의 협력의 정도를 나타내는 것으로, 두 벡터의 곱의 결과가 실수이다.

3차원 공간에서 두 벡터 **A**, **B**의 **내적**(inner product) 또는 스칼라적(scalar product)은 **A** · **B**로 표시하며

$$\mathbf{A} \cdot \mathbf{B} = |\mathbf{A}||\mathbf{B}|\cos\theta = AB\cos\theta$$

로 정의된다. 여기서 $\theta(0 \leqq \theta \leqq \pi)$는 두 벡터 **A**,**B**의 교각이다.

내적의 값이 실수(스칼라)이므로 이것을 "스칼라적"이라 하는 이유이다. 코사인은 양의 값, 0 또는 음의 값일 수 있으므로 코사인의 값에 따라 내적의 값도 양의 값, 0 또는 음의 값을 갖는다.

벡터 **A**,**B**가 같은 방향으로 평행인 경우

$$\cos\theta = \cos 0° = 1$$

$$\therefore \mathbf{A} \cdot \mathbf{B} = |\mathbf{A}||\mathbf{B}|$$

가 되며, 벡터 **A**,**B**가 서로 수직인 경우

$$\cos\theta = \cos 90° = 0$$

$$\therefore \mathbf{A} \cdot \mathbf{B} = 0$$

가 된다. 직교좌표계의 기본벡터 **i**, **j**, **k**는

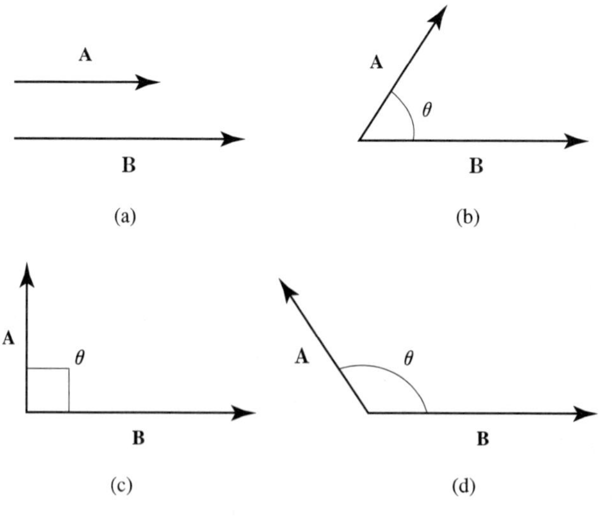

$$\begin{cases} \mathrm{i}\cdot\mathrm{i}=\mathrm{j}\cdot\mathrm{j}=\mathrm{k}\cdot\mathrm{k}=1 \\ \mathrm{i}\cdot\mathrm{j}=\mathrm{j}\cdot\mathrm{k}=\mathrm{k}\cdot\mathrm{i}=0 \end{cases}$$

가 성립하므로 두 벡터 A, B가

$$\begin{cases} \mathrm{A}=\mathrm{i}A_x+\mathrm{j}A_y+\mathrm{k}A_z \\ \mathrm{B}=\mathrm{i}B_x+\mathrm{j}B_y+\mathrm{k}B_z \end{cases}$$

로 나타낼 때 두 벡터 A, B의 내적은 다음과 같다.

$$\begin{aligned} \mathrm{A}\cdot\mathrm{B} &= (\mathrm{i}A_x+\mathrm{j}A_y+\mathrm{k}A_z)\cdot(\mathrm{i}B_x+\mathrm{j}B_y+\mathrm{k}B_z) \\ &= A_xB_x+A_yB_y+A_zB_z \end{aligned}$$

벡터의 내적에서는 교환법칙과 분배법칙이 성립한다.

$\mathrm{A}\cdot\mathrm{B}=\mathrm{B}\cdot\mathrm{A}$ (교환법칙)

$(\mathrm{A}+\mathrm{B})\cdot\mathrm{C}=\mathrm{A}\cdot\mathrm{C}+\mathrm{B}\cdot\mathrm{C}$ (결합법칙)

예제 6-3-1

$\mathrm{A}=3\mathrm{i}+4\mathrm{j}$, $\mathrm{B}=6\mathrm{j}-8\mathrm{k}$일 때 벡터의 내적을 구하고 두 벡터 사이의 각을 구하여라.

풀이

$$\begin{aligned} \mathrm{A}\cdot\mathrm{B} &= (3\mathrm{i}+4\mathrm{j})\cdot(6\mathrm{j}-8\mathrm{k}) \\ &= 3\times0+4\times6+0\times(-8)=24 \end{aligned}$$

$$|\mathrm{A}|=\sqrt{3^2+4^2}=\sqrt{25}=5$$

$$|\mathrm{B}|=\sqrt{6^2+(-8)^2}=\sqrt{100}=10$$

$$\cos\theta=\frac{\mathrm{A}\cdot\mathrm{B}}{|\mathrm{A}||\mathrm{B}|=\dfrac{24}{5\times10}=\dfrac{12}{25}}$$

<벡터의 외적(벡터적)>

벡터 A와 B의 외적(外積)(out product) 또는 벡터적(vector product)은 $\mathrm{A}\times\mathrm{B}$로 표시하고 그 크기 $|\mathrm{A}\times\mathrm{B}|$는 벡터 A와 B의 교각을 θ라 하면

$$|\mathrm{A}\times\mathrm{B}|=|\mathrm{A}||\mathrm{B}|\sin\theta$$

로 정의한다. 그리고 방향은 벡터 A와 B를 이웃으로 하는 평행사변형에 수직

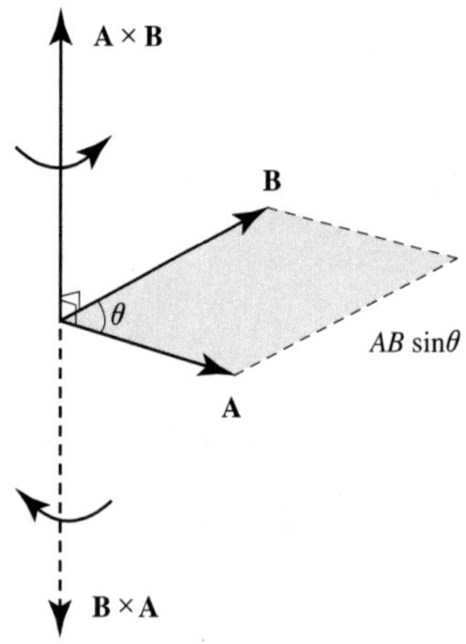

이고 벡터 A로부터 벡터 B로 돌리는 반시계 회전방향의 진행방향이 된다.

위의 그림과 같이 벡터 B로부터 벡터 A로 돌리는 시계 회전방향의 진행하는 방향은

$$\mathbf{B}\times\mathbf{A} = -\mathbf{A}\times\mathbf{B}$$

가 되므로 벡터의 외적에서는 교환법칙은 성립되지 않으며, 결합법칙도

$$\mathbf{A}\times(\mathbf{B}\times\mathbf{C}) \neq (\mathbf{A}\times\mathbf{B})\times\mathbf{C}$$

가 되어 성립하지 않는다. 그러나 다음과 같이 분배법칙이 성립함을 알 수 있다.

$$(\mathbf{A}+\mathbf{B})\times\mathbf{C} = \mathbf{A}\times\mathbf{C}+\mathbf{B}\times\mathbf{C}$$

두 벡터 A와 B가 같은 방향일 경우

$$\sin\theta = \sin 0° = 0$$

$$\therefore\ |\mathbf{A}\times\mathbf{B}| = 0$$

가 되며, 두 벡터 A와 B가 서로 수직인 경우

$$\sin\theta = \sin 90° = 1$$

$$\therefore\ |\mathbf{A}\times\mathbf{B}| = |\mathbf{A}||\mathbf{B}|$$

가 된다. 따라서 직교좌표계의 기본벡터 i, j, k는

$$\begin{cases} \mathbf{i}\times\mathbf{i} = \mathbf{j}\times\mathbf{j} = \mathbf{k}\times\mathbf{k} = 0 \\ \mathbf{i}\times\mathbf{j} = \mathbf{k},\ \mathbf{j}\times\mathbf{k} = \mathbf{i},\ \mathbf{k}\times\mathbf{i} = \mathbf{j} \\ \mathbf{j}\times\mathbf{i} = -\mathbf{k},\ \mathbf{k}\times\mathbf{j} = -\mathbf{i},\ \mathbf{i}\times\mathbf{k} = -\mathbf{j} \end{cases}$$

가 성립하므로 두 벡터 A,B 의 외적은

$$\begin{aligned}\mathbf{A}\times\mathbf{B} &= (\mathbf{i}A_x+\mathbf{j}A_y+\mathbf{k}A_z)\times(\mathbf{i}B_x+\mathbf{j}B_y+\mathbf{k}B_z)\\ &= \mathbf{i}(A_yB_z-A_zB_y)+\mathbf{j}(A_zB_x-A_xB_z)+\mathbf{k}(A_xB_y-A_yB_x)\\ &= \mathbf{i}\begin{vmatrix}A_y & A_z\\ B_y & B_z\end{vmatrix}+\mathbf{j}\begin{vmatrix}A_z & A_x\\ B_z & B_x\end{vmatrix}+\mathbf{k}\begin{vmatrix}A_x & A_y\\ B_x & B_y\end{vmatrix}\\ &= \begin{vmatrix}\mathbf{i} & \mathbf{j} & \mathbf{k}\\ A_x & A_y & A_z\\ B_x & B_y & B_z\end{vmatrix}\end{aligned}$$

예제 6-3-2

$\mathbf{A}=\mathbf{i}-2\mathbf{j}+2\mathbf{k}$, $\mathbf{B}=2\mathbf{i}-\mathbf{j}-2\mathbf{k}$ 일 때 벡터의 외적을 구하고 두 벡터 사이의 각을 구하여라.

풀이 벡터의 외적은

$$\mathbf{A}\times\mathbf{B}=\begin{vmatrix}\mathbf{i} & \mathbf{j} & \mathbf{k}\\ 1 & -2 & 2\\ 2 & -1 & -2\end{vmatrix}=6\mathbf{i}+6\mathbf{j}+3\mathbf{k}$$

두 벡터 사이의 각은

$$|\mathbf{A}|=\sqrt{1^2+(-2)^2+2^2}=\sqrt{9}=3$$

$$|\mathbf{B}|=\sqrt{2^2+(-1)^2+(-2)^2}=\sqrt{9}=3$$

$$|\mathbf{A}\times\mathbf{B}|=\sqrt{6^2+6^2+3^2}=\sqrt{81}=9$$

$$\sin\theta=\frac{|\mathbf{A}\times\mathbf{B}|}{|\mathbf{A}||\mathbf{B}|}=\frac{9}{3\times 3}=1$$

$$\therefore\ \theta=90^\circ$$

예제 6-3-3

z 축과 일치한 긴 도체에 z 방향으로 $\mathbf{I}=15\mathbf{k}$ [A]의 전류를 흘릴 때 자속 밀도 $\mathbf{B}=3\mathbf{i}+4\mathbf{j}$ 가 가해진 경우, 이 도체의 단위 길이당 작용하는 힘F 의 벡터량을 구하여라.

풀이 힘F 는 $\mathbf{F}=\mathbf{I}\times\mathbf{B}$ 이므로

$$\begin{aligned}\mathbf{F} &= \mathbf{I}\times\mathbf{B}=(15\mathbf{k})\times(3\mathbf{i}+4\mathbf{j})\\ &= \begin{vmatrix}\mathbf{i} & \mathbf{j} & \mathbf{k}\\ 0 & 0 & 15\\ 3 & 4 & 0\end{vmatrix}=-60\mathbf{i}+45\mathbf{j}\end{aligned}$$

6. 4 3개의 벡터의 적(積)

<스칼라 3중적>

한 벡터와 다른 두 개의 벡터가 만든 벡터적(외적)과의 스칼라적(내적)

$$\mathbf{A}\cdot(\mathbf{B}\times\mathbf{C}),\quad \mathbf{B}\cdot(\mathbf{C}\times\mathbf{A}),\quad \mathbf{C}\cdot(\mathbf{A}\times\mathbf{B})$$

를 벡터 A, B, C 의 **스칼라 3중적**(scalar triple product)이라고 하며, 벡터의 성분이 각각

$$\begin{cases}\mathbf{A}=\mathbf{i}A_x+\mathbf{j}A_y+\mathbf{k}A_z\\ \mathbf{B}=\mathbf{i}B_x+\mathbf{j}B_y+\mathbf{k}B_z\\ \mathbf{C}=\mathbf{i}C_x+\mathbf{j}C_y+\mathbf{k}C_z\end{cases}$$

이면

$$\mathbf{A}\cdot(\mathbf{B}\times\mathbf{C})=(\mathbf{i}A_x+\mathbf{j}A_y+\mathbf{k}A_z)\cdot\begin{vmatrix}\mathbf{i}&\mathbf{j}&\mathbf{k}\\B_x&B_y&B_z\\C_x&C_y&C_z\end{vmatrix}$$

$$=A_x(B_yC_z-B_zC_y)+A_y(B_zC_x-B_xC_z)+A_z(B_xC_y-B_yC_x)$$

$$=A_x\begin{vmatrix}B_y&B_z\\C_y&C_z\end{vmatrix}+A_y\begin{vmatrix}B_z&B_x\\C_z&C_x\end{vmatrix}+A_z\begin{vmatrix}B_x&B_y\\C_x&C_y\end{vmatrix}$$

$$=\begin{vmatrix}A_x&A_y&A_z\\B_x&B_y&B_z\\C_x&C_y&C_z\end{vmatrix}$$

가 되어 스칼라 3중적의 결과는 스칼라량이 됨을 알 수 있다.

또한 스칼라 3중적 A · (B × C) 은 (ABC) 로 표기하고 결과가 3차 행렬식이 되므로 행렬식의 성질에 의해 두 행을 바꾸면 행렬식의 부호는 반대가 된다.

$$(\mathbf{ABC})=-(\mathbf{BAC})$$

두 번 바꾸면

$$(\mathbf{ABC})=(\mathbf{BCA})=(\mathbf{CAB})$$

$$\therefore \mathbf{A}\cdot(\mathbf{B}\times\mathbf{C})=\mathbf{B}\cdot(\mathbf{C}\times\mathbf{A})=\mathbf{C}\cdot(\mathbf{A}\times\mathbf{B})$$

가 되므로 B × C 는 평행육면체의 밑면적이 되고 방향은 면적에 수직성분이다.

A 와 B × C 의 스칼라적(내적)도 스칼라량이므로

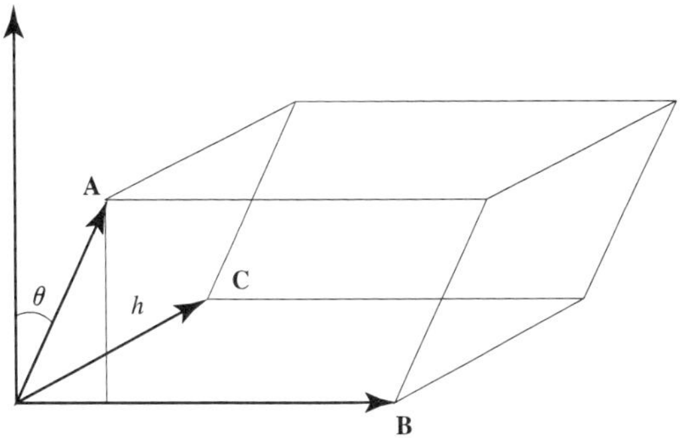

$$A \cdot (B \times C) = |A| \cdot |B \times C| \cos\theta$$

가 되고, 여기서 θ는 벡터 A와 벡터 B×C가 이루는 각이다.

또한 $|A|\cos\theta$는 평행육면체의 높이 h가 되어 $|A \cdot (B \times C)|$는 이웃하는 변이 A, B, C인 평행육면체 체적을 나타내는 스칼라량이다.

예제 6-4-1

벡터 A, B, C를 이웃하는 세 변으로 갖는 평행육면체의 체적을 구하여라.

$$A = i + 2j + 3k,\ \ B = 2i + j + 4k,\ \ C = 3i + 5j + k$$

풀이 세 벡터 A, B, C를 세 변으로 갖는 평행육면체의 체적은 스칼라 3중적의 크기 $|A \cdot (B \times C)|$을 구하면

$$A \cdot (B \times C) = \begin{vmatrix} 1 & 2 & 3 \\ 2 & 1 & 4 \\ 3 & 5 & 1 \end{vmatrix} = 22$$

된다.

<벡터 3중적>

한 벡터와 다른 두 개의 벡터가 만든 벡터적(외적)과의 벡터적(외적)

$$A \times (B \times C)$$

를 벡터 A, B, C의 벡터 3중적(vector triple product)이라고 하고, 그 결과는 다음과 같이 벡터량이 됨을 알 수 있다.

$$A \times (B \times C) = (iA_x + jA_y + kA_z) \times \begin{vmatrix} i & j & k \\ B_x & B_y & B_z \\ C_x & C_y & C_z \end{vmatrix}$$

$$= \begin{vmatrix} \mathbf{i} & \mathbf{j} & \mathbf{k} \\ A_x & A_y & A_z \\ \begin{vmatrix} B_y & B_z \\ C_y & C_z \end{vmatrix} & \begin{vmatrix} B_z & B_x \\ C_z & C_x \end{vmatrix} & \begin{vmatrix} B_x & B_y \\ C_x & C_y \end{vmatrix} \end{vmatrix}$$

예제 6-4-2

A= 3i + 2k, B= 2i + 2j − k, C= i − 2j + 3k 일 때 다음 값을 구하여라.

(1) $\mathbf{A}\cdot(\mathbf{B}\times\mathbf{C})$ (2) $\mathbf{A}\times(\mathbf{B}\times\mathbf{C})$ (3) $(\mathbf{A}\times\mathbf{B})\times\mathbf{C}$

풀이 (1) $\mathbf{A}\cdot(\mathbf{B}\times\mathbf{C}) = \begin{vmatrix} 3 & 0 & 2 \\ 2 & 2 & -1 \\ 1 & -2 & 3 \end{vmatrix} = 18-8-4-6=0$

(2) $\mathbf{A}\times(\mathbf{B}\times\mathbf{C}) = (3\mathbf{i}+2\mathbf{k})\times\begin{vmatrix} \mathbf{i} & \mathbf{j} & \mathbf{k} \\ 2 & 2 & -1 \\ 1 & -2 & 3 \end{vmatrix}$

$= (3\mathbf{i}+2\mathbf{k})\times(4\mathbf{i}-7\mathbf{j}-6\mathbf{k})$

$= \begin{vmatrix} \mathbf{i} & \mathbf{j} & \mathbf{k} \\ 3 & 0 & 2 \\ 4 & -7 & -6 \end{vmatrix}$

$= 14\mathbf{i}+26\mathbf{j}-21\mathbf{k}$

(3) $(\mathbf{A}\times\mathbf{B})\times\mathbf{C} = \begin{vmatrix} \mathbf{i} & \mathbf{j} & \mathbf{k} \\ 3 & 0 & 2 \\ 2 & 2 & -1 \end{vmatrix}\times(\mathbf{i}-2\mathbf{j}+3\mathbf{k})$

$= (-4\mathbf{i}+7\mathbf{j}+6\mathbf{k})\times(\mathbf{i}-2\mathbf{j}+3\mathbf{k})$

$= \begin{vmatrix} \mathbf{i} & \mathbf{j} & \mathbf{k} \\ -4 & 7 & 6 \\ 1 & -2 & 3 \end{vmatrix}$

$= 33\mathbf{i}+18\mathbf{j}+\mathbf{k}$

6. 5 벡터의 미분(微分)연산

어떤 공간영역 내의 임의의 점에서의 스칼라량을 ϕ 라고 하면, 공간에서의 미소변화량 $d\phi$ 는 미소위치변화 $d\mathbf{r}$ 에 의하여 영향을 받는다. 따라서 공간에서의 미소위치변화 $d\mathbf{r}$, 미소변화량 $d\phi$, 스칼라의 기울기(gradient), 벡터의 발산(divergence), **벡터의 회전**(curl) 등의 미분과 관련된 내용을 알아본다.

먼저, 벡터의 미분연산에 사용하는 미분연산자(∇ : del 혹은 nabla)를 해밀톤 연산자라고도 하며 직각좌표계에 적용하면 다음과 같이 정의된다.

$$\nabla \equiv \mathbf{i}\frac{\partial}{\partial x} + \mathbf{j}\frac{\partial}{\partial y} + \mathbf{k}\frac{\partial}{\partial z}$$

<스칼라의 기울기(句配, gradient)>

스칼라 함수 $\phi(x)$ 를 독립변수 x 에 관한 함수라 하면, 주어진 독립변수 x 의 미소변화 dx 에 대한 종속변수 ϕ 의 미소변화 $d\phi$ 는

$$d\phi = dx\left(\frac{d\phi}{dx}\right)$$

가 된다. 여기서 3차원 공간에 대한 함수 $\phi(x, y, z)$를 스칼라 함수라고 할 때, 좌표 x, y, z 가 각각 dx, dy, dz 만큼 증가하면 $d\phi$ 는

$$d\phi = \frac{\partial\phi}{\partial x}dx + \frac{\partial\phi}{\partial y}dy + \frac{\partial\phi}{\partial z}dz$$

여기서, 공간의 미소변위 $d\mathbf{r}$ 을

$$d\mathbf{r} = \mathbf{i}\,\mathrm{dx} + \mathbf{j}\,\mathrm{dy} + \mathbf{k}\mathrm{dz}$$

로 두면,

$$d\phi = \left(\mathbf{i}\frac{\partial\phi}{\partial x} + \mathbf{j}\frac{\partial\phi}{\partial y} + \mathbf{k}\frac{\partial\phi}{\partial z}\right)\cdot(\mathbf{i}dx + \mathbf{j}dy + \mathbf{k}dz)$$

$$= \left(\mathbf{i}\frac{\partial\phi}{\partial x} + \mathbf{j}\frac{\partial\phi}{\partial y} + \mathbf{k}\frac{\partial\phi}{\partial z}\right)\cdot d\mathbf{r}$$

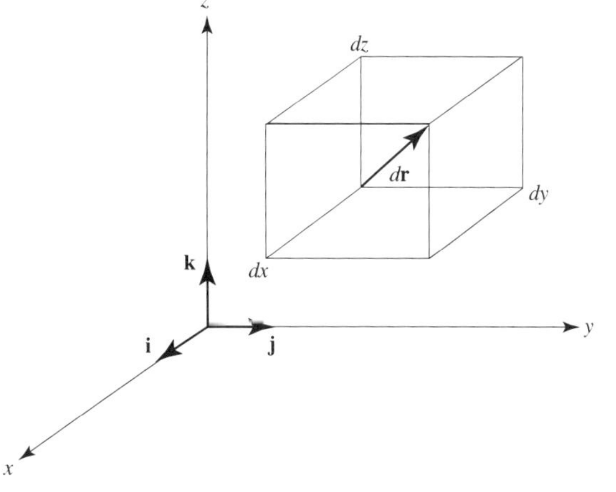

로 되고, 여기서 공간영역 내의 한 점에 대한 스칼라 함수 $\phi(x, y, z)$의 미분으로 이루어지는 기울기를 $\nabla\phi$ 라 하면

$$\begin{aligned}\text{grad}\,\phi &\equiv \nabla\phi \\ &= \frac{d\phi}{d\mathbf{r}} = \mathbf{i}\frac{\partial\phi}{\partial x} + \mathbf{j}\frac{\partial\phi}{\partial y} + \mathbf{k}\frac{\partial\phi}{\partial z} \\ &= \left(\mathbf{i}\frac{\partial}{\partial x} + \mathbf{j}\frac{\partial}{\partial y} + \mathbf{k}\frac{\partial}{\partial z}\right)\phi\end{aligned}$$

로 정의되고, 여기서 ϕ는 스칼라량이지만 $\nabla\phi$는 벡터량이다.

예제 6-5-1

$\phi = x^2 + y^2$ 로 주어지는 스칼라 함수의 기울기를 구하여라.

풀이 함수 ϕ의 기울기는 $\nabla\phi$이므로

$$\begin{aligned}\nabla\phi &= \mathbf{i}\frac{\partial\phi}{\partial x} + \mathbf{j}\frac{\partial\phi}{\partial y} + \mathbf{k}\frac{\partial\phi}{\partial z} \\ &= \mathbf{i}\frac{\partial}{\partial x}(x^2+y^2) + \mathbf{j}\frac{\partial}{\partial y}(x^2+y^2) + \mathbf{k}\frac{\partial}{\partial z}(x^2+y^2) \\ &= \mathbf{i}\frac{\partial}{\partial x}(x^2) + \mathbf{j}\frac{\partial}{\partial y}(y^2) + \mathbf{k}\frac{\partial}{\partial z}(0) \\ &= \mathbf{i}(2x) + \mathbf{j}(2y)\end{aligned}$$

가 된고, $z=0$ 평면상에서 기울기는 중심에서 밖으로 나가는 방향의 벡터로 중심에서 멀어질수록 크기가 증가하는 벡터장이 된다.

예제 6-5-2

$\phi = x^2 - y^2 + z^2$ 일 때, 점(1, 0, 3)에서 기울기를 구하여라.

풀이 함수 ϕ의 기울기는 $\nabla\phi$이므로

$$\begin{aligned}\nabla\phi &= \mathbf{i}\frac{\partial\phi}{\partial x} + \mathbf{j}\frac{\partial\phi}{\partial y} + \mathbf{k}\frac{\partial\phi}{\partial z} \\ &= \mathbf{i}\frac{\partial}{\partial x}(x^2-y^2+z^2) + \mathbf{j}\frac{\partial}{\partial y}(x^2-y^2+z^2) \\ &\quad + \mathbf{k}\frac{\partial}{\partial z}(x^2-y^2+z^2) \\ &= \mathbf{i}\frac{\partial}{\partial x}(x^2) + \mathbf{j}\frac{\partial}{\partial y}(-y^2) + \mathbf{k}\frac{\partial}{\partial z}(z^2) \\ &= \mathbf{i}(2x) - \mathbf{j}(2y) + \mathbf{k}(2z)\end{aligned}$$

여기서 주어진 좌표 (1, 0, 3)을 대입하면 다음과 같다.

$$\nabla\phi = 2\mathbf{i} + 6\mathbf{k}$$

예제 6-5-3

구면 $x^2+y^2+z^2=5$ 위의 한 점(1, 0, 2)에서 접하는 평면의 방정식과 법선벡터를 구하여라.

풀이 주어진 구면의 식을

$$\phi = x^2+y^2+z^2=5$$

로 나타내면, 함수 ϕ의 기울기는

$$\begin{aligned}\nabla\phi &= \nabla(x^2+y^2+z^2) \\ &= \left(\mathbf{i}\frac{\partial}{\partial x}+\mathbf{j}\frac{\partial}{\partial y}+\mathbf{k}\frac{\partial}{\partial z}\right)(x^2+y^2+z^2) \\ &= \mathbf{i}\,(2x)+\mathbf{j}\,(2y)+\mathbf{k}\,(2z)\end{aligned}$$

여기서 주어진 좌표 (1, 0, 2)에서의 법선벡터는

$$\nabla\phi = 2\mathrm{i} + 4\mathbf{k}$$

이고, 접하는 평면의 식은 $2\mathrm{i}+4\mathbf{k}=(2,0,4)$가 평면에 수직이고 점 (1, 0, 2)를 포함하므로 3차원 공간 x, y, z에 대하여 정리하면

$$2x+4z=2(1)+4(2)=10$$

따라서 (1, 0, 2)에 접하는 접평면의 방정식은 다음과 같다.

$$x+2z=5$$

<벡터의 발산(發散, divergence)>

"**발산**"의 물리적인 의미는 밖으로 퍼져나가는 양, 즉 유출량(流出量)이라는 뜻을 가지고 있으며, 어떤 점에서 양(陽)의 발산을 가지면 source, 음(陰)의 발산을 가지면 sink가 주어졌다고 한다.

벡터의 발산은 임의의 벡터 $\mathbf{A}$를

$$\mathbf{A} = \mathbf{i}\,A_x+\mathbf{j}\,A_y+\mathbf{k}\,A_z$$

라 할 때, 미분연산자 ∇과의 사이에

$$\begin{aligned}\mathrm{div}\,\mathbf{A} &\equiv \nabla\cdot\mathbf{A} \\ &= \left(\mathbf{i}\frac{\partial}{\partial x}+\mathbf{j}\frac{\partial}{\partial y}+\mathbf{k}\frac{\partial}{\partial z}\right)\cdot(\mathbf{i}\,A_x+\mathbf{j}\,A_y+\mathbf{k}\,A_z) \\ &= \frac{\partial A_x}{\partial x}+\frac{\partial A_y}{\partial y}+\frac{\partial A_z}{\partial z}\end{aligned}$$

으로 정의되는 스칼라를 의미한다. 여기서 주의해야 할 것은, $\nabla\cdot\mathbf{A}$는 내적의

형태를 가지고 있지만 $\frac{\partial A_x}{\partial x}$ 는 두 수의 곱이 아닌 A_x 에 작용하는 편미분연산을 의미한다.

예제 6-5-4

$\mathbf{A} = (4xy)\mathbf{i} + (x^2 z)\mathbf{j} + (xy^2 z)\mathbf{k}$일 때 $\operatorname{div}\mathbf{A}$를 구하여라.

풀이
$$
\begin{aligned}
\operatorname{div}\mathbf{A} &= \nabla \cdot \mathbf{A} \\
&= \left(\mathbf{i}\frac{\partial}{\partial x} + \mathbf{j}\frac{\partial}{\partial y} + \mathbf{k}\frac{\partial}{\partial z}\right) \cdot (\mathbf{i}\,A_x + \mathbf{j}\,A_y + \mathbf{k}\,A_z) \\
&= \frac{\partial A_x}{\partial x} + \frac{\partial A_y}{\partial y} + \frac{\partial A_z}{\partial z} \\
&= \frac{\partial}{\partial x}(4xy) + \frac{\partial}{\partial y}(x^2 z) + \frac{\partial}{\partial z}(xy^2 z) \\
&= 4y + xy^2
\end{aligned}
$$

예제 6-5-5

$\nabla \cdot (\mathbf{A}+\mathbf{B}) = \nabla \cdot \mathbf{A} + \nabla \cdot \mathbf{B}$ 가 성립함을 보여라.
여기서 $\mathbf{A} = \mathbf{i}\,A_x + \mathbf{j}\,A_y + \mathbf{k}\,A_z$, $\mathbf{B} = \mathbf{i}\,B_x + \mathbf{j}\,B_y + \mathbf{k}\,B_z$ 이다.

풀이 먼저 A+B 는

$$
\begin{aligned}
\mathbf{A}+\mathbf{B} &= \mathbf{i}\,A_x + \mathbf{j}\,A_y + \mathbf{k}\,A_z + \mathbf{i}\,B_x + \mathbf{j}\,B_y + \mathbf{k}\,B_z \\
&= \mathbf{i}\,(A_x + B_x) + \mathbf{j}\,(A_y + B_y) + \mathbf{k}\,(A_z + B_z)
\end{aligned}
$$

가 된다. 여기에 발산을 취하면 다음과 같다.

$$
\begin{aligned}
\nabla \cdot (\mathbf{A}+\mathbf{B}) &= \left(\mathbf{i}\frac{\partial}{\partial x} + \mathbf{j}\frac{\partial}{\partial y} + \mathbf{k}\frac{\partial}{\partial z}\right) \\
&\quad \cdot [\mathbf{i}\,(A_x + B_x) + \mathbf{j}\,(A_y + B_y) + \mathbf{k}(A_z + B_z)] \\
&= \frac{\partial}{\partial x}(A_x + B_x) + \frac{\partial}{\partial y}(A_y + B_y) + \frac{\partial}{\partial z}(A_z + B_z) \\
&= \frac{\partial A_x}{\partial x} + \frac{\partial B_x}{\partial x} + \frac{\partial A_y}{\partial y} + \frac{\partial B_y}{\partial y} + \frac{\partial A_z}{\partial z} + \frac{\partial B_z}{\partial z} \\
&= \left(\frac{\partial A_x}{\partial x} + \frac{\partial A_y}{\partial y} + \frac{\partial A_z}{\partial z}\right) + \left(\frac{\partial B_x}{\partial x} + \frac{\partial B_y}{\partial y} + \frac{\partial B_z}{\partial z}\right) \\
&= \nabla \cdot \mathbf{A} + \nabla \cdot \mathbf{B}
\end{aligned}
$$

<라플라시안(Laplacian : ∇^2)>

기울기의 발산, 즉 스칼라 함수$\phi(x, y, z)$를 2중 미분하는 $\nabla \cdot \nabla$의 연산을 행하면 $\nabla \cdot \nabla\phi$ 는

$$\begin{aligned}\nabla^2\phi &\equiv \nabla \cdot \nabla\phi \\ &= \left(\mathrm{i}\frac{\partial}{\partial x} + \mathrm{j}\frac{\partial}{\partial y} + \mathrm{k}\frac{\partial}{\partial z}\right) \cdot \left(\mathrm{i}\frac{\partial\phi}{\partial x} + \mathrm{j}\frac{\partial\phi}{\partial y} + \mathrm{k}\frac{\partial\phi}{\partial z}\right) \\ &= \frac{\partial^2\phi}{\partial x^2} + \frac{\partial^2\phi}{\partial y^2} + \frac{\partial^2\phi}{\partial z^2}\end{aligned}$$

$$\text{참고}\begin{cases}\mathrm{i} \cdot \mathrm{i} = \mathrm{j} \cdot \mathrm{j} = \mathrm{k} \cdot \mathrm{k} = 1 \\ \mathrm{i} \cdot \mathrm{j} = \mathrm{j} \cdot \mathrm{k} = \mathrm{k} \cdot \mathrm{i} = 0\end{cases}$$

인 스칼라량이 된다. 여기서 ∇^2을 Laplacian 이라고 하고 이는 **공간전하분포**(空間電荷分布)에 의한 **전위**(電位)를 구할 때 이용된다.

$$\nabla^2\phi = 0$$

일 때 이것을 **라플라스 방정식**이라 하고, 이 식을 만족하는 연속함수를 **조화**(調和, harmonic)**함수**라고 한다.

예제 6-5-6

$\phi = x^2 + y^2 + z^2$일 때, 점(1, 1, 2)에서의 $\nabla^2\phi$를 구하여라.

윗식을 이용하면

$$\begin{aligned}\nabla^2\phi &= \frac{\partial^2\phi}{\partial x^2} + \frac{\partial^2\phi}{\partial y^2} + \frac{\partial^2\phi}{\partial z^2} \\ &= \frac{\partial^2}{\partial x^2}(x^2 + y^2 + z^2) + \frac{\partial^2}{\partial y^2}(x^2 + y^2 + z^2) \\ &\quad + \frac{\partial^2}{\partial z^2}(x^2 + y^2 + z^2) \\ &= \frac{\partial}{\partial x}(2x) + \frac{\partial}{\partial y}(2y) + \frac{\partial}{\partial z}(2z) \\ &= 2 + 2 + 2 = 6\end{aligned}$$

<벡터의 회전(回轉 : curl 또는 rotation)>

벡터의 회전은 임의의 벡터 $\mathbf{A}$를

$$\mathbf{A} = \mathbf{i}\,A_x + \mathbf{j}\,A_y + \mathbf{k}\,A_z$$

라 할 때, 미분연산자 ∇과의 곱

$$\begin{aligned}
\text{curl}\,\mathbf{A} &\equiv \text{rot}\,\mathbf{A} \equiv \nabla\times\mathbf{A} \\
&= \left(\mathbf{i}\frac{\partial}{\partial x} + \mathbf{j}\frac{\partial}{\partial y} + \mathbf{k}\frac{\partial}{\partial z}\right)\times(\mathbf{i}\,A_x + \mathbf{j}\,A_y + \mathbf{k}\,A_z) \\
&= \begin{vmatrix} \mathbf{i} & \mathbf{j} & \mathbf{k} \\ \frac{\partial}{\partial x} & \frac{\partial}{\partial y} & \frac{\partial}{\partial z} \\ A_x & A_y & A_z \end{vmatrix} \\
&= \mathbf{i}\left(\frac{\partial A_z}{\partial y} - \frac{\partial A_y}{\partial z}\right) + \mathbf{j}\left(\frac{\partial A_x}{\partial z} - \frac{\partial A_z}{\partial x}\right) + \mathbf{k}\left(\frac{\partial A_y}{\partial x} - \frac{\partial A_x}{\partial y}\right)
\end{aligned}$$

으로 정의되며 그 벡터의 회전의 의미가 있는 벡터량이다.

예제 6-5-7

$\mathbf{A} = \mathbf{i}\;xz + \mathbf{j}\;y^2 + \mathbf{k}\;2x^2y$일 때 $\text{curl}\,\mathbf{A}$를 구하여라.

풀이 위식을 이용하면

$$\begin{aligned}
\text{curl}\,\mathbf{A} &\equiv \nabla\times\mathbf{A} \\
&= \begin{vmatrix} \mathbf{i} & \mathbf{j} & \mathbf{k} \\ \frac{\partial}{\partial x} & \frac{\partial}{\partial y} & \frac{\partial}{\partial z} \\ xz & -y^2 & 2x^2y \end{vmatrix} \\
&= \mathbf{i}\left(\frac{\partial(2x^2y)}{\partial y} - \frac{\partial(-y^2)}{\partial z}\right) + \mathbf{j}\left(\frac{\partial(xz)}{\partial z} - \frac{\partial(2x^2y)}{\partial x}\right) \\
&\quad + \mathbf{k}\left(\frac{\partial(-\mathrm{y}^2)}{\partial \mathrm{x}} - \frac{\partial(\mathrm{xz})}{\partial \mathrm{y}}\right) \\
&= \mathbf{i}\;2x^2 + \mathbf{j}\;(x - 4xy)
\end{aligned}$$

예제 6-5-8

$\nabla\cdot(\mathbf{A}\times\mathbf{B}) = \mathbf{B}\cdot(\nabla\times\mathbf{A}) - \mathbf{A}\cdot(\nabla\times\mathbf{B})$가 성립함을 보여라. 여기서 $\mathbf{A} = \mathbf{i}\,A_x + \mathbf{j}\,A_y + \mathbf{k}\,A_z$, $\mathbf{B} = \mathbf{i}\,\mathrm{B}_x + \mathbf{j}\,\mathrm{B}_y + \mathbf{k}\,\mathrm{B}_z$ 이다.

풀이 먼저 $\mathbf{A}\times\mathbf{B}$ 를 행렬식으로 표시하면

$$\mathrm{A}\times\mathrm{B} = \begin{vmatrix} \mathrm{i} & \mathrm{j} & \mathrm{k} \\ A_x & A_y & A_z \\ B_x & B_y & B_z \end{vmatrix}$$

$$= \mathrm{i}\begin{vmatrix} A_y & A_z \\ B_y & B_z \end{vmatrix} + \mathrm{j}\begin{vmatrix} A_z & A_x \\ B_z & B_x \end{vmatrix} + \mathrm{k}\begin{vmatrix} A_x & A_y \\ B_x & B_y \end{vmatrix}$$

가 된다. 여기에 발산을 취하면 다음과 같다.

$$\mathrm{div}\,(\mathrm{A}\times\mathrm{B}) = \nabla\cdot(\mathrm{A}\times\mathrm{B})$$

$$= \left(\mathrm{i}\frac{\partial}{\partial x} + \mathrm{j}\frac{\partial}{\partial y} + \mathrm{k}\frac{\partial}{\partial z}\right)$$

$$\cdot\left(\mathrm{i}\begin{vmatrix} A_y & A_z \\ B_y & B_z \end{vmatrix} + \mathrm{j}\begin{vmatrix} A_z & A_x \\ B_z & B_x \end{vmatrix} + \mathrm{k}\begin{vmatrix} A_x & A_y \\ B_x & B_y \end{vmatrix}\right)$$

$$= \frac{\partial}{\partial x}\begin{vmatrix} A_y & A_z \\ B_y & B_z \end{vmatrix} + \frac{\partial}{\partial y}\begin{vmatrix} A_z & A_x \\ B_z & B_r \end{vmatrix} + \frac{\partial}{\partial z}\begin{vmatrix} A_x & A_y \\ B_x & B_y \end{vmatrix}$$

$$= \frac{\partial}{\partial x}(A_yB_z - A_zB_y) + \frac{\partial}{\partial y}(A_zB_x - A_xB_z) + \frac{\partial}{\partial z}(A_xB_y - A_yB_x)$$

$$= B_z\frac{\partial A_y}{\partial x} + A_y\frac{\partial B_z}{\partial x} - B_y\frac{\partial A_z}{\partial x} - A_z\frac{\partial B_y}{\partial x}$$

$$+ B_x\frac{\partial A_z}{\partial y} + A_z\frac{\partial B_x}{\partial y} - B_z\frac{\partial A_x}{\partial y} - A_x\frac{\partial B_z}{\partial y}$$

$$+ B_y\frac{\partial A_x}{\partial z} + A_x\frac{\partial B_y}{\partial z} - B_x\frac{\partial A_y}{\partial z} - A_y\frac{\partial B_x}{\partial z}$$

$$= B_x\left(\frac{\partial A_z}{\partial y} - \frac{\partial A_y}{\partial z}\right) + B_y\left(\frac{\partial A_x}{\partial z} - \frac{\partial A_z}{\partial x}\right) + B_z\left(\frac{\partial A_y}{\partial x} - \frac{\partial A_x}{\partial y}\right)$$

$$-\left\{A_x\left(\frac{\partial B_z}{\partial y} - \frac{\partial B_y}{\partial z}\right) + A_y\left(\frac{\partial B_x}{\partial z} - \frac{\partial B_z}{\partial x}\right) + A_z\left(\frac{\partial B_y}{\partial x} - \frac{\partial B_x}{\partial y}\right)\right\}$$

$$= \mathrm{B}\cdot(\nabla\times\mathrm{A}) - \mathrm{A}\cdot(\nabla\times\mathrm{B})$$

<중요한 벡터의 공식>

기울기, 발산과 회전을 포함한 여러 가지 공식들은 ∇ 연산자를 다루는 기술을 익히기 위한 것들이다 여기서 ϕ 및 ψ를 x, y, z의 스칼라 함수라 하고, 벡터 A 및 B를 x, y, z의 벡터함수

$$\mathrm{A} = \mathrm{i}\,A_x + \mathrm{j}\,A_y + \mathrm{k}\,A_z$$

$$\mathrm{B} = \mathrm{i}\,B_x + \mathrm{j}\,B_y + \mathrm{k}\,B_z$$

라 하면 다음의 공식이 성립한다.

(i) $\nabla(\phi\,\psi) = (\nabla\phi)\,\psi + \phi\,(\nabla\psi)$

(ii) $\nabla\cdot(\phi\mathbf{A})=(\nabla\phi)\cdot\mathbf{A}+\phi(\nabla\cdot\mathbf{A})$

(iii) $\nabla\cdot(\mathbf{A}\times\mathbf{B})=\mathbf{B}\cdot(\nabla\times\mathbf{A})+\mathbf{A}\cdot(\nabla\times\mathbf{B})$

(iv) $\nabla\times(\phi\mathbf{A})=(\nabla\phi)\times\mathbf{A}+\phi(\nabla\times\mathbf{A})$

(v) $\nabla\times(\mathbf{A}\times\mathbf{B})=(\mathbf{B}\cdot\nabla)\mathbf{A}-(\mathbf{A}\cdot\nabla)\mathbf{B}+\mathbf{A}(\nabla\cdot\mathbf{B})-\mathbf{B}(\nabla\cdot\mathbf{A})$

(vi) $\nabla(\mathbf{A}\cdot\mathbf{B})=(\mathbf{B}\cdot\nabla)\mathbf{A}+(\mathbf{A}\cdot\nabla)\mathbf{B}+\mathbf{A}\times(\nabla\times\mathbf{B})-\mathbf{B}\times(\nabla\times\mathbf{A})$

(vii) $\nabla\times(\nabla\phi)=0$

(viii) $\nabla\cdot(\nabla\times\mathbf{A})=0$

(ix) $\nabla\times(\nabla\times\mathbf{A})=\nabla(\nabla\cdot\mathbf{A})-\nabla^2\mathbf{A}$

예제 6-5-9

ϕ가 x, y, z의 스칼라 함수일 때 $\nabla\times DEL\phi=0$ 됨을 증명하라.

풀이 앞의 식을 이용하면

$$\nabla\times DEL\phi=\left(\mathbf{i}\frac{\partial}{\partial x}+\mathbf{j}\frac{\partial}{\partial y}+\mathbf{k}\frac{\partial}{\partial z}\right)\times\left(\mathbf{i}\frac{\partial}{\partial x}+\mathbf{j}\frac{\partial}{\partial y}+\mathbf{k}\frac{\partial}{\partial z}\right)\phi$$

$$=\left(\mathbf{i}\frac{\partial}{\partial x}+\mathbf{j}\frac{\partial}{\partial y}+\mathbf{k}\frac{\partial}{\partial z}\right)\times\left(\mathbf{i}\frac{\partial\phi}{\partial x}+\mathbf{j}\frac{\partial\phi}{\partial y}+\mathbf{k}\frac{\partial\phi}{\partial z}\right)$$

$$=\begin{vmatrix}\mathbf{i} & \mathbf{j} & \mathbf{k}\\ \frac{\partial}{\partial x} & \frac{\partial}{\partial y} & \frac{\partial}{\partial z}\\ \frac{\partial\phi}{\partial x} & \frac{\partial\phi}{\partial y} & \frac{\partial\phi}{\partial z}\end{vmatrix}$$

$$=\phi\begin{vmatrix}\mathbf{i} & \mathbf{j} & \mathbf{k}\\ \frac{\partial}{\partial x} & \frac{\partial}{\partial y} & \frac{\partial}{\partial z}\\ \frac{\partial}{\partial x} & \frac{\partial}{\partial y} & \frac{\partial}{\partial z}\end{vmatrix}=0$$

행렬식에서
공통인자는 행렬식 밖으로 나올 수 있으며 두 행이나 열이 서로 같으면 행렬식은 0이 됨을 이용해서 증명된다.

예제 6-5-10

$\nabla\cdot(\phi\mathbf{A})=(\nabla\phi)\cdot\mathbf{A}+\phi(\nabla\cdot\mathbf{A})$임을 증명하여라.

풀이 $\nabla\cdot(\phi\mathbf{A})=\left(\mathbf{i}\frac{\partial}{\partial x}+\mathbf{j}\frac{\partial}{\partial y}+\mathbf{k}\frac{\partial}{\partial z}\right)\cdot(\phi\mathbf{A})$

$$
\begin{aligned}
&= \mathbf{i}\left(\frac{\partial\phi}{\partial x}\mathbf{A}+\phi\frac{\partial\mathbf{A}}{\partial x}\right)+\mathbf{j}\left(\frac{\partial\phi}{\partial y}\mathbf{A}+\phi\frac{\partial\mathbf{A}}{\partial y}\right) \\
&\quad +\mathbf{k}\left(\frac{\partial\phi}{\partial z}\mathbf{A}+\phi\frac{\partial\mathbf{A}}{\partial z}\right) \\
&= \left(\mathbf{i}\frac{\partial\phi}{\partial x}+\mathbf{j}\frac{\partial\phi}{\partial y}+\mathbf{k}\frac{\partial\phi}{\partial z}\right)\cdot\mathbf{A} \\
&\quad +\phi\left(\mathbf{i}\frac{\partial\mathbf{A}}{\partial x}+\mathbf{j}\frac{\partial\mathbf{A}}{\partial y}+\mathbf{k}\frac{\partial\mathbf{A}}{\partial z}\right) \\
&= \left\{\left(\mathbf{i}\frac{\partial}{\partial x}+\mathbf{j}\frac{\partial}{\partial y}+\mathbf{k}\frac{\partial}{\partial z}\right)\phi\right\}\cdot\mathbf{A} \\
&\quad +\phi\left\{\left(\mathbf{i}\frac{\partial}{\partial x}+\mathbf{j}\frac{\partial}{\partial y}+\mathbf{k}\frac{\partial}{\partial z}\right)\cdot\mathbf{A}\right\} \\
&= (\nabla\phi)\cdot\mathbf{A}+\phi(\nabla\cdot\mathbf{A})
\end{aligned}
$$

연 습 문 제

1. 전계의 식이 $\mathbf{E}=15\mathbf{i}+35\mathbf{j}+\sqrt{150}\,\mathbf{k}$일 때 전계의 세기를 구하여라.

2. 벡터 $\mathbf{A}(2,\ 2,\ 4)$, $\mathbf{B}(4,\ -6,\ 6)$ 일 때 $\mathbf{C}=\mathbf{A}+\mathbf{B}$, $\mathbf{D}=\mathbf{B}-\mathbf{A}$를 구하여라.

3. 벡터 $\mathbf{A}=\mathbf{i}-2\mathbf{j}+2\mathbf{k}$, $\mathbf{B}=-2\mathbf{i}+\mathbf{j}+3\mathbf{k}$ 일 때 두 벡터의 내적(스칼라적)과 외적(벡터적)을 각각 구하여라.

4. 벡터 $\mathbf{A}=a\mathbf{i}-2\mathbf{j}+\mathbf{k}$, $\mathbf{B}=2a\mathbf{i}+a\mathbf{j}-4\mathbf{k}$ 가 직교하기 위한 a를 구하여라.

5. 벡터 $\mathbf{A}=2\mathbf{i}-\mathbf{j}$, $\mathbf{B}=3\mathbf{i}+\mathbf{k}$에서 두 벡터의 교각의 여현(cosine값)을 구하여라.

6. 힘 $\mathbf{F}=3\mathbf{i}+3\mathbf{j}+2\mathbf{k}$에 의하여 질점이 점 $A(1,\ 2,\ 3)$ [m]에서 점 $B(4,\ 5,\ 6)$ [m]로 이동되었을 때 일을 구하여라.

7. 세 벡터 $\mathbf{A}=\mathbf{i}+2\mathbf{k}$, $\mathbf{B}=4\mathbf{i}+6\mathbf{j}+2\mathbf{k}$, $\mathbf{C}=3\mathbf{i}+3\mathbf{j}-6\mathbf{k}$에 대하여 다음을 구하여라.

   (1) $\mathbf{A}\cdot(\mathbf{B}\times\mathbf{C})$ (2) $\mathbf{A}\times(\mathbf{B}\times\mathbf{C})$ (3) $(\mathbf{A}\times\mathbf{B})\times\mathbf{C}$

8. 스칼라 함수 $\phi=xyz$일 때, 점(1, 1, 1)에서 $\nabla\phi$를 구하여라.

9. 전위함수가 $V=2x+5yz+3$ [V]일 때, 점(2, 1, 0)에서의 전계의 세기를 구하여라.

10. $\mathbf{A}=\mathbf{i}\,x^2+\mathbf{j}\,3x^2y^2+\mathbf{k}\,x^2yz$ 일 때 $\nabla\cdot\mathbf{A}$를 구하여라.

11. $\mathbf{A}=\mathbf{i}\,(axy-z^3)+\mathbf{j}\,(a-2)x^2+\mathbf{k}\,(1-a)xz^2$ 일 때 $\nabla\times\mathbf{A}$이 항상 0이 되는 정수 a를 구하여라.

12. $\nabla(\phi\psi)=(\nabla\phi)\psi+\phi(\nabla\psi)$를 증명하여라.

13. $\nabla\cdot(\nabla\times\mathbf{A})=0$을 증명하여라.

제 7 장

미분방정식

7. 1 미분방정식

미분방정식(differential equation)이란 미분항이 포함되어 있는 방정식을 의미한다. 예를 들어 다음과 같은 방정식을 보자.

$$y^2+3y+2=x$$

이 방정식은 대수 방정식이다. 그런데 만약 방정식 내에 있는 y의 항을 x로 미분한 미분항이 포함되면 미분방정식이 된다.

$$\left(\frac{dy}{dx}\right)^2+3\frac{dy}{dx}+2=x$$

위 식과 같이 한 개의 독립변수가 있는 미분방정식을 **상미분방정식**(ordinary differential equation)이라 하고,

$$\frac{\partial^2 z}{\partial x^2}+\frac{\partial z}{\partial y}=x^2-3y$$

와 같이 두 개 또는 그 이상의 독립변수가 있는 미지함수의 편도함수가 포함되는 미분방정식을 **편미분방정식**(partial differential equation)이라 한다.

그리고 한 미분방정식에 포함되어 있는 미지함수에서 도함수가 가지는 최고의 계의 수를 그 미분방정식의 **계수**(order)라 하고 그 계수가 n인 미분방정식을 n**계 미분방정식**이라 한다. 또 미분방정식의 계수에 관계없이 미지함수 y나 그 도함수에 대한 유리식인 경우, 최고계의 도함수의 차수를 그 미분방정식의 **차수**(degree)라 한다.

특히 미지함수 y와 그 도함수 y', y'', y''', $\cdots$ 가 1차인 경우의 미분방정식을

선형미분방정식(linear differential eqution)이라 한다.

함수 $y=\sin(x+c)$의 미분방정식을 만들어 보자. (c는 상수)

주어진 식의 양변을 x에 대하여 미분하면

$$\frac{dy}{dx}=\cos(x+c)$$

$$\sin^2(x+c)+\cos^2(x+c)=1$$

이므로 여기에

$$\sin(x+c)=y,\ \cos(x+c)=\frac{dy}{dx}$$

를 대입하면

$$y^2+\left(\frac{dy}{dx}\right)^2=1 \cdots\cdots ①$$

이 된다. 이 미분방정식 ①은 1계 2차 상미분방정식이다.

일반적으로 주어진 미분방정식을 만족하고 미지함수의 도함수를 포함하지 않는 관계식

$$F(x,\ y,\ c)=0$$

을 그 미분방정식의 **해**(solution)라 한다. 위에서 언급한 식 $y=\sin(x+c)$는 미분방정식 ①의 해이다.

n개의 임의의 상수 $c_1,\ c_2,\ \cdots,\ c_n$에 대하여 관계식

$$F(x,\ y,\ c_1,\ c_2,\ \cdots,\ c_n)=0 \cdots\cdots ②$$

을 n번 미분하여 n개의 임의의 상수를 소거시키면 n계의 미분방정식

$$f\left(x,\ y,\ \frac{dy}{dx},\frac{d^2y}{dx^2},\ \cdots,\ \frac{d^ny}{dx^n}\right)=0 \cdots\cdots ③$$

을 얻을 수 있다. 여기서 미분방정식 ③을 풀면 n개의 임의의 상수를 포함하고 있는 ②를 구할 수 있다는 사실을 안다. 이 때 ②는 미분방정식 ③의 해이며, n계의 미분방정식의 해에는 그 계수 만큼의 임의의 상수(n개)가 포함될 수 있다.

여기서, n계의 미분방정식의 해에서 n개의 임의의 상수를 포함하는 해를 그 미분방정식의 **일반해**(general solution)라 하고, 이 일반해의 임의의 상수 중 조건을 주어 일부 또는 전부에 특별한 값이 정해져서 얻어지는 해를 그 미분방정식의 **특수해**(particular solution)라 한다.

그리고 일반해에 있는 임의의 상수에 어떠한 값을 대입하더라도 얻을 수 없는

해가 존재할 수도 있는데 이러한 해를 그 미분방정식의 **특이해**(singular solution)라 한다.

예제 7-1-1

미분방정식 $(\frac{dy}{dx})^2 - x(\frac{dy}{dx}) + y = 0$에 대하여

(1) $y = cx - c^2$이 일반해가 됨을 보이고

(2) $x = 2$, $y = 1$일 때 특수해를 구하고

(3) $y = \frac{1}{4}x^2$이 특이해가 됨을 보여라.

풀이 (1) $y = cx - c^2$이 일반해인 미분방정식을 만들어 보자. 이 식을 x에 대하여 미분하면

$$\frac{dy}{dx} = c$$

이므로 이 c를 주어진 함수에 대입하여

$$y = \frac{dy}{dx} \cdot x - \left(\frac{dy}{dx}\right)^2, \text{ 즉 } \left(\frac{dy}{dx}\right)^2 - x\left(\frac{dy}{dx}\right) + y = 0$$

을 얻는다. 이 미분방정식을 풀면 일반해는 $y = cx - c^2$ 임을 알 수 있다.

(2) $x = 2$일 때 $y = 1$인 조건(초기조건)에 맞는 해는 $y = cx - c^2$에 대입하면

$$1 = 2c - c^2, \ c^2 - 2c + 1 = 0 \quad \therefore (c-1)^2 = 0 \ \therefore c = 1$$

이 되는데 이때의 $y = x - 1$은 이 미분방정식의 특수해이다.

(3) 미분방정식 $(\frac{dy}{dx})^2 - x(\frac{dy}{dx}) + y = 0$에다가 $y = \frac{1}{4}x^2$, $\frac{dy}{dx} = \frac{1}{2}x$을 대입해 보면 $(\frac{dy}{dx})^2 - x(\frac{dy}{dx}) + y = (\frac{1}{2}x)^2 - x(\frac{1}{2}x) + \frac{1}{4}x^2 = \frac{1}{4}x^2 - \frac{1}{2}x^2 + \frac{1}{4}x^2 = 0$이 성립한다. 따라서 $y = \frac{1}{4}x^2$도 미분방정식 $(\frac{dy}{dx})^2 - x(\frac{dy}{dx}) + y = 0$의 해가 된다. 그러나 일반해 $y = cx - c^2$에서 c에 어떠한 값을 대입하더라도 $y = \frac{1}{4}x^2$이 될 수 없으므로 $y = \frac{1}{4}x^2$은 위 미분방정식의 특이해가 된다.

7.2 1계 미분방정식

이 절에서는 다양한 1계 미분방정식의 종류를 소개하고 각각의 일반해를 구하는 방법에 대해서 살펴보기로 하자.

<변수분리형>

1계 미분방정식을 정리하여 우변이 x만의 식 $f(x)$와 y만의 $g(y)$의 곱으로 된 미분방정식

$$\frac{dy}{dx}=f(x)g(y) \quad \cdots\cdots ①$$

을 **변수분리형**(separation of variables)이라 한다. 여기서 $g(y) \neq 0$일 때 식 ①의 일반해를 구해 보자.

식 ①의 양변을 $g(y)$로 나누면

$$\frac{1}{g(y)} \cdot \frac{dy}{dx} = f(x) \quad \cdots\cdots ②$$

와 같이 되는데 이 식의 양변을 x에 대하여 적분하면

$$\int \frac{1}{g(y)} \frac{dy}{dx} dx = \int f(x)\,dx + C \quad (C\text{는 임의의 상수})$$

$$\therefore \int \frac{1}{g(y)} dy = \int f(x)\,dx + C$$

이 된다.

이 적분을 계산하면 주어진 미분방정식 ①의 일반해를 얻을 수 있다.
또한 ②을 변형하여

$$\frac{1}{g(y)} dy = f(x)\,dx$$

가 되어 변수가 각각 분리되었음을 안다. 이것은

$$X(x)\,dx + Y(y)\,dy = 0$$

와 같은 모양으로 정리해 보면 변수가 분리되었음을 알 수 있다.

따라서 양변에 적분을 취하면

$$\int \frac{1}{g(y)} dy = \int f(x)\,dx, \quad \int X(x)\,dx + \int Y(y)dy = 0$$

로 되어 적분을 계산하면 된다.

예제 7-2-1

다음 미분방정식을 풀어라.

$$\frac{dy}{dx} = \frac{y+1}{x}$$

풀이 주어진 미분방정식을 변형하면

$$\frac{1}{y+1}dy = \frac{1}{x}dx$$

와 같이 변수분리형이 된다. 이 식의 양변을 적분하면

$$\int \frac{1}{y+1}dy = \int \frac{1}{x}dx + c$$

$$\ln(y+1) = \ln x + c$$

$$\ln(y+1) - \ln x = c$$

$$\ln\left(\frac{y+1}{x}\right) = c$$

$$\therefore \frac{y+1}{x} = e^{c} = C$$

따라서 $y = Cx - 1$이 주어진 미분방정식의 일반해가 된다.

<동차형>

1계 미분방정식

$$\frac{dy}{dx} = h(x,\ y)$$

에서 우변의 식 $h(x,\ y)$가 $\frac{y}{x}\left\{\text{또는 } \frac{x}{y}\right\}$만의 식 $f\left(\frac{y}{x}\right)\left\{\text{또는 } f\left(\frac{x}{y}\right)\right\}$으로

즉,

$$\frac{dy}{dx} = f\left(\frac{y}{x}\right) \quad \cdots\cdots\cdots\cdots ①$$

와 같은 모양의 미분방정식을 **동차형**(homogeneous)이라 한다.

식 ①의 일반해를 구하려면 먼저 $\frac{y}{x} = v$ (또는 $y = vx$)와 놓고

$$\frac{dy}{dx} = v + x\frac{dv}{dx} \quad \cdots\cdots\cdots\cdots ②$$

얻은 식 ②를 ①에 대입하면

$$f\left(\frac{y}{x}\right) = v + x\frac{dv}{dx} \quad \text{즉,}\ f(v) = v + x\frac{dv}{dx}$$

$$\therefore \frac{1}{x}dx = \frac{1}{f(v)-v}dv \cdots\cdots ③$$

식 ③과 같이 변수분리형이 된다. 양변을 적분하여 얻은 해가 ①의 일반해가 된다. 즉,

$$\ln x = \int \frac{1}{f(v)-v}dv + C$$

예제 7-2-2

다음 미분방정식을 풀어라.

$$2xy\frac{dy}{dx} = x^2 + y^2$$

풀이 주어진 미분방정식의 양변을 x^2으로 나누면

$$2 \cdot \frac{y}{x}\frac{dy}{dx} = 1 + \left(\frac{y}{x}\right)^2 \cdots\cdots ①$$

으로 동차형이다. $y = vx$ (또는 $\frac{y}{x} = v$)라 놓고 양변을 x에 대하여 미분한

$$\frac{dy}{dx} = x\frac{dv}{dx} + v$$

을 식 ①에 대입하면

$$2v\left(x\frac{dv}{dx} + v\right) = 1 + v^2$$

$$2vx\frac{dv}{dx} + 2v^2 = 1 + v^2$$

$$x\frac{dv}{dx} = \frac{1-v^2}{2v}$$

이것을 정리하면 다음과 같이 변리분수형이 된다.

$$\frac{1}{x}dx = \frac{2v}{1-v^2}dv = \left(\frac{1}{1-v} - \frac{1}{1+v}\right)dv$$

양변을 적분하면

$$\int \frac{1}{x}dx = \int \left(\frac{1}{1-v} - \frac{1}{1+v}\right)dv$$

$$\ln x = \ln(1-v) - \ln(1+v) + c$$

$$\ln x - \ln(1-v) + \ln(1+v) = c$$

$$\ln\frac{x(1+v)}{(1-v)} = c$$

$$\frac{x(1+v)}{(1-v)} = e^c = C$$

가 된다. 여기에 v 대신 $\frac{y}{x}$를 대입해서 정리하면

$$x + xv = C - Cv$$

$$x + x\left(\frac{y}{x}\right) = C - C\left(\frac{y}{x}\right)$$

$$x^2 + xy = Cx - Cy$$

따라서 $y = \frac{Cx - x^2}{C + x}$이 식 ①의 일반해가 된다.

<완전미분방정식>

$z = \mu(x, y)$에 대하여

$$\frac{\partial \mu}{\partial x} \cdot dx + \frac{\partial \mu}{\partial y} \cdot dy = d\mu(x, y) \quad \cdots\cdots ①$$

을 μ의 **완전미분**(exact differential)이라 한다.

미분방정식

$$P(x, y)dx + Q(x, y)dy = 0 \quad \cdots\cdots ②$$

에서 $P(x, y)dx + Q(x, y)dx = d\mu(x, y)$을 만족하는 $\mu(x, y)$가 존재할 때 미분방정식 ②를 **완전미분방정식**(exact differential equation)이라 한다.

완전미분방정식 ②로부터

$$d\mu(x, y) = 0$$

이어야 하므로

$$\mu(x, y) = c$$

가 ②의 일반해가 된다.

정리 7-2-1

미분방정식 $P(x, y)dx + Q(x, y)dy = 0$이 완전미분방정식이기 위한 필요충분조건은

$$\frac{\partial P}{\partial y} = \frac{\partial Q}{\partial x}$$

이다.

증명 (i) $Pdx+Qdy=0$이 완전미분방정식이라고 가정하자. 다시 말해서 $Pdx+Qdy$가 완전미분 즉,

$$Pdx+Qdy=d\mu \cdots\cdots ①$$

가 성립하는 $\mu(x, y)$가 존재한다고 가정하고 x, y에 대해 편미분하면

$$d\mu=\frac{\partial \mu}{\partial x}dx+\frac{\partial \mu}{\partial y}dy \cdots\cdots ②$$

이므로 ①과 ②에서

$$P=\frac{\partial \mu}{\partial x},\ Q=\frac{\partial \mu}{\partial y}$$

P를 y에 대하여 Q를 x에 대하여 각각 편미분하면

$$\frac{\partial P}{\partial y}=\frac{\partial^2 \mu}{\partial y \partial x},\ \frac{\partial Q}{\partial x}=\frac{\partial^2 \mu}{\partial x \partial y}$$

여기서 $\frac{\partial^2 \mu}{\partial y \partial x}=\frac{\partial^2 \mu}{\partial x \partial y}$이므로

$$\frac{\partial P}{\partial y}=\frac{\partial Q}{\partial x}$$

(ii) 미분방정식 $Pdx+Qdy=0$에 $\frac{\partial P}{\partial y}=\frac{\partial Q}{\partial x}$가 성립한다고 가정하자.

$\int Pdx=F(x, y)$라 놓고 x에 대하여 편미분하면

$$\frac{\partial F}{\partial x}=P$$

이것의 양변을 다시 y에 대하여 편미분하고 조건을 대입하면

$$\frac{\partial^2 F}{\partial y \partial x}=\frac{\partial P}{\partial y},\ \therefore \frac{\partial^2 F}{\partial y \partial x}=\frac{\partial Q}{\partial x}$$

$$\therefore \frac{\partial^2 F}{\partial x \partial y}-\frac{\partial Q}{\partial x}=0\ \ \therefore \frac{\partial}{\partial x}\left\{\frac{\partial F}{\partial y}-Q\right\}=0$$

그러므로 $\frac{\partial F}{\partial y}-Q$는 y만의 함수이고 이것을 $f(y)$라 하면

$$\frac{\partial F}{\partial y}-Q=f(y)$$

$$\therefore Q=\frac{\partial F}{\partial y}-f(y)$$

여기서 $\mu=F-\int f(y)dy$라 두고 x, y에 관한 편미분을 구해 보면

$$\frac{\partial\mu}{\partial x}=\frac{\partial}{\partial x}\left\{F-\int f(y)dy\right\}=\frac{\partial F}{\partial x}$$

$$\frac{\partial\mu}{\partial y}=\frac{\partial}{\partial y}\left\{F-\int f(y)dy\right\}=\frac{\partial F}{\partial}y-f(y)$$

이다.

이 결과를 μ의 완전미분 $d\mu=\frac{\partial\mu}{\partial x}dx+\frac{\partial\mu}{\partial y}dy$에 대입해 보면

$$d\left\{F-\int f(y)dy\right\}=\frac{\partial F}{\partial x}dx+\left\{\frac{\partial F}{\partial y}-f(y)\right\}dy=Pdx+Qdy$$

따라서 미분방정식

$$Pdx+Qdy-0$$

은 완전미분방정식이다.

(i), (ii)에 의하여 이 정리는 증명되었다.

정리 7-2-2

미분방정식 $P(x,\ y)dx+Q(x,\ y)dy=0$이 완전미분방정식이면 일반해는

$$\int Pdx+\int\left(Q-\frac{\partial}{\partial y}\int Pdx\right)dy=C$$

이다(C는 상수).

증명 $Pdx+Qdy=0$이 완전미분방정식이므로

$$P(x,\ y)dx+Q(x,\ y)dy=d\mu(x,\ y)$$

인 $\mu(x,\ y)$가 존재한다면

$$d\mu=\frac{\partial\mu}{\partial x}dx+\frac{\partial\mu}{\partial y}dy$$

$$\therefore\ \frac{\partial\mu}{\partial x}=P,\ \frac{\partial\mu}{\partial y}=Q$$

$\frac{\partial\mu}{\partial x}=P$에서

$$\mu=\int Pdx+f(y) \quad \cdots\cdots ①$$

$$\therefore\ Q=\frac{\partial\mu}{\partial y}=\frac{\partial}{\partial y}\left[\int Pdx+f(y)\right]$$

$$=\frac{\partial}{\partial y}\int Pdx+f'(y)$$

$$\therefore f'(y) = Q - \frac{\partial}{\partial y}\int P dx$$

이것을 y에 관해 적분하면

$$f(y) = \int \left[Q - \frac{\partial}{\partial y}\int P dx \right] dy \quad \cdots\cdots\cdots \text{②}$$

②를 ①에 대입해서 일반해를 구할 수 있다.

$$\mu = \int P dx + \int \left[Q - \frac{\partial}{\partial y}\int P dx \right] dy = C$$

즉,

$$\int P dx + \int \left[Q - \frac{\partial}{\partial y}\int P dx \right] dy = C$$

가 구하는 일반해이다.

예제 7-2-3

다음 미분방정식의 완전미분방정식임을 밝히고, 이것을 풀어라.

$$(x^2 + 2y^2)\, dx + (y^2 + 4xy - 1)\, dy = 0$$

풀이　$P = x^2 + 2y^2,\ \ Q = y^2 + 4xy - 1$라 하자.

$$\frac{\partial P}{\partial y} = 4y,\ \ \frac{\partial Q}{\partial x} = 4y$$

따라서 $\dfrac{\partial P}{\partial y} = \dfrac{\partial Q}{\partial x}$ 이므로 주어진 미분방정식은 완전미분방정식이다.

그러므로 정리 7-2-2에 대입하면

$$\begin{aligned}
\mu &= \int (x^2 + 2y^2)\, dx + \int \left[y^2 + 4xy - 1 - \frac{\partial}{\partial y}\int (x^2 + 2y^2)\, dx \right] dy \\
&= \frac{x^3}{3} + 2xy^2 + \int \left[y^2 + 4xy - 1 - \frac{\partial}{\partial y}\left(\frac{x^3}{3} + 2xy^2 \right) \right] dy \\
&= \frac{x^3}{3} + 2xy^2 + \int \left[y^2 + 4xy - 1 - 4xy \right] dy \\
&= \frac{x^3}{3} + 2xy^2 + \frac{y^3}{3} - y
\end{aligned}$$

이것을 정리해서 일반해를 구하면

$$x^3 + 6xy^2 + y^3 - 3y = C$$

가 된다.

<적분인자>

일반적으로 주어진 미분방정식이 완전미분방정식으로 앞에서와 같이 풀 수 있는 경우가 많은 것은 아니다. 이를테면

$$(x^2+2y)\,dx+x\,dy=0$$

에서

$$\frac{\partial}{\partial y}(x^2+2y)=2\neq 1=\frac{\partial}{\partial x}(x)$$

이므로 이것은 완전미분방정식이 아니지만 양변에 x를 곱한

$$(x^3+2xy)\,dx+x^2\,dy=0$$

에서

$$\frac{\partial}{\partial y}(x^3+2xy)=2x=\frac{\partial}{\partial x}(x^2)$$

이므로 이 때에는 완전미분방정식이 된다. 이 때 x를 처음 식 $(x^2+2y)\,dx+x\,dy=0$의 **적분인자**라 한다. 일반적으로

미분방정식

$$P(x,\ y)\,dx+Q(x,\ y)\,dy=0 \quad\cdots\cdots\cdots ①$$

이 완전미분방식이 아니지만 양변에 $\lambda(x,\ y)$를 곱한 미분방정식

$$\lambda P dx+\lambda Q dy=0 \quad\cdots\cdots\cdots ②$$

이 완전미분방정식이라 할 때 이 함수 $\lambda(x,\ y)$를 **적분인자**(integral factor)라 한다. 따라서 ①의 일반해를 구하기 위하여 ②를 풀면 될 것이다.

이제 이 적분인자를 구하는 방법을 알아보자.

②가 완전미분방정식이므로

$$\frac{\partial}{\partial y}(\lambda P)=\frac{\partial}{\partial x}(\lambda Q)$$

$$\frac{\partial\lambda}{\partial y}P+\lambda\frac{\partial P}{\partial y}=\frac{\partial\lambda}{\partial x}Q+\lambda\frac{\partial Q}{\partial x}$$

그러므로

$$P\frac{\partial\lambda}{\partial y}-Q\frac{\partial\lambda}{\partial x}=\left(\frac{\partial Q}{\partial x}-\frac{\partial P}{\partial y}\right)\lambda \quad\cdots\cdots\cdots ③$$

적분인자 $\lambda(x,\ y)$는 방정식 ③을 풀어 구할 수 있다.

여기서 좀 더 구체적으로 생각해 보도록 한다.

(i) $\frac{1}{Q}\left(\frac{\partial Q}{\partial x}-\frac{\partial P}{\partial y}\right)$가 x만의 함수일 때

$$f(x)=\frac{1}{Q}\left(\frac{\partial Q}{\partial x}-\frac{\partial P}{\partial y}\right)$$

라 놓고 λ를 x만의 함수라 하면

$$\frac{\partial \lambda}{\partial y}=0,\ \frac{\partial \lambda}{\partial x}=\frac{d\lambda}{dx}$$

이므로 ③에 대입하면

$$-Q\frac{d\lambda}{dx}=\left(\frac{\partial Q}{\partial x}-\frac{\partial P}{\partial y}\right)\lambda$$

$$-\frac{1}{\lambda}\frac{d\lambda}{dx}=\frac{1}{Q}\left(\frac{\partial Q}{\partial x}-\frac{\partial P}{\partial y}\right)=f(x)$$

$$\therefore \frac{d\lambda}{dx}+f(x)\lambda=0$$

이것은 변수분리형이므로 변형하면

$$\frac{1}{\lambda}d\lambda+f(x)dx=0$$

$$\int\frac{1}{\lambda}d\lambda+\int f(x)dx=0$$

$$\ln\lambda=-\int f(x)dx$$

$$\therefore \lambda=e^{-\int f(x)dx}$$

와 같은 적분인자를 얻을 수 있다.

(ii) $\frac{1}{P}\left(\frac{\partial Q}{\partial x}-\frac{\partial P}{\partial y}\right)$가 y만의 함수일 때

$$g(y)=\frac{1}{P}\left(\frac{\partial Q}{\partial x}-\frac{\partial P}{\partial y}\right)$$

라 놓고 λ를 y만의 함수라 가정한다.

그러면

$$\frac{\partial \lambda}{\partial x}=0,\ \frac{\partial \lambda}{\partial y}=\frac{d\lambda}{dy}$$

이므로 ③은

$$P\frac{d\lambda}{dy}=\left(\frac{\partial Q}{\partial x}-\frac{\partial P}{\partial y}\right)\lambda$$

$$\frac{1}{\lambda}\frac{d\lambda}{dy}=\frac{1}{P}\left(\frac{\partial Q}{\partial x}-\frac{\partial P}{\partial y}\right)=g(y)$$

$$\frac{d\lambda}{dy}=g(y)\lambda$$

$$\frac{1}{\lambda}d\lambda=g(y)dy$$

$$\ln\lambda=\int g(y)dy$$

$$\therefore \lambda=e^{\int g(y)dy}$$

와 같은 적분인자를 얻을 수 있다.

예제 7-2-4

다음 미분방정식을 풀어라.

$$2xydx-(3x^2-y^2)dy=0$$

풀이 $P=2xy$, $Q=-3x^2+y^2$ 이고 $\frac{\partial P}{\partial y}=2x\neq-6x=\frac{\partial Q}{\partial x}$ 이므로 주어진 미분방정식은 완전미분방정식이 아니다.

$$\frac{\partial Q}{\partial x}-\frac{\partial P}{\partial y}=-6x-2x=-8x$$

이므로 이것을 P로 나누면, 즉

$$\frac{1}{P}\left(\frac{\partial Q}{\partial x}-\frac{\partial P}{\partial y}\right)=\frac{-8x}{2xy}=-\frac{4}{y}$$

로 y 만의 함수가 되므로 적분인자를 구하면

$$\lambda=e^{\int\left(-\frac{4}{y}\right)dy}=e^{-4\int\frac{1}{y}dy}=e^{-4\ln y}=y^{-4}$$

임을 알 수 있다.

따라서 이 적분인자 y^{-4}을 주어진 미분방정식의 양변에 곱하면

$$2xy^{-3}dx-(3x^2y^{-4}-y^{-2})dy=0 \quad \cdots\cdots ①$$

이다. 이 때,

$$\frac{\partial}{\partial y}(2xy^{-3})=-6xy^{-4}=\frac{\partial}{\partial x}\{-(3x^2y^{-4}-y^2)\}$$

이므로 이 미분방정식 ①은 완전미분방정식이므로 일반해를 구하면

$$\int 2xy^{-3}dx+\int\left[-(3x^2y^{-4}-y^{-2})-\frac{\partial}{\partial y}\int 2xy^{-3}dx\right]dy$$

$$=x^2y^{-3}+\int[-(3x^2y^{-4}-y^{-2})-(-3x^2y^{-4})]dy$$

$$= x^2y^{-3} + \int y^{-2}dy$$

$$= x^2y^{-3} - y^{-1}$$

그러므로 구하는 일반해는 $x^2y^{-3} - y^{-1} = c$ 즉,

$$x^2 - y^2 - cy^3 = 0$$

어떤 미분방정식에서는 직관적으로 적분인자를 찾을 수도 있다. 이를 테면,

$$ydx - xdy = 0$$

에서 $\frac{1}{x^2}$ 을 양변에 곱한다고 하면 $\frac{y\,dx - x\,dy}{x^2} = 0$ 인데 이것의 좌변은

$$\frac{y}{x^2}dx - \frac{1}{x}dy = d\left(\frac{y}{x}\right)$$

이므로 주어진 미분방정식은 완전미분방정식이고 일반해는 $\frac{y}{x} = c,\ y = cx$ 이다.
$\frac{1}{x^2}$ 이외에도 $\frac{1}{y^2},\ \frac{1}{xy},\ \frac{1}{x^2+y^2}$ 인 적분인자도 생각할 수 있다. 즉,

$$\frac{y\,dx - x\,dy}{y^2} = \frac{1}{y}dx - \frac{x}{y^2}dy = d\left(\frac{x}{y}\right),$$

$$\frac{y\,dx - x\,dy}{xy} = \frac{1}{x}dx - \frac{1}{y}dy = d\left(\ln\left(\frac{x}{y}\right)\right),$$

$$\frac{y\,dx - x\,dy}{x^2+y^2} = \frac{y}{x^2+y^2}dx - \frac{x}{x^2+y^2}dy = -d\left(\tan^{-1}\left(\frac{y}{x}\right)\right)$$

이와 같이 적분인자를 직관적으로 찾아서 미분방정식을 풀어도 된다.

<선형미분방정식>

미분방정식

$$\frac{dy}{dx} + p(x)y = r(x) \quad \cdots\cdots\cdots\cdots\cdots\cdots ①$$

모양의 1계 미분방정식을 **선형미분방정식**(linear differential equation)이라 하고 $r(x) = 0$ 인 것을 **동차선형미분방정식**이라 한다.

이 선형미분방정식의 풀이 방법을 알아보자.

x 의 함수 $u = u(x),\ v = v(x)$ 에 대하여 $y = uv$ 라 하고 x 에 대하여 미분하면

$$\frac{dy}{dx} = v\frac{d\mu}{dx} + u\frac{dv}{dx} \quad \cdots\cdots ②$$

여기서 $y = uv$ 와 ②를 주어진 선형미분방정식 ①에 대입하면

$$v\frac{du}{dx} + u\frac{dv}{dx} + puv = r$$

$$\therefore u\frac{dv}{dx} + \left(\frac{du}{dx} + pu\right)v = r \quad \cdots\cdots ③$$

이 때, $\frac{du}{dx} + pu = 0$ 이라 가정하면 이것은 변수분리형으로

$\frac{1}{u}du = -p\,dx$, 적분하면 $\ln u = -\int p\,dx$ 즉,

$$u = e^{-\int p\,dx} \quad \cdots\cdots ④$$

③과 가정에 의하여

$$u\frac{dv}{dx} = r$$

여기에 ④를 대입하면

$$e^{-\int p\,dx}\frac{dv}{dx} = r$$

$$\therefore dv = re^{\int p\,dx}dx$$

이것을 적분하면

$$v = \int re^{\int p\,dx}dx + c$$

이제 u, v 를 $y = uv$ 에 대입하면

$$y = e^{-\int p\,dx}\left[\int re^{\int p\,dx}dx + c\right]$$

이것이 선형방정식 ①의 일반해가 된다.

다시 쓰면 선형미분방정식

$$\frac{dy}{dx} + p(x)y = r(x)$$

의 일반해는 다음과 같다.

$$y = e^{-\int p(x)dx}\left[\int r(x)e^{\int p(x)dx}dx + c\right]$$

예제 7-2-5

다음 선형미분방정식을 풀어라.

$$\frac{dy}{dx} + \frac{y}{x} = 3x$$

풀이 $p(x) = \frac{1}{x}$, $r(x) = 3x$ 이므로 $y = e^{-\int pdx}\left[\int re^{\int pdx}dx + c\right]$ 에 대입하면

$$\begin{aligned} y &= e^{-\int \frac{1}{x}dx}\left[\int 3xe^{\int \frac{1}{x}dx}dx + c\right] \\ &= e^{-\ln x}\left[\int 3x\,e^{\ln x}dx + c\right] \\ &= \frac{1}{x}\left[\int 3x^2dx + c\right] \\ &= \frac{1}{x}\left[x^3 + c\right] = x^2 + \frac{c}{x} \end{aligned}$$

따라서 구하는 일반해는

$$x^3 - xy + c = 0$$

7.3 1계 미분방정식의 응용

1계 미분방정식을 적용하여 해결할 수 있는 문제 몇 가지를 다루도록 한다.

(1) 어떤 물질은 화학변화에 의하여 단위시간당 그 변화량이, 변화하지 않고 남은 그 물질의 양에 비례한다고 한다.

처음 이 물질의 양을 a 라 할 때 이 물질의 변화량을 구하여 보자.

이 물질의 변화량은 시간의 함수이므로 처음부터 시간 t 까지의 변화량을

$$y = y(t)$$

라 하면 단위시간당 변화한 양은 $y'(t)$가 된다.

그리고 t 시각까지 변화하지 않은 양은 $a - y(t)$ 가 되고 비례상수를 k라 하면, 단위시간당 변화량이 변화하지 않은 양에 비례하므로

$$y'(t) = k\{a - y(t)\}$$

로 나타낼 수 있다. 즉,

$$\frac{dy}{dt} = k(a-y)$$

변수를 분리하여 변형하면

$$\frac{1}{k(a-y)}dy = dt, \quad \frac{1}{y-a}dy = -kdt$$

양변을 적분하면

$$\ln(y-a) = -kt + c_1$$

$$y - a = e^{kt+c_1} = e^{-kt}e^{c_1}$$

$$\therefore y = a + ce^{-kt} \qquad (c = e^{c_1})$$

처음에는 변화한 양이 없으므로 즉, 초기조건 $t=0$일 때를 $y=0$을 내입하여 상수 c를 구하면

$$0 = a + ce^{-k \cdot 0} = a + c \qquad \therefore c = -a$$

따라서 구하는 물질의 변화량은 $y = a - ae^{-kt}$ 즉,

$$y = a(1 - e^{-kt})$$

(2) 이번에는 전기회로에 대하여 관찰하기로 하자.

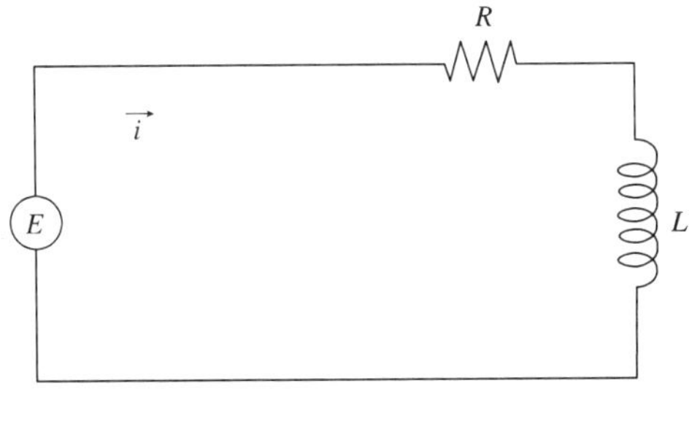

전류 i는 전하 Q의 흐름에 대한 비율로 정의하고 다음과 같이 나타낸다.

$$i = \frac{dQ}{dt}$$

저항 R의 레지스터(register)는 에너지를 열로 변화시키고 Ohm의 법칙에 따라 전압강하 E_R, 인덕턴스 L일 때 전력강하 E_L을 발생시키는데 이 때

$$E_R = R_i, \quad E_L = L\frac{di}{dt}$$

로 전류 i의 흐름을 방해한다.

오른쪽 그림의 회로에서 레지스터와 유도자(inductor)는 각각 E_R, E_L의 전압강하를, 기전력(emf)은 $-E$(전압 E에 대한)의 전압강하를 일으킨다.

이 때, 폐쇄회로의 모든 전압강하는 그 합이 0이다.

이것을 **키르히호프의 전압법칙**(Kirchhoff's voltage law)이라 한다.

따라서

$$E_R + E_L - E = 0$$

즉,

$$L\frac{di}{dt} + R_i = E$$

가 성립함을 알 수 있다.

예제 7-3-1

$E=0$일 때의 전류 i를 구하여라.

풀이 $E=0$이므로

$$L\frac{di}{dt} + Ri = 0$$

변수를 분리하여 정리하면

$$\frac{di}{i} = -\frac{R}{L}dt$$

양변을 적분하면

$$\ln i = -\frac{R}{L}t + c_1$$

지수함수로 나타내면

$$i = e^{-\frac{R}{L}t + c_1} = e^{-\frac{R}{L}t} \cdot e^{c_1}$$

$$\therefore i = ce^{-\frac{R}{L}t} \qquad (c = e^{c_1})$$

(3) 한 방사성 물질이 있다. 이 물질의 감소율이 일정할 때 이 물질의 반감기를 구하여 보자.

이 물질의 시각 t에서의 질량을 $y(t)$라 하면 단위시간당 감소량은

$$y'(t)$$

이고, 감소율은

$$\frac{y'(t)}{y(t)}$$

가 된다. 감소율이 일정하므로 상수 α에 대하여

$$\frac{y'(t)}{y(t)} = \alpha \quad (\alpha > 0)$$

로 나타낼 수 있고 양변을 적분하면

$$\ln y(t) = -\alpha t + c_1 \quad \therefore y(t) = e^{-\alpha t + c_1}$$

$$\therefore y(t) = ce^{-\alpha t} \quad (c = e^{c_1})$$

초기조건을 $t=0$일 때 $y=y_0$로 하면 $y_0 = c$이고

$$y(t) = y_0 e^{-\alpha t}$$

여기서 질량이 반감하므로 $y = y_0/2$ 즉,

$$\frac{y_0}{2} = y_0 e^{-\alpha t}$$

$$\therefore e^{-\alpha t} = \frac{1}{2}$$

$$\therefore -\alpha t = \ln\frac{1}{2}, \quad -\alpha t = -\ln 2$$

$$\therefore t = \frac{1}{\alpha}\ln 2$$

7.4 상수계수의 선형미분방정식

일반적으로 $a_i (i = 1, 2, 3, \cdots, n)$를 상수로 할 때 미분방정식

$$\frac{d^n y}{dx^n} + a_1\frac{d^{n-1}y}{dx^{n-1}} + a_2\frac{d^{n-2}y}{dx^{n-2}} + \cdots + a_{n-1}\frac{dy}{dx} + a_n y = g(x) \quad \cdots\cdots\cdots ①$$

과 같은 것을 **상수계수의 일반선형미분방정식**이라 한다.

①에서 $g(x) = 0$인 경우의 미분방정식을 **상수계수의 동차선형미분방정식**이라 한다.

그리고

$$\frac{dy}{dx} = Dy, \quad \frac{d^2y}{dx^2} = D^2y, \quad \frac{d^3y}{dx^3} = D^3y, \cdots, \quad \frac{d^ny}{dx^n} = D^ny$$

등과 같이 나타내고 이 D를 **미분연산자**(differential operator)라 한다.

미분연산자로 미분방정식 ①을 나타내면

$$D^n y + a_1 D^{n-1} y + a_2 D^{n-2} y + \cdots + a_{n-1} Dy + a_n y = g(x) \cdots\cdots\cdots\cdots ②$$

이다. 우리는 보통 상수계수의 다항식을

$$F(x) = x^n + a_1 x^{n-1} + a_2 x^{n-2} + \cdots + a_{n-1} x + a_n$$

으로 나타내고 이를 이용하여 연산자 D에 대한 다항식을

$$F(D) = D^n + a_1 D^{n-1} + a_2 D^{n-2} + \cdots + a_{n-1} D + a_n$$

과 같이 나타내고 ②를

$$F(D) y = (D^n + a_1 D^{n-1} + a_2 D^{n-2} + \cdots + a_{n-1} D + a_n) y = g(x)$$

로 나타내기도 하고

$$F(t) = 0 \text{ 즉, } t^n + a_1 t^{n-1} + a_2 t^{n-2} + \cdots + a_{n-1} t + a_n = 0 \cdots\cdots\cdots\cdots ③$$

을 상수계수의 동차선형미분방정식

$$F(D) y = 0 \text{ 즉,} (D^n + a_1 D^{n-1} + a_2 D^{n-2} + \cdots + a_{n-1} D + a_n) y = 0 \cdots\cdots ④$$

의 **보조방정식** 또는 **특성방정식**(characteristic equation)이라 한다.

(1) 상수계수의 동차선형미분방정식

먼저 ④와 같은 미분방정식의 풀이 방법에 대하여 알아보자.

보조방정식 ③을 풀었을 때,

(ⅰ) n개의 서로 다른 실근을 갖는 경우

$t_1,\ t_2,\ \cdots,\ t_n$이 서로 다른 실근이면 미분방정식 ④는

$$y_1 = c_1 e^{t_1 x},\ y_2 = c_2 e^{t_2 x},\ \cdots,\ y_n = c_n e^{t_n x}$$

이 해이고 일반해는 이들의 합

$$y = c_1 e^{t_1 x} + c_2 e^{t_2 x} + \cdots + c_n e^{t_n x}$$

이다.

(ⅱ) n개의 중근을 갖는 경우

t가 n중근이라면 미분방정식 ④의 일반해는

$$y=(c_0+c_1x+c_2x^2+\cdots+c_{n-1}x^{n-1})e^{tx}$$

(iii) $a\pm ib$란 허근을 갖는 경우

일반해는 $e^{ax}(c_1\cos bx+c_2\sin bx)$

로 나타낸다.

예제 7-4-1

다음 미분방정식을 풀어라.

(1) $y'''+y''-6y'=0$

(2) $(D^4-D^3-3D^2+5D-2)y=0$

(3) $(D^3+5D^2+3D-9)y=0$

(4) $y''-4y'+13y=0$

풀이 (1) $(D^3+D^2-6D)y=0$에서 보조방정식은

$$t^3+t^2-6t=0$$

$$\therefore t(t+3)(t-2)=0$$

$$\therefore t=0,\ -3,\ 2$$

따라서 구하는 일반해는

$$y=c_1e^{0\cdot x}+c_2e^{-3x}+c_3e^{2x}=c_1+c_2e^{-3x}+c_3e^{2x}$$

(2) 보조방정식은 $t^4-t^3-3t^2+5t-2=0$

인수분해하면 $(t+2)(t-1)^3=0$

$$\therefore t=-2,\ t=1\ (3중근)$$

따라서 구하는 일반해는

$$y=c_1e^{-2x}+c_2e^x+c_3xe^x+c_4x^2e^x$$

(3) 보조방정식은 $t^3+5t^2+3t-9=0$

인수분해하면

$$(t-1)(t+3)^2=0$$

$$\therefore t=1,\ -3(중근)$$

따라서 구하는 일반해는

$$y=c_1e^x+(c_2+c_3x)e^{-3x}$$

(4) $(D^2-4D+13)y=0$

$$t^2-4t+13=0 \quad \therefore t=2\pm 3j$$

따라서 구하는 일반해는

$$y=e^{2x}(c_1\cos 3x+c_2\sin 3x)$$

(2) 상수계수의 일반선형미분방정식

$$F(n)y = (D^n + a_1 D^{n-1} + a_2 D^{n-2} + \cdots + a_{n-1}D + a_n)y = g(x) \cdots\cdots ⑤$$

를 풀 때 먼저 $F(D)y = 0$ 즉,

$$(D^n + a_1 D^{n-1} + a_2 D^{n-2} + \cdots + a_{n-1}D + a_n)y_f = 0 \cdots\cdots\cdots\cdots\cdots ⑥$$

으로 놓고 앞에서 배운 방법으로 푼다. 이 때 얻은 ⑥의 해는 ⑤의 **기본해**(fundamental solution)라 하고 y_f로 나타낸다.

그리고 ⑤를 풀어 얻은 해는 **특수해**(particular solution)라 하고 y_p로 나타내고 구하는 ⑤의 일반해는

$$y = y_f + y_p$$

로 나타낸다.

이제 ⑤의 특수해를 구하는 방법을 찾아보자.

(i) $g(x)$가 대수함수(상수포함)일 때

$g(x)$가 x의 n차 대수함수일 때 특수해도 n차의 대수함수

$$y_p = ax^n + bx^{n-1} + cx^{n-2} + \cdots$$

라고 가정하여 Dy_p, D^2y_p, $\cdots$, D^ny_p를 구하고 원식에 대입하여 양변의 계수비교에 의하여 $a, b, c, \cdots$ 값을 결정한다.

예제 7-4-2

$\dfrac{dy}{dx} + 5y = 7$의 일반해를 구하여라.

풀이 미분연산자 D를 사용하면

$$Dy + 5y = 7$$

(기본해) $(D+5)y_f = 0$

보조방정식은

$$t + 5 = 0 \qquad \therefore t = -5$$

$$\therefore y_f = ce^{-5x} \ (c\text{는 임의의 상수})$$

(특수해) $(D+5)y_p = 7$

$g(x) = 7$(상수)이므로

$y_p = a$(a는 임의의 상수)라고 가정하면

$$Dy_p = Da = \frac{d}{dx}a = 0$$

이고 원식에 대입하면

$$0 + 5a = 7 \qquad \therefore a = \frac{7}{5} \qquad \therefore y_p = \frac{7}{5}$$

(일반해) $$y = y_f + y_p$$
$$= ce^{-5x} + \frac{7}{5} \quad (c\text{는 임의의 상수})$$

예제 7-4-3

$\dfrac{d^2y}{dx^2} + 4\dfrac{dy}{dx} + 3y = x^2$ 의 일반해를 구하라.

풀이 미분연산자 D를 사용하면

$$D^2 + 4Dy + 3y = x^2$$

(기본해) $$(D^2 + 4D + 3)y_f = 0$$

보조방정식은

$$(t+1)(t+3) = 0$$
$$t_1 = -1, \; t_2 = -3$$
$$\therefore y_f = c_1 e^{-x} + c_2 e^{-3x} \quad (c_1, c_2\text{는 임의의 상수})$$

(특수해) $$(D^2 + 4D + 3)y_p = x^2$$

$g(x) = x^2$ 이므로

$y_p = ax^2 + bx + c(a, b, c$는 임의의 상수)라고 가정하면

$$Dy_p = D(ax^2 + bx + c) = 2ax + b$$
$$D^2 y_p = D(2ax + b) = 2a$$

이고 원식에 대입하면

$$2a + 4(2ax + b) + 3(ax^2 + bx + c) = x^2$$
$$3ax^2 + (8a + 3b)x + (2a + 4b + 3c) = x^2$$

양변을 계수비교하면

$$3a = 1 \qquad \therefore a = \frac{1}{3}$$
$$8a + 3b = 0 \qquad \therefore b = -\frac{8}{3}a = -\frac{8}{3}\cdot\frac{1}{3} = -\frac{8}{9}$$
$$2a + 4b + 3c = 0$$
$$\therefore c = -\frac{2}{3}a - \frac{4}{3}b = -\frac{2}{3}\cdot\frac{1}{3} - \frac{4}{3}\cdot\left(-\frac{8}{9}\right) = \frac{26}{27}$$
$$\therefore y_p = \frac{1}{3}x^2 - \frac{8}{9}x + \frac{26}{27}$$

(일반해) $y = y_f + y_p$

$$= c_1 e^{-x} + c_2 e^{-3x} + \frac{1}{3}x^2 - \frac{8}{9}x + \frac{26}{27}$$

(c_1, c_2는 임의의 상수)

(ii) $g(x)$가 지수함수일 때

$g(x)$가 x에 대한 지수함수이면 특수해도 지수함수

$$y_p = a e^{bx}$$

라고 가정하여 Dy_p, $D^2 y_p$, $\cdots$, $D^n y_p$를 구하고 원식에 대입하여 양변의 계수비교에 의하여 a값을 결정한다.

예제 7-4-4

$\frac{dy}{dx} + 7y = 2e^{\frac{x}{3}}$ 의 일반해를 구하여라.

풀이 미분연산자 D를 사용하면

$$Dy + 7y = 2e^{\frac{x}{3}}$$

(기본해) $(D+7)y_f = 0$

보조방정식은

$$t + 7 = 0 \qquad \therefore t = -7$$

$$\therefore \ y_f = c e^{-7x} \ (c\text{는 임의의 상수})$$

(특수해) $(D+7)y_p = 2e^{\frac{x}{3}}$

$g(x) = 2e^{\frac{x}{3}}$ (지수함수)이므로

$y_p = a e^{\frac{x}{3}}$ (지수함수)라고 가정하면

$$Dy_p = \frac{d}{dx}(a e^{\frac{x}{3}}) = \frac{a}{3} e^{\frac{x}{3}}$$

이고 원식에 대입하면

$$\frac{a}{3} e^{\frac{x}{3}} + 7a e^{\frac{x}{3}} = 2e^{\frac{x}{3}}$$

$$\frac{22}{3} a e^{\frac{x}{3}} = 2e^{\frac{x}{3}} \qquad \therefore a = \frac{3}{11}$$

$$\therefore\ y_p = \frac{3}{11} e^{\frac{x}{3}}$$

(일반해) $y = y_f + y_p$

$$= c\,e^{-7x} + \frac{3}{11} e^{\frac{x}{3}}$$

(iii) $g(x)$ 가 삼각함수일 때

$g(x)$ 가 x 에 대한 삼각함수(sin, cos)이면 특수해도 삼각함수

$$y_p = a\sin px + b\cos px$$

라고 가정하여 Dy_p, $D^2 y_p$, $\cdots$, $D^n y_p$ 를 구한 값을 원식에 내입하여 양변을 $\sin px$ 및 $\cos px$ 의 계수를 비교하여 a, b 값을 결정한다.

예제 7-4-5

$\dfrac{dy}{dx} + 2y - 2\sin x$ 의 일반해를 구하라.

풀이 미분연산자 D를 사용하면

$$Dy + 2y = 2\sin x$$

(기본해) $(D+2)y_f = 0$

보조방정식은

$$t + 2 = 0 \qquad \therefore\ t = -2$$

$$\therefore\ y_f = c\,e^{-2x} \quad (c\text{는 임의의 상수})$$

(특수해) $g(x) = 2\sin x$ 이므로 $y_p = a\sin x + b\cos x$ 로 두면

$$Dy_p = \frac{d}{dx}(a\sin x + b\cos x) = a\cos x - b\sin x$$

이고 원식에 대입하면

$$a\cos x - b\sin x + 2(a\sin x + b\cos x) = 2\sin x$$

$$(2a - b)\sin x + (a + 2b)\cos x = 2\sin x$$

계수비교하면

$$a + 2b = 0 \qquad \therefore\ a = -2b$$

$$2a - b = 2 \qquad 2(-2b) - b = 2 \qquad \therefore b = -\frac{2}{5},\ a = \frac{4}{5}$$

$$\therefore y_p = \frac{4}{5}\sin x - \frac{2}{5}\cos x$$

(일반해) $y = y_f + y_p$

$$= c e^{-2x} + \frac{4}{5}\sin x - \frac{2}{5}\cos x$$

(ⅳ) $g(x)$가 대수함수+ 지수함수+ 삼각함수일 때

$g(x)$가 대수+ 지수+ 삼각함수이면 특수해도 대수+ 지수+ 삼각함수로 가정하여 Dy_p, $D^2 y_p$, $\cdots$, $D^n y_p$를 구하고 원식에 대입하여 양변을 계수를 비교하여 값을 결정한다.

예제 7-4-6

$\dfrac{dy}{dx} + 5y = 3x + 4e^{-6x}$의 일반해를 구하여라.

풀이 미분연산자 D를 사용하면

$$Dy + 5y = 3x + 4e^{-6x}$$

(기본해) $(D+5)y_f = 0$

보조방정식은

$$t + 5 = 0 \qquad \therefore\ t = -5$$

$$\therefore\ y_f = c e^{-5x} \quad (c\text{는 임의의 상수})$$

(특수해) $g(x) = 3x + 4e^{-6x}$이므로 $y_p = ax + b + c e^{-6x}$로 두면

$$Dy_p = \frac{d}{dx}(ax + b + c e^{-6x}) = a - 6c e^{-6x}$$

이고 원식에 대입하면

$$a - 6c e^{-6x} + 5(ax + b + c e^{-6x}) = 3x + 4e^{-6x}$$

$$5ax + (a + 5b) - c e^{-6x} = 3x + 4e^{-6x}$$

계수비교하면

$$5a = 3 \qquad \therefore\ a = \frac{3}{5}$$

$$a + 5b = 0 \qquad \therefore\ b = -\frac{a}{5} = -\frac{3}{25}$$

$$-c = 4 \qquad \therefore\ c = -4$$

$$\therefore\ y_p = \frac{3}{5}x - \frac{3}{25} - 4e^{-6x}$$

(일반해) $y = y_f + y_p$

$$= c e^{-5x} + \frac{3}{5}x - \frac{3}{25} - 4e^{-6x}$$

예제 7-4-7

다음의 그림과 같이 $L-R$ 직렬회로에서 $t=0$일 때 스위치 S를 닫는 경우, 회로에 흐르는 전류를 구하여라. 단, $t=0$에서 $i=0$이다.

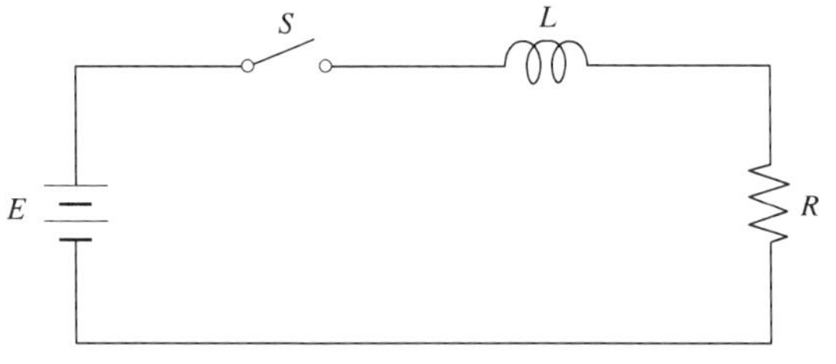

풀이 위 회로의 미분방정식은

$$L\frac{di}{dt}+Ri=E \quad (\text{단 } t=0 \text{일 때 } i=0)$$

미분연산자 D를 사용하면

$$LDi+Ri=E$$

(기본해)

$$\left(D+\frac{R}{L}\right)i_f=0$$

보조방정식은

$$t+\frac{R}{L}=0 \qquad \therefore t=-\frac{R}{L}$$

$$\therefore i_f=ce^{-\frac{R}{L}t} \quad (c\text{는 임의의 상수})$$

(특수해) $g(t)=E(E$상수$)$이므로 $i_p=a(a$는 임의의 상수$)$으로 두면

$$Di_p=Da=\frac{d}{dt}a=0$$

이고 원식에 대입하면

$$0+Ri_p=E$$

$$\therefore i_p=\frac{E}{R}$$

(일반해)

$$i=i_f+i_p$$

$$=\frac{E}{R}+ce^{-\frac{R}{L}t}$$

여기서 초기조건 $t=0$일 때 $i=0$를 대입하면

$$0=\frac{E}{R}+c \qquad \therefore c=-\frac{E}{R}$$

$$\therefore i=\frac{E}{R}\left(1-e^{-\frac{R}{L}t}\right)$$

예제 7-4-8

다음 그림과 같이 $R-C$ 직렬회로에서 $t=0$일 때 스위치 S를 닫는 경우, 회로에 흐르는 전류를 구하여라. 단, $t=0$에서 $q=0$이다.

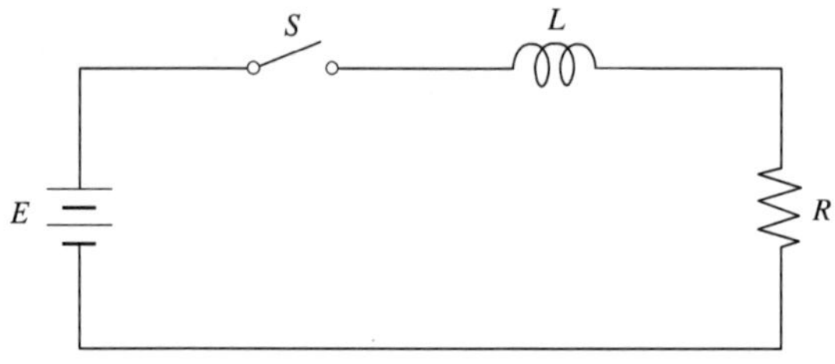

풀이 위 회로의 미분방정식은

$$Ri+\frac{1}{C}\int i\,dt=E \quad (\text{단 } t=0 \text{ 일 때 } q=0)$$

여기서 $i=\frac{dq}{dt}$ 이므로, 이것을 대입하면

$$R\frac{dq}{dt}+\frac{1}{C}q=E$$

미분연산자 D를 사용하면

$$RDq+\frac{1}{C}q=E$$

(기본해) $$\left(D+\frac{1}{RC}\right)q_f=0$$

보조방정식은

$$t+\frac{1}{RC}=0 \qquad \therefore\ t=-\frac{1}{RC}$$

$$\therefore\ q_f=c\,e^{-\frac{1}{RC}t} \quad (c\text{는 임의의 상수})$$

(특수해) $g(t)=E(E$ 상수)이므로 $q_p=n(n$은 임의 상수)으로 두면

$$Di_p=Dn=\frac{d}{dt}n=0$$

이고 원식에 대입하면

$$0+\frac{1}{C}q_p=E$$

$$\therefore\ q_p=CE$$

(일반해) $$q=q_f+q_p$$

$$=CE+c\,e^{-\frac{1}{RC}t}$$

여기서 초기조건 $t=0$일 때 $q=0$를 대입하면

$$0=CE+c \qquad \therefore\ c=-CE$$

$$\therefore q=CE\left(1-e^{-\frac{1}{RC}t}\right)$$

다시 전류로 나타내면

$$i = \frac{dq}{dt} = \frac{d}{dt}\left[CE\left(1 - e^{-\frac{1}{RC}t}\right)\right] = \frac{E}{R}e^{-\frac{1}{RC}t}$$

<연립미분방정식>

일반형

$$\begin{cases} \dfrac{dx}{dy} + c_1 y = g(x) \\ \\ \dfrac{dy}{dx} + c_2 x = h(x) \end{cases}$$

풀이는 $\frac{d}{dx} = D$(미분연산자)로 두고, x와 y를 소거한 후 x와 y에 대한 미분방정식의 해를 구하면 된다.

예제 7-4-9

다음의 연립미분방정식을 풀어라.

$$\begin{cases} \dfrac{dx}{dy} - 3y = e^x \\ \\ \dfrac{dy}{dx} - 2x = \dfrac{1}{3}x^2 \end{cases}$$

풀이 $\frac{d}{dx} = D$로 두면

$$Dx - 3y = e^x \quad \cdots\cdots ①$$

$$Dy - 2x = \frac{1}{3}x^2 \quad \cdots\cdots ②$$

①×D+②×3

$$(D^2 \quad 6)x = De^x + x^2 = e^x + x^2 \quad \cdots\cdots ③$$

③식은 x에 대한 미분방정식의 일반형이므로

(기본해) $(D^2 - 6)x_f = 0$

보조방정식은

$$p^2 - 6 = 0 \qquad \therefore\ p = \pm\sqrt{6}$$

따라서

$$x_f = c_1 e^{-\sqrt{6}x} + c_2 e^{\sqrt{6}x}$$

(특수해) $(D^2-6)x_p = e^x + x^2$

우변이 지수함수와 대수함수이므로

$$x_p = ae^x + bx^2 + cx + d$$

미분하면

$$\frac{dx_p}{dx} = ae^x + 2bx + c$$

$$\frac{d^2x_p}{dx^2} = ae^x + 2b$$

원식에 대입하면

$$ae^x + 2b - 6(ae^x + bx^2 + cx + d) = e^x + x^2$$

$$-5ae^x - 6bx^2 - 6cx + 2(b-3d) = e^x + x^2$$

계수비교에 의해

$$-5a = 1 \qquad \therefore a = -\frac{1}{5}$$

$$-6b = 1 \qquad \therefore b = -\frac{1}{6}$$

$$-6c = 0 \qquad \therefore c = 0$$

$$b - 3d = 0 \qquad \therefore d = \frac{1}{3}b = \frac{1}{3}\left(-\frac{1}{6}\right) = -\frac{1}{18}$$

$$\therefore x_p = -\frac{1}{5}e^x - \frac{1}{6}x^2 - \frac{1}{18}$$

(일반해) $x = x_f + x_p$

$$= c_1e^{-\sqrt{6}\,x} + c_2e^{\sqrt{6}\,x} - \frac{1}{5}e^x - \frac{1}{6}x^2 - \frac{1}{18} \quad \cdots\cdots ④$$

④식을 미분하면

$$Dx = -\sqrt{6}\,c_1e^{-\sqrt{6}\,x} + \sqrt{6}\,c_2e^{\sqrt{6}\,x} - \frac{1}{5}e^x - \frac{1}{3}x \quad \cdots\cdots ⑤$$

⑤식을 ①식에 대입하면

$$-\sqrt{6}\,c_1e^{-\sqrt{6}\,x} + \sqrt{6}\,c_2e^{\sqrt{6}\,x} - \frac{1}{5}e^x - \frac{1}{3}x - 3y = e^x$$

$$y = \frac{1}{3}(-\sqrt{6}\,c_1e^{-\sqrt{6}\,x} + \sqrt{6}\,c_2e^{\sqrt{6}\,x}) - \frac{1}{15}e^x - \frac{1}{9}x - \frac{1}{3}e^x$$

$$= \frac{1}{3}(-\sqrt{6}\,c_1e^{-\sqrt{6}\,x} + \sqrt{6}\,c_2e^{\sqrt{6}\,x}) - \frac{2}{5}e^x - \frac{1}{9}x$$

그러므로 연립미분방정식의 해는

$$x = c_1e^{-\sqrt{6}\,x} + c_2e^{\sqrt{6}\,x} - \frac{1}{5}e^x - \frac{1}{6}x^2 - \frac{1}{18}$$

$$y=\frac{1}{3}(-\sqrt{6}\,c_1e^{-\sqrt{6}\,x}+\sqrt{6}\,c_2e^{\sqrt{6}\,x})-\frac{2}{5}e^x-\frac{1}{9}x$$

예제 7-4-10

다음의 연립미분방정식을 풀어라.

$$\begin{cases}\dfrac{dx}{dx}+\dfrac{dy}{dx}=1+\cos x-2\sin 2x\\[2ex] \dfrac{dy}{dx}+2\dfrac{dx}{dx}+2\sin 2x=2+\cos x\end{cases}$$

풀이 미분연산자 D를 사용하면

$$Dx+Dy=1+\cos x-2\sin 2x \quad \cdots\cdots ①$$

$$Dy+2Dx=2+\cos x-2\sin 2x \quad \cdots\cdots ②$$

②-①

$$Dx=1 \quad \cdots\cdots ③$$

$$\therefore x=\frac{1}{D}=\int 1\ dx=x+E_1$$

③식을 ①식에 대입하면

$$1+Dy=1+\cos x-2\sin 2x$$

$$Dy=\cos x-2\sin 2x$$

$$y=\frac{1}{D}(\cos x-2\sin 2x)$$

$$=\int(\cos x-2\sin 2x)\,dx$$

$$=\sin x+\cos 2x+E_2$$

그러므로 연립미분방정식의 해는

$$x=x+E_1$$

$$y=\sin x+\cos 2x+E_2$$

연습문제

1. A, B는 임의의 상수이고 a 는 고정된 상수일 때, $y=A\cos ax+B\sin ax$ 의 미분방정식을 만들어라.

2. c는 임의의 상수일 때 다음을 일반해로 하는 미분방정식을 만들어라.
   (1) $y=e^{cx}$
   (2) $y^2=4c(c+x)$

3. 다음 미분방정식을 풀어라.
   (1) $(x+2)dy=(2y+1)dx$
   (2) $x(y+1)dx+y(x-1)dy=0$
   (3) $(x^2+y^2)dx+xydy=0$
   (4) $(2x+3y)dx+(3x+4y)dy=0$

4. 다음 미분방정식이 완전미분방정식임을 밝히고 이를 풀어라.
   (1) $(2x^3+3y)dx+(3x+y-1)dy=0$
   (2) $(4x^3y^3-2xy)dx+(3x^4y^2-x^2)dy=0$

5. 미분방정식 $y(2xy+e^x)dx-e^x dy=0$ 의 적분인자를 구하고 이를 풀어라.

6. 다음 선형미분방정식을 풀어라.
   (1) $\dfrac{dy}{dx}-y=e^{2x}$
   (2) $\dfrac{dy}{dx}+y\cot x=5e^{\cos x}$

7. 다음 고계선형미분방정식의 일반해를 구하여라.
   (1) $xy'-3y=x^4e^x$
   (2) $y''-5y'+6y=0$
   (3) $y''-6y'+13y=0$
   (4) $y^{(4)}+y'''-7y''-y'+6y=0$
   (5) $y'''-y''-y'+y=2e^{2x}$
   (6) $y'''-2y''-y'+2y=6x^2-2x-6$

제 8 장

Fourier 급수

일반적으로 신호의 정의는 시간에 따라 변하는 전압, 전류 등으로 생각할 수 있고 신호를 표현하는 방법에는 신호를 시간상에서 표현하는 시간영역 표현과 주파수상에서 표현하는 주파수영역 표현이 있다. 두 표현 방법은 같은 신호를 다른 관점에서 관찰하는 것으로, 필요에 따라 용도에 맞는 표현방법을 선택하는 것이 효율적이다. 하나의 표현 방법에서 다른 표현 방법으로 변환이 가능한데 이렇게 변환하는 것을 Fourier 해석이라고 한다.

시간영역 표현으로부터 주파수영역 표현을 얻는 방법은 신호 $f(t)$ 를 알고 있는 경우, 이 신호를 적분하면 된다.

이 장에서는 시간영역의 신호 $f(t)$ 를 Fourier 급수를 사용하여 표현하는 방법과 Fourier 적분을 사용하여 주파수영역으로 표현한다.

8. 1 Fourier 급수의 전개

<Fourier 급수의 개념>

함수의 급수전개 방법에는 여러 가지가 있으나, 주어진 함수가 주기함수인 경우에는 삼각함수에 의한 전개방법인 Fourier 급수 전개가 유용하다.

특히 실험실습을 통하여 볼 수 있는 파형들에 대하여 보면, 그림 8-1에서 파형 A 와 파형 B 를 합성하면 파형 C 가 됨을 알 수 있고, 또 파형 C 를 분석하면 파형 A 와 파형 B 가 된다. 바꾸어 말하면, 파형 C 는 두 개의 정현파형의 합으로 표현됨을 알 수 있다.

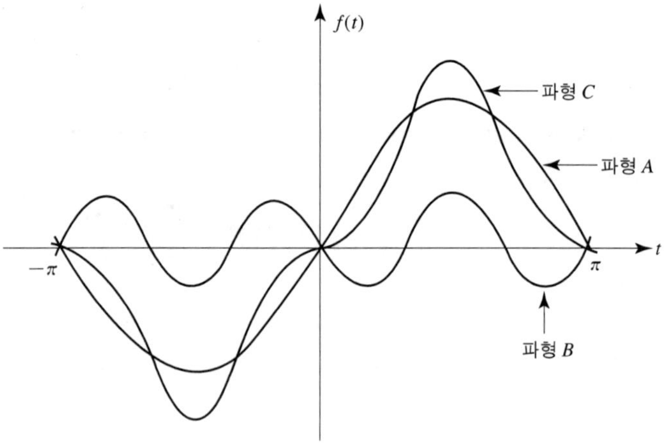

그림 8-1

일반적으로 그림 8-2의 $-\pi$ 부터 π 까지 $y=f(t)$ 로 표현되는 파형이 있을 때, 이 파형은 식 ①과 같이 여러 개의 정현파의 합으로 표현할 수 있다.

$$\begin{aligned} f(t) = a_0 &+ (a_1 \cos t + b_1 \sin t) \\ &+ (a_2 \cos 2t + b_2 \sin 2t) \\ &+ \cdots\cdots\cdots\cdots\cdots\cdots\cdots\cdots\cdots \\ &+ (a_n \cos nt + b_n \sin nt) \quad \cdots\cdots\cdots\cdots\cdots \text{①} \end{aligned}$$

여기서 a_0 는 직류분, $a_1\cos t$, $b_1\sin t$ 는 기본파, $a_2\cos 2t$, $b_2\sin 2t$ 를 제 2 고조파, $a_n\cos nt$, $b_n\sin nt$ 를 제 n 고조파라 하고, 이렇게 표현된 $f(t)$ 를 **Fourier 급수**라 한다. 따라서 일반적으로 임의의 파형은 Fourier 급수로 표현할 수 있다.

※ **고조파**(higher harmonics) : 주기적인 복합파의 각 성분중 기본파 이외의 파를 말하며, 기본파의 n 배의 주파수를 가지는 파를 제 n 고조파라 한다.

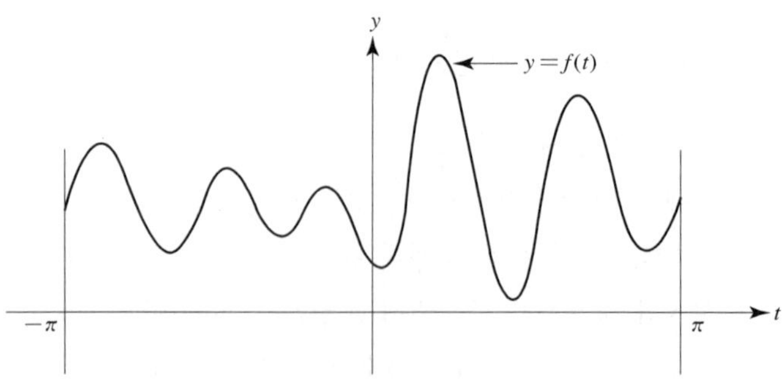

그림 8-2

<Fourier 계수>

Fourier 급수는 ①에서

$$f(t) = a_0 + \sum_{n=1}^{\infty}(a_n \cos nt + b_n \sin nt)$$

여기서 $a_0, a_1, \cdots, a_n, \cdots, b_1, b_2, \cdots, b_n, \cdots$ 들을 **Fourier 계수**라 하고, 삼각함수 공식을 사용하여 이 Fourier 계수를 구한다.

> **※ 삼각함수공식**
>
> $\sin A \cos B = \frac{1}{2}(\sin(A+B) + \sin(A-B))$ 신코는 신프신반
>
> $\sin A \cos B = \frac{1}{2}((\cos(A+B) + \cos(A-B))$ 코코는 코프코반
>
> $\sin A \sin B = \frac{-1}{2}((\cos(A+B) - \cos(A-B))$ 신신은 코마코반마
>
> $\cos^2 A = \frac{1+\cos 2A}{2}$ 코자는 일프코이반
>
> $\sin^2 A = \frac{1-\cos 2A}{2}$ 신자는 일마코이반

Fourier 계수 a_0, a_n, b_n 는

(1) a_0 : 양변을 $-\pi$ 에서 π 까지 t 로 적분하면

$$\int_{-\pi}^{\pi} f(t)\,dt = \int_{-\pi}^{\pi} a_0\,dt + \int_{-\pi}^{\pi} a_1 \cos t\,dt + \int_{-\pi}^{\pi} b_1 \sin t\,dt$$
$$+ \cdots\cdots + \int_{-\pi}^{\pi} a_n \cos nt\,dt + \int_{-\pi}^{\pi} b_n \sin nt\,dt$$

여기서

$$\int_{-\pi}^{\pi} \cos t\,dt = [\sin t]_{-\pi}^{\pi} = \sin\pi - \sin(-\pi) = 0$$

$$\int_{-\pi}^{\pi} \sin t\,dt = -[\cos t]_{-\pi}^{\pi} = -[\cos\pi - \cos(-\pi)]$$
$$= -[\cos\pi - \cos\pi] = 0$$

이고

$$\int_{-\pi}^{\pi} a_1 \cos t\,dt = 0, \qquad \int_{-\pi}^{\pi} b_1 \sin t\,dt = 0 \quad \cdots\cdots$$

$$\int_{-\pi}^{\pi} a_n \cos nt\,dt = 0, \quad \int_{-\pi}^{\pi} b_n \sin nt\,dt = 0$$

이다. 따라서

$$\int_{-\pi}^{\pi} f(t)\,dt = \int_{-\pi}^{\pi} a_0\,dt = [a_0 t]_{-\pi}^{\pi}$$

$$= \pi a_0 - (-\pi a_0) = 2\pi a_0$$

$$\therefore a_0 = \frac{1}{2\pi}\int_{-\pi}^{\pi} f(t)\,dt$$

(2) a_n : 양변을 $\cos mt$로 곱하고, $-\pi$에서 π까지 t로 적분하면

$$\int_{-\pi}^{\pi} f(t)\cos mt\,dt = \int_{-\pi}^{\pi} a_0 \cos mt\,dt + \int_{-\pi}^{\pi} a_1 \cos t \cos mt\,dt$$
$$+ \int_{-\pi}^{\pi} b_1 \sin t \cos mt\,dt + \cdots\cdots$$
$$+ \int_{-\pi}^{\pi} a_n \cos nt \cos mt\,dt + \int_{-\pi}^{\pi} b_n \sin nt \cos mt\,dt$$

여기서

① n과 m이 임의의 상수일 때

$$\int_{-\pi}^{\pi} \sin nt \cos mt\,dt$$
$$= \int_{-\pi}^{\pi} \frac{1}{2}[\sin(n+m)t + \sin(n-m)t]\,dt$$
$$= \frac{1}{2}\int_{-\pi}^{\pi} \sin(n+m)t\,dt + \frac{1}{2}\int_{-\pi}^{\pi} \sin(n-m)t\,dt$$
$$= -\frac{1}{2(n+m)}[\cos(n+m)t]_{-\pi}^{\pi} - \frac{1}{2(n-m)}[\cos(n-m)t]_{-\pi}^{\pi}$$
$$= 0$$

② $n \neq m$인 임의의 상수일 때

$$\int_{-\pi}^{\pi} \cos nt \cos mt\,dt$$
$$= \int_{-\pi}^{\pi} \frac{1}{2}[\cos(n+m)t + \cos(n-m)t]\,dt$$
$$= \frac{1}{2}\int_{-\pi}^{\pi} \cos(n+m)t\,dt + \frac{1}{2}\int_{-\pi}^{\pi} \cos(n-m)t\,dt$$

$$=\frac{1}{2(n+m)}[\sin(n+m)t]_{-\pi}^{\pi}+\frac{1}{2(n-m)}[\sin(n-m)t]_{-\pi}^{\pi}$$

$$=0$$

③ $n=m$인 임의의 상수일 때

$$\int_{-\pi}^{\pi}\cos nt\cos mt\,dt=\int_{-\pi}^{\pi}\cos^2 nt\,dt$$

$$=\int_{-\pi}^{\pi}\frac{1+\cos 2nt}{2}dt$$

$$=\int_{-\pi}^{\pi}\frac{1}{2}dt+\int_{-\pi}^{\pi}\frac{1}{2}\cos 2nt\,dt$$

$$=\left[\frac{1}{2}t\right]_{\pi}^{\pi}+\left[\frac{1}{4n}\sin 2nt\right]_{-\pi}^{\pi}$$

$$=\pi$$

이므로

$$\int_{-\pi}^{\pi}f(t)\cos nt\,dt=\int_{-\pi}^{\pi}a_n\cos^2 nt\,dt=a_n\pi$$

$$\therefore a_n=\frac{1}{\pi}\int_{-\pi}^{\pi}f(t)\cos nt\,dt$$

(3) b_n : 양변에 $\sin mt$를 곱하고, $-\pi$에서 π까지 t로 적분하면

$$\int_{-\pi}^{\pi}f(t)\sin mt\,dt=\int_{-\pi}^{\pi}a_0\sin mt\,dt+\int_{-\pi}^{\pi}a_1\cos t\sin mt\,dt$$

$$+\int_{-\pi}^{\pi}b_1\sin t\sin mt\,dt+\cdots\cdots$$

$$+\int_{-\pi}^{\pi}a_n\cos nx\sin mt\,dt+\int_{-\pi}^{\pi}b_n\sin nt\sin mt\,dt$$

여기서

① n과 m이 임의의 상수일 때

$$\int_{-\pi}^{\pi}\cos nt\sin mt\,dt=0$$

② $n\neq m$인 임의의 상수일 때

$$\int_{-\pi}^{\pi}\sin nt\sin mt\,dt$$

$$=\int_{-\pi}^{\pi}\frac{1}{2}[\cos(n-m)t-\cos(n+m)t]dt$$

$$= \frac{1}{2}\int_{-\pi}^{\pi} \cos(n-m)t\,dt - \frac{1}{2}\int_{-\pi}^{\pi} \cos(n+m)t\,dt$$

$$= \frac{1}{2(n-m)}[\sin(n-m)t]_{-\pi}^{\pi} - \frac{1}{2(n+m)}[\sin(n+m)t]_{-\pi}^{\pi}$$

$$= 0$$

③ $n=m$ 인 임의의 상수일 때

$$\int_{-\pi}^{\pi} \sin nt \sin mt\,dt = \int_{-\pi}^{\pi} \sin^2 nt\,dt$$

$$= \int_{-\pi}^{\pi} \frac{1-\cos 2nt}{2}dt$$

$$= \int_{-\pi}^{\pi} \frac{1}{2}dt - \int_{-\pi}^{\pi} \frac{1}{2}\cos 2nt\,dt$$

$$= \left[\frac{1}{2}t\right]_{-\pi}^{\pi} - \left[\frac{1}{4n}\sin 2nt\right]_{-\pi}^{\pi}$$

$$= \pi$$

이므로

$$\int_{-\pi}^{\pi} f(t)\sin nt\,dt = \int_{-\pi}^{\pi} b_n \sin^2 nt\,dt = b_n\pi$$

$$\therefore b_n = \frac{1}{\pi}\int_{-\pi}^{\pi} f(t)\sin nt\,dt$$

이상으로 Fourier 계수 a_0, a_n, b_n 은 다음과 같다.

$$\begin{cases} a_0 = \dfrac{1}{2\pi}\displaystyle\int_{-\pi}^{\pi} f(t)\,dt \\ a_n = \dfrac{1}{\pi}\displaystyle\int_{-\pi}^{\pi} f(t)\cos nt\,dt \\ b_n = \dfrac{1}{\pi}\displaystyle\int_{-\pi}^{\pi} f(t)\sin nt\,dt \end{cases} \quad \cdots\cdots ②$$

예제 8-1-1

그림과 같은 파형을 Fourier 급수로 전개하여라.

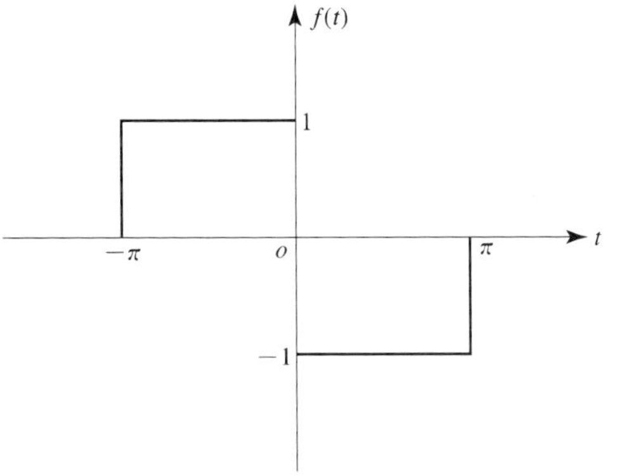

풀이 앞의 그림에서 $f(t)$는

$$f(t)=\begin{cases}1 & (-\pi< t < 0)\\ -1 & (0 < t <\pi)\end{cases}$$

먼저 Fourier 계수를 구하면

$$\begin{aligned}a_0&=\frac{1}{2\pi}\int_{-\pi}^{\pi}f(t)\,dt\\&=\frac{1}{2\pi}\int_{-\pi}^{0}1\cdot dt+\frac{1}{2\pi}\int_{0}^{\pi}(-1)\cdot dt\\&=\frac{1}{2\pi}[t]_{-\pi}^{0}+\frac{1}{2\pi}[-t]_{0}^{\pi}\\&=\frac{1}{2}-\frac{1}{2}=0\end{aligned}$$

$$\begin{aligned}a_n&=\frac{1}{\pi}\int_{-\pi}^{\pi}f(t)\cos nt\,dt\\&=\frac{1}{\pi}\int_{-\pi}^{0}1\cdot\cos nt\,dt+\frac{1}{\pi}\int_{0}^{\pi}(-1)\cdot\cos nt\,dt\\&=\frac{1}{\pi}\left[\frac{\sin nt}{n}\right]_{-\pi}^{0}-\frac{1}{\pi}\left[\frac{\sin nt}{n}\right]_{0}^{\pi}=0\end{aligned}$$

$$\begin{aligned}b_n&=\frac{1}{\pi}\int_{-\pi}^{\pi}f(t)\sin nt\,dt\\&=\frac{1}{\pi}\int_{-\pi}^{0}1\cdot\sin nt\,dt+\frac{1}{\pi}\int_{0}^{\pi}(-1)\cdot\sin nt\,dt\\&=\frac{-1}{\pi}\left[\frac{\cos nt}{n}\right]_{-\pi}^{0}+\frac{1}{\pi}\left[\frac{\cos nt}{n}\right]_{0}^{\pi}\end{aligned}$$

여기서 $m=0,\ 1,\ 2,\ \cdots$일 때

(i) $n=2m-1$ {n이 기수(홀수)}일 때

$$b_n = b_{2m-1} = -\frac{1}{(2m-1)\pi} - \frac{1}{(2m-1)\pi} - \frac{1}{(2m-1)\pi} - \frac{1}{(2m-1)\pi}$$

$$= -\frac{4}{(2m-1)\pi}$$

(ii) $n=2m$ {n이 우수(짝수)}일 때

$$b_{2m} = b_n = -\frac{1}{2m\pi} + \frac{1}{2m\pi} - \frac{1}{2m\pi} + \frac{1}{2m\pi} = 0$$

이므로 b_n은 n이 기수일 때만 존재하며

$$b_{2m-1} = -\frac{4}{(2m-1)\pi}$$

따라서 구한 계수 a_0, a_n, b_n을 fourier 급수식에 대입하면, 구하는 $f(t)$는 다음과 같다.

$$f(t) = -\frac{4}{\pi}\sum_{m=1}^{\infty}\frac{\sin(2m-1)t}{2m-1}$$

<Fourier 급수의 전개구간 및 복소수형>

(1) Fourier 급수의 전개구간

주기의 구간을 $-\pi \sim \pi$에서 $0 \sim T$로 하면($T=2\pi$) 식①은

$$\begin{aligned} f(t) &= a_0 + a_1\cos\frac{2\pi}{T}t + b_1\sin\frac{2\pi}{T}t \\ &+ a_2\cos 2\frac{2\pi}{T}t + b_2\sin 2\frac{2\pi}{T}t \\ &+ \cdots\cdots\cdots\cdots\cdots\cdots\cdots\cdots\cdots\cdots\cdots\cdots \\ &+ a_n\cos n\frac{2\pi}{T}t + b_n\sin n\frac{2\pi}{T}t \end{aligned}$$

로 되고, 식②으로부터 Fourier 계수는 다음과 같다.

$$\begin{cases} a_0 = \dfrac{1}{T}\displaystyle\int_0^T f(t)dt \\ a_n = \dfrac{2}{T}\displaystyle\int_0^T f(t)\cos n\frac{2\pi}{T}tdt \\ b_n = \dfrac{2}{T}\displaystyle\int_0^T f(t)\sin n\frac{2\pi}{T}tdt \end{cases}$$

여기서 $\omega = 2\pi f = \dfrac{2\pi}{T}$ 이므로

$$\begin{cases} a_0 = \dfrac{1}{T}\displaystyle\int_0^T f(t)\,dt \\[2ex] a_n = \dfrac{2}{T}\displaystyle\int_0^T f(t)\cos n\omega t\,dt \\[2ex] b_n = \dfrac{2}{T}\displaystyle\int_0^T f(t)\sin n\omega t\,dt \end{cases}$$

예제 8-1-2

다음 그림과 같은 구형파를 Fourier 급수로 전개하여라.

풀이 그림에서 $f(t)$는

$$f(t) = \begin{cases} A & (0 \leqq t \leqq \tau) \\ 0 & (\tau < t \leqq T) \end{cases}$$

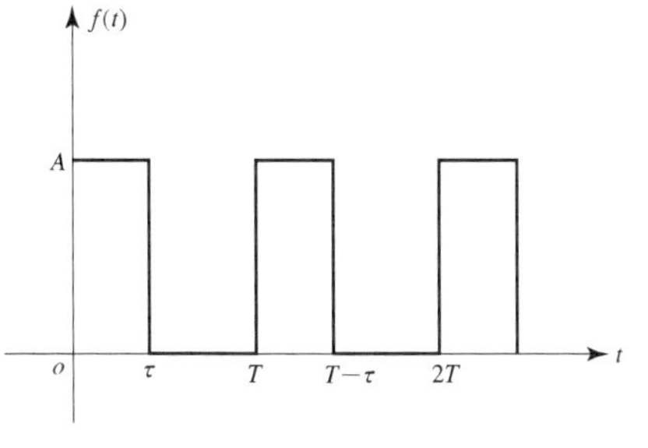

Fourier 계수는

$$a_0 = \frac{1}{T}\int_0^T f(t)\,dt$$

$$= \frac{1}{T}\int_0^\tau f(t)\,dt + \frac{1}{T}\int_\tau^T f(t)\,dt$$

$$= \frac{1}{T}\int_0^\tau A\,dt = \frac{1}{T}[At]_0^\tau$$

$$= \frac{A\tau}{T}$$

$$a_n = \frac{2}{T}\int_0^T f(t)\cos n\omega t\,dt$$

$$= \frac{2}{T}\int_0^\tau A\cos n\omega t\,dt$$

$$= \frac{2}{T}\cdot\frac{A}{n\omega}[\sin n\omega t]_0^\tau$$

$$= \frac{2}{T} \cdot \frac{AT}{n\,2\pi} \cdot \sin n\omega\tau$$

$$= \frac{A}{n\pi} \sin n\omega\tau$$

$$\because \omega = 2\pi f = \frac{2\pi}{T}$$

$$b_n = \frac{2}{T}\int_0^T f(t)\sin n\omega t\,dt$$

$$= \frac{2}{T}\int_0^{\tau} A\sin n\omega t\,dt$$

$$= \frac{2}{T} \cdot \frac{A}{n\omega}[-\cos n\omega t]_0^{\tau}$$

$$= \frac{2}{T} \cdot \frac{AT}{n\,2\pi} \cdot (1-\cos n\omega\tau)$$

$$= \frac{A}{n\pi}(1-\cos n\omega\tau)$$

그러므로 Fourier 급수는

$$f(t) = \frac{A\tau}{T} + \frac{A}{\pi}\sum_{n=1}^{\infty}\left[\frac{1}{n}\sin n\omega\tau \cdot \cos nt + \frac{1}{n}(1-\cos n\omega\tau) \cdot \sin nt\right]$$

---

(2) Fourier 급수의 복소수형

Fourier 급수를 복소수형으로 바꾸기 위해 Euler의 공식을 쓰면

$$\begin{cases} \cos nt = \dfrac{e^{jnt}+e^{-jnt}}{2} \\ \sin nt = \dfrac{e^{jnt}-e^{-jnt}}{2j} \end{cases}$$

그러므로

$$a_n\cos nt + b_n\sin nt = a_n\frac{e^{jnt}+e^{-jnt}}{2} + b_n\frac{e^{jnt}-e^{-jnt}}{2j}$$

$$= a_n\frac{e^{jnt}+e^{-jnt}}{2} - jb_n\frac{e^{jnt}-e^{-jnt}}{2}$$

$$= \frac{a_n - jb_n}{2}e^{jnt} + \frac{a_n + jb_n}{2}e^{-jnt}$$

$$= c_n e^{jnt} + c_{-n}e^{-jnt}$$

여기서

$$\begin{cases} c_n = \dfrac{a_n - jb_n}{2} \\ c_0 = a_0 \\ c_{-n} = \dfrac{a_n + jb_n}{2} \end{cases}$$

이므로 Fourier 급수는

$$\begin{aligned} f(t) &= a_0 + \sum_{n=1}^{\infty}(a_n \cos nt + b_n \sin nt) \\ &= c_0 + \sum_{n=1}^{\infty}(c_n e^{jnt} + c_{-n} e^{-jnt}) \\ &= \sum_{n=1}^{\infty} c_{-n} e^{-jnt} + c_0 + \sum_{n=1}^{\infty} c_n e^{jnt} \\ &= \sum_{n=-1}^{-\infty} c_n e^{jnt} + c_0 + \sum_{n=1}^{\infty} c_n e^{jnt} \\ &= \sum_{n=-\infty}^{\infty} c_n e^{jnt} \end{aligned}$$

복소수형의 Fourier 계수 c_n은 Euler 공식을 사용하면

$$\begin{aligned} c_n &= \frac{a_n - jb_n}{2} = \frac{1}{2\pi}\int_{-\pi}^{\pi} f(t)(\cos nt - j\sin nt)\,dt \\ &= \frac{1}{2\pi}\int_{-\pi}^{\pi} f(t)\,e^{-jnt}\,dt \end{aligned}$$

$$\begin{aligned} c_{-n} &= \frac{a_n + jb_n}{2} = \frac{1}{2\pi}\int_{-\pi}^{\pi} f(t)(\cos nt + j\sin nt)\,dt \\ &= \frac{1}{2\pi}\int_{-\pi}^{\pi} f(t)\,e^{jnt}\,dt \end{aligned}$$

$$c_0 = a_0 = \frac{1}{2\pi}\int_{-\pi}^{\pi} f(t)\,dt$$

이다. 따라서

$$\therefore\ c_n = \frac{1}{2\pi}\int_{-\pi}^{\pi} f(t)\,e^{-jnt}\,dt \qquad (n\text{은 정수})$$

그러므로 Fourier 급수의 복소수형은 다음과 같다.

$$f(t) = \sum_{n=-\infty}^{\infty} c_n e^{jnt}$$

$$c_n = \frac{1}{2\pi}\int_{-\pi}^{\pi} f(t)\,e^{-jnt}\,dt$$

구간을 $-\pi \sim \pi$ 에서 $0 \sim T$ 로 하면

$$f(t) = \sum_{n=-\infty}^{\infty} c_n e^{j\frac{2\pi}{T}nt}$$

$$c_n = \frac{1}{T}\int_0^T f(t)\, e^{-j\frac{2\pi}{T}nt}\, dt$$

예제 8-1-3

그림과 같은 파형을 복소수형으로 Fourier 급수를 전개하여라.

풀이 Fourier 급수의 복소수형을 사용하면

$$\begin{aligned} c_n &= \frac{1}{2\pi}\int_{-\pi}^{\pi} f(t)\, e^{-jnt} dt \\ &= \frac{1}{2\pi}\int_{-\pi}^{0} 1 \cdot e^{-jnt} dt + \frac{1}{2\pi}\int_{0}^{\pi} (-1) \cdot e^{-jnt} dt \end{aligned}$$

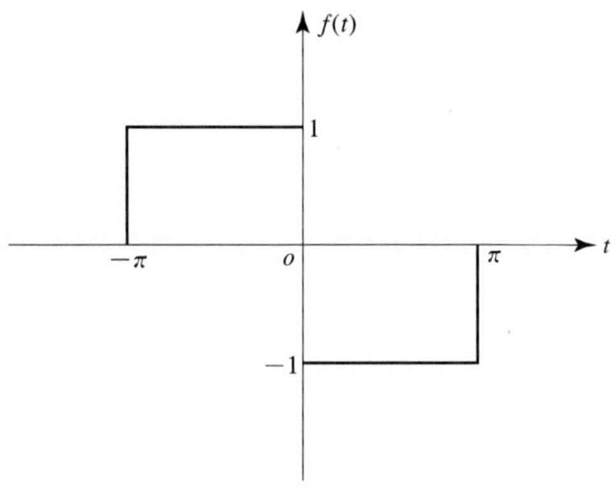

$$\begin{aligned} &= \frac{1}{2\pi}\left[\frac{e^{-jnt}}{-jn}\right]_{-\pi}^{0} - \frac{1}{2\pi}\left[\frac{e^{-jnt}}{-jn}\right]_{0}^{\pi} \\ &= \frac{-1}{2\pi jn}(1 - e^{jn\pi}) + \frac{1}{2\pi jn}(e^{-jn\pi} - 1) \\ &= \frac{-1}{2\pi jn}(2 - e^{jn\pi} - e^{-jn\pi}) \end{aligned}$$

여기서 $m = 0, 1, 2, \cdots$ 일 때

(i) n 이 짝수($n = 2m$)이면

$$e^{\pm jn\pi} = \cos n\pi \pm j\sin n\pi = \cos 2m\pi \pm j\sin 2m\pi = 1$$

$$\therefore c_n = 0$$

(ii) n이 홀수($n=2m-1$)이면

$$e^{\pm jn\pi} = \cos n\pi \pm j\sin n\pi = \cos(2m-1)\pi \pm j\sin(2m-1)\pi = -1$$

$$\therefore c_n = -\frac{4}{2\pi jn} = -\frac{2}{j\pi(2m-1)}$$

Fourier 급수는

$$\begin{aligned}
f(t) &= \sum_{n=-\infty}^{\infty} c_n e^{jnt} \\
&= \sum_{m=-\infty}^{\infty} \left[-\frac{2}{j(2m-1)\pi}\right] e^{j(2m-1)t} \\
&= -\frac{4}{\pi}\sum_{m=-\infty}^{\infty} \frac{1}{(2m-1)} \cdot \frac{e^{j(2m-1)t}}{2j} \\
&= -\frac{4}{\pi}\sum_{m=1}^{\infty} \frac{1}{(2m-1)} \cdot \frac{e^{j(2m-1)t} - e^{-j(2m-1)t}}{2j} \\
&= -\frac{4}{\pi}\sum_{m=1}^{\infty} \frac{\sin(2m-1)t}{(2m-1)}
\end{aligned}$$

별해 앞의 풀이에서

$$c_n = \begin{cases} -\dfrac{2}{\pi jn}, & n\text{이 홀수} \\ 0, & n\text{이 짝수} \end{cases}$$

이므로

$$f(t) = \sum_{n=-\infty}^{\infty} c_n e^{jnt} = \sum_{n=-\infty}^{\infty} -\frac{2}{jn\pi} e^{jnt}$$

여기서 n이 $-\infty \sim \infty$범위의 기수이므로

$n=1,\ n=-1,\ n=3,\ n=-3,\ n=5,\ n=-5 \cdots\cdots$을 대입하면

$$\begin{aligned}
f(t) &= -\frac{2}{j\pi}(e^{jt} - e^{-jt}) - \frac{2}{j\pi}(e^{j3t} - e^{-j3t}) - \cdots\cdots \\
&= -\frac{4}{j\pi}\left(\frac{e^{jt} - e^{-jt}}{j2}\right) - \frac{4}{j\pi}\left(\frac{e^{j3t} - e^{-j3t}}{j2}\right) - \cdots\cdots \\
&= -\frac{4}{j\pi}\left(\sin t + \frac{\sin 3t}{3} + \frac{\sin 5t}{3} + \cdots\cdots\right) \\
&= -\frac{4}{\pi}\sum_{m=1}^{\infty} \frac{\sin(2m-1)t}{(2m-1)}
\end{aligned}$$

<기함수와 우함수의 Fourier 급수 전개>

일반적으로 시간영역과 주파수영역을 2차원 평면으로 표현할 때 y축에 대하

여 대칭인 함수를 우함수(even function)라 하고, 식으로 표현하면

$$f(-t)=f(t)$$

이고, 예를 들어 삼각함수에서 $\cos(-t)=\cos t$ 로 $\cos t$ 는 우함수이다. 그리고 기함수(odd function)는 원점에 대하여 대칭인 함수로

$$f(-t)=-f(t)$$

이고, 삼각함수를 예를 들면 $\sin(-t)=-\sin t$ 로 $\sin t$ 는 기함수이다. 따라서 주기함수가 우함수, 혹은 기함수로 분류됨에 따라 Fourier 급수를 구하는 것이 용이해질 수 있다.

함수 $f(t)$ 가 다음과 같이 주어졌을 때, 함수 $f(t)$ 의 Fourier 계수를 우함수와 기함수일 때 구하면

$$f(t)=a_0+\sum_{n=1}^{\infty}(a_n\cos nt+b_n\sin nt)$$

(1) a_0 :

$$\begin{aligned} a_0 &= \frac{1}{2\pi}\int_{-\pi}^{\pi} f(t)\,dt \\ &= \frac{1}{2\pi}\int_{-\pi}^{0} f(t)\,dt+\frac{1}{2\pi}\int_{0}^{\pi} f(t)\,dt \\ &= \frac{1}{2\pi}\int_{0}^{\pi} f(-t)\,dt+\frac{1}{2\pi}\int_{0}^{\pi} f(t)\,dt \end{aligned}$$

① 기함수일 때, 즉 $f(-t)=-f(t)$

$$a_0=-\frac{1}{2\pi}\int_{0}^{\pi} f(t)\,dt+\frac{1}{2\pi}\int_{0}^{\pi} f(t)\,dt=0$$

② 우함수일 때, 즉 $f(-t)=f(t)$

$$\begin{aligned} a_0 &= \frac{1}{2\pi}\int_{0}^{\pi} f(t)\,dt+\frac{1}{2\pi}\int_{0}^{\pi} f(t)\,dt \\ &= \frac{1}{\pi}\int_{0}^{\pi} f(t)\,dt \\ &= \frac{2}{T}\int_{0}^{\frac{T}{2}} f(t)\,dt \end{aligned}$$

(2) a_n :

$$a_n=\frac{1}{\pi}\int_{-\pi}^{\pi} f(t)\cos nt\,dt$$

$$= \frac{1}{\pi}\int_{-\pi}^{0} f(t)\cos ntdt + \frac{1}{\pi}\int_{0}^{\pi} f(t)\cos ntdt$$

$$= \frac{1}{\pi}\int_{0}^{\pi} f(-t)\cos n(-t)dt + \frac{1}{\pi}\int_{0}^{\pi} f(t)\cos ntdt$$

$$= \frac{1}{\pi}\int_{0}^{\pi} f(-t)\cos ntdt + \frac{1}{\pi}\int_{0}^{\pi} f(t)\cos ntdt$$

① 기함수일 때

$$a_n = -\frac{1}{\pi}\int_{0}^{\pi} f(t)\cos ntdt + \frac{1}{\pi}\int_{0}^{\pi} f(t)\cos ntdt = 0$$

② 우함수일 때

$$u_n - \frac{1}{\pi}\int_{0}^{\pi} f(t)\cos ntdt + \frac{1}{\pi}\int_{0}^{\pi} f(t)\cos ntdt$$

$$= \frac{2}{\pi}\int_{0}^{\pi} f(t)\cos ntdt$$

$$= \frac{4}{T}\int_{0}^{\frac{T}{2}} f(t)\cos n\omega tdt$$

(3) b_n:

$$b_n = \frac{1}{\pi}\int_{-\pi}^{\pi} f(t)\sin ntdt$$

$$= \frac{1}{\pi}\int_{-\pi}^{0} f(t)\sin ntdt + \frac{1}{\pi}\int_{0}^{\pi} f(t)\sin ntdt$$

$$= \frac{1}{\pi}\int_{0}^{\pi} f(-t)\sin n(-t)dt + \frac{1}{\pi}\int_{0}^{\pi} f(t)\sin ntdt$$

$$= -\frac{1}{\pi}\int_{0}^{\pi} f(-t)\sin ntdt + \frac{1}{\pi}\int_{0}^{\pi} f(t)\sin ntdt$$

① 기함수일 때

$$b_n = \frac{1}{\pi}\int_{0}^{\pi} f(t)\sin ntdt + \frac{1}{\pi}\int_{0}^{\pi} f(t)\sin ntdt$$

$$= \frac{2}{\pi}\int_{0}^{\pi} f(t)\sin ntdt$$

$$= \frac{4}{T}\int_{0}^{\frac{T}{2}} f(t)\sin n\omega tdt$$

② 우함수일 때

$$b_n = -\frac{1}{\pi}\int_0^{\pi} f(t)\sin ntdt + \frac{1}{\pi}\int_0^{\pi} f(t)\sin ntdt = 0$$

따라서 기함수와 우함수의 Fourier 계수는 각각 다음과 같다.

① $f(t)$가 기함수 일 때

$$\begin{cases} a_0 = 0 \\ a_n = 0 \\ b_n = \dfrac{2}{\pi}\displaystyle\int_0^{\pi} f(t)\sin ntdt = \dfrac{4}{T}\displaystyle\int_0^{\frac{T}{2}} f(t)\sin n\omega tdt \end{cases}$$

① $f(t)$가 우함수 일 때

$$\begin{cases} a_0 = \dfrac{1}{\pi}\displaystyle\int_0^{\pi} f(t)\,dt = \dfrac{2}{T}\displaystyle\int_0^{\frac{T}{2}} f(t)\,dt \\ a_n = \dfrac{2}{\pi}\displaystyle\int_0^{\pi} f(t)\cos ntdt = \dfrac{4}{T}\displaystyle\int_0^{\frac{T}{2}} f(t)\cos n\omega tdt \\ b_n = 0 \end{cases}$$

예제 8-1-4

다음 그림과 같은 톱니파를 Fourier 급수로 전개하여라.

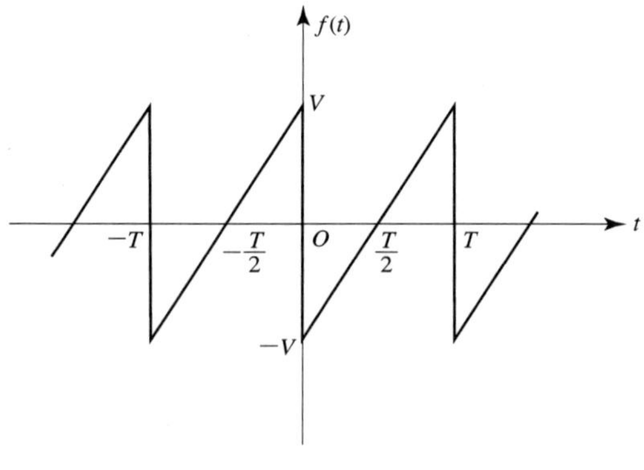

풀이 한 주기 $0 \sim T$ 사이에서의 $f(t)$는

$$f(t) = \frac{2V}{T}\left(t - \frac{T}{2}\right) \quad (0 \leq t \leq T)$$

이고, 주어진 함수는 $f(-t) = -f(t)$로 기함수이므로

$$a_0 = a_n = 0$$

$$\begin{aligned}
b_n &= \frac{2}{T}\int_0^T f(t)\sin n\omega t\,dt \\
&= \frac{2}{T}\int_0^T \frac{2V}{T}\left(t - \frac{T}{2}\right)\sin n\omega t\,dt \\
&= \frac{4V}{T^2}\int_0^T t\cdot\sin n\omega t\,dt - \frac{2V}{T}\int_0^T \sin n\omega t\,dt \\
&= \frac{4V}{T^2}\left[t\cdot\frac{-\cos n\omega t}{n\omega}\right]_0^T + \frac{4V}{n\omega T^2}\int_0^T \cos n\omega t\,dt \\
&\quad - \frac{2V}{T}\left[\frac{-\cos n\omega t}{n\omega}\right]_0^T \\
&= -\frac{4V}{nT^2}\frac{T}{2\pi}\left[T\cos n\frac{2\pi}{T}T\right] + \frac{4V}{n^2\omega^2T^2}\left[\sin n\frac{2\pi}{T}t\right]_0^T \\
&\quad + \frac{2V}{nT}\frac{T}{2\pi}\left[\cos n\frac{2\pi}{T}T - 1\right] \\
&= -\frac{2V}{n\pi}
\end{aligned}$$

그러므로 Fourier 급수는

$$f(t) = -\frac{2V}{\pi}\sum_{n=1}^{\infty}\frac{\sin n\omega t}{n}$$

예제 8-1-5

그림과 같은 정류파의 Fourier 급수를 구하여라.

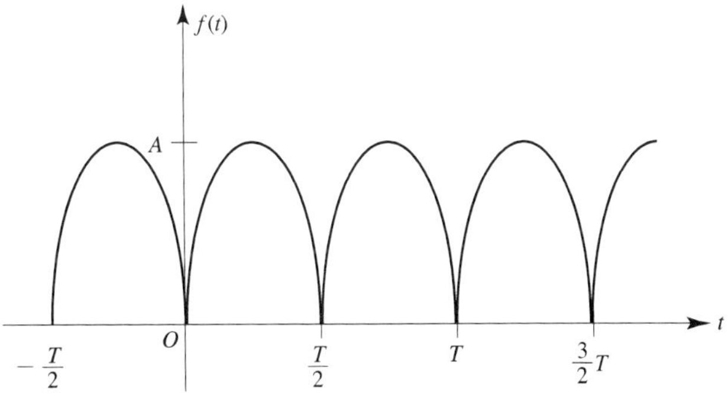

풀이 위 그림에서 $f(t)$는

$$f(t)=\begin{cases} A\sin\omega t & \left(0\leqq t\leqq \dfrac{T}{2}\right) \\ -A\sin\omega t & \left(\dfrac{T}{2}\leqq t\leqq T\right) \end{cases}$$

이고, 우함수 $f(-t)=f(t)$이므로

$$b_n=0$$

$$\begin{aligned} a_0 &= \frac{2}{T}\int_0^{\frac{T}{2}} f(t)\,dt \\ &= \frac{2}{T}\int_0^{\frac{T}{2}} A\sin\omega t\,dt \\ &= \frac{2}{T}\cdot\frac{A}{\omega}\left[-\cos\omega t\right]_0^{\frac{T}{2}} \\ &= -\frac{2A}{T}\frac{T}{2\pi}\left[\cos\frac{2\pi}{T}\frac{T}{2}-1\right] \\ &= \frac{2A}{\pi} \end{aligned}$$

$$\begin{aligned} a_n &= \frac{4}{T}\int_0^{\frac{T}{2}} f(t)\cos n\omega t\,dt \\ &= \frac{4}{T}\int_0^{\frac{T}{2}} A\sin\omega t\,\cos n\omega t\,dt \\ &= \frac{4A}{T}\int_0^{\frac{T}{2}} \frac{1}{2}[\sin(1+n)\omega t+\sin(1-n)\omega t]\,dt \\ &= \frac{2A}{T}\cdot\frac{1}{(1+n)\omega}\left[-\cos(1+n)\omega t\right]_0^{\frac{T}{2}} \\ &\quad+\frac{2A}{T}\cdot\frac{1}{(1-n)\omega}\left[-\cos(1-n)\omega t\right]_0^{\frac{T}{2}} \\ &= \frac{A}{(1+n)\pi}\left[-\cos(1+n)\frac{2\pi}{T}\cdot\frac{T}{2}+1\right] \\ &\quad+\frac{A}{(1-n)\pi}\left[-\cos(1-n)\frac{2\pi}{T}\cdot\frac{T}{2}+1\right] \end{aligned}$$

여기서 $m=0,\ 1,\ 2,\ \cdots$일 때

(i) n이 홀수($n=2m-1$)이면

$$\cos(1\pm n)\pi=\cos 2m\pi=1$$

$$\therefore a_n=0$$

(ii) n이 짝수($n=2m$)이면

$$\cos(1\pm n)\pi=\cos(1\pm 2m)\pi=-1$$

$$a_n=\frac{2A}{(1+2m)\pi}+\frac{2A}{(1-2m)\pi}$$

$$= \frac{2A}{\pi}\left[\frac{1}{1+2m} + \frac{1}{1-2m}\right]$$

$$= \frac{2A}{\pi}\left[\frac{1}{2m+1} - \frac{1}{2m-1}\right]$$

$$= \frac{2A}{\pi}\left[\frac{2m-1-2m-1}{(2m+1)(2m-1)}\right]$$

$$= -\frac{4A}{\pi} \cdot \frac{1}{(2m-1)(2m+1)}$$

그러므로 Fourier 급수는

$$f(t) = \frac{2A}{\pi} - \frac{4A}{\pi}\sum_{m=1}^{\infty}\frac{\cos 2m\omega t}{(2m-1)(2m+1)}$$

8. 2 Fourier 변환

주기파형의 표현에는 Fourier 급수의 전개가 사용되지만, 주기성이 인정되지 않는 파형에 대해서는 Fourier 적분에 의한 표현이 사용된다.

$f(t)$ 의 Fourier 적분은

$$F(\omega) = \int_{-\infty}^{\infty} f(t)\, e^{-j\omega t}\, dt$$

이고, $F(\omega)$ 를 $f(t)$ 의 **Fourier 변환**이라 한다.

여기서 **Euler의 공식**

$$e^{-j\omega t} = \cos\omega t \; - \; j\sin\omega t$$

를 대입하면

$$F(\omega) = \int_{-\infty}^{\infty} f(t)\,[\cos\omega t - j\sin\omega t]\, dt$$

$$= \int_{-\infty}^{\infty} f(t)\cos\omega t\, dt \quad j\int_{-\infty}^{\infty} f(t)\sin\omega t\, dt$$

$$= R(\omega) + jX(\omega)$$

따라서 $F(\omega)$ 는 복소수이며 실수부와 허수부는 다음과 같다.

$$R(\omega) = \int_{-\infty}^{\infty} f(t) \cos \omega t \, dt$$

$$X(\omega) = -\int_{-\infty}^{\infty} f(t) \sin \omega t \, dt$$

역 Fourier 변환은

$$f(t) = \frac{1}{2\pi} \int_{-\infty}^{\infty} F(\omega) \, e^{j\omega t} \, d\omega$$

이다.

<Fourier 변환의 표현>

파형 $f(t)$를 우함수부 $f_e(t)$와 기함수부 $f_o(t)$로 분해할 수 있으며, 우함수가 $f(-t) = f(t)$, 기함수가 $f(-t) = -f(t)$ 이므로

$$f(t) = f_e(t) + f_o(t)$$

$$f(-t) = f_e(-t) + f_o(-t) = f_e(t) - f_o(t)$$

윗식을 기함수부와 우함수부로 정리하면

$$f_e(t) = \frac{1}{2} [f(t) + f(-t)]$$

$$f_o(t) = \frac{1}{2} [f(t) - f(-t)]$$

윗식을 Fourier 변환식에 대입하면, 실수부는

$$\begin{aligned}
R(\omega) &= \int_{-\infty}^{\infty} f(t) \cos \omega t dt \\
&= \int_{-\infty}^{\infty} [f_e(t) + f_o(t)] \cos \omega t dt \\
&= \int_{-\infty}^{\infty} f_e(t) \cos \omega t dt + \int_{-\infty}^{\infty} f_o(t) \cos \omega t dt \\
&= \int_{-\infty}^{0} f_e(t) \cos \omega t dt + \int_{0}^{\infty} f_e(t) \cos \omega t dt \\
&\quad + \int_{-\infty}^{0} f_o(t) \cos \omega t dt + \int_{0}^{\infty} f_o(t) \cos \omega t dt \\
&= \int_{0}^{\infty} f_e(-t) \cos \omega(-t) \, dt + \int_{0}^{\infty} f_e(t) \cos \omega t dt
\end{aligned}$$

$$+\int_0^\infty f_o(-t)\cos\omega(-t)\,dt+\int_0^\infty f_o(t)\cos\omega t\,dt$$

$$=\int_0^\infty f_e(t)\cos\omega t\,dt+\int_0^\infty f_e(t)\cos\omega t\,dt$$

$$-\int_0^\infty f_o(t)\cos\omega t\,dt+\int_0^\infty f_o(t)\cos\omega t\,dt$$

$$=2\int_0^\infty f_e(t)\cos\omega t\,dt$$

같은 방법으로 허수부를 구하면

$$X(\omega)=-\int_{-\infty}^\infty f(t)\sin\omega t\,dt$$

$$=-\int_{-\infty}^\infty [f_e(t)+f_o(t)]\sin\omega t\,dt$$

$$=-\int_{-\infty}^\infty f_e(t)\sin\omega t\,dt-\int_{-\infty}^\infty f_o(t)\sin\omega t\,dt$$

$$=-\int_{-\infty}^0 f_e(t)\sin\omega t\,dt-\int_0^\infty f_e(t)\sin\omega t\,dt$$

$$-\int_{-\infty}^0 f_o(t)\sin\omega t\,dt-\int_0^\infty f_o(t)\sin\omega t\,dt$$

$$=-\int_0^\infty f_e(-t)\sin\omega(-t)\,dt-\int_0^\infty f_e(t)\sin\omega t\,dt$$

$$-\int_0^\infty f_o(-t)\sin\omega(-t)\,dt-\int_0^\infty f_o(t)\sin\omega t\,dt$$

$$=\int_0^\infty f_e(t)\sin\omega t\,dt-\int_0^\infty f_e(t)\sin\omega t\,dt$$

$$-\int_0^\infty f_o(t)\sin\omega t\,dt-\int_0^\infty f_o(t)\sin\omega t\,dt$$

$$=-2\int_0^\infty f_o(t)\sin\omega t\,dt$$

따라서

$$F(\omega)=R(\omega)+j\,X(\omega)$$

$$=2\int_0^\infty f_e(t)\cos\omega t\,dt-j\,2\int_0^\infty f_o(t)\sin\omega t\,dt.$$

예제 8-2-1

다음 그림에 대한 Fourier 변환을 구하여라.

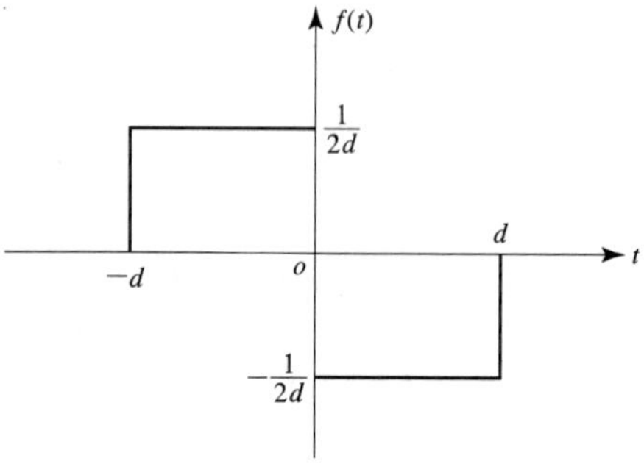

풀이 위 그림에서 $f(t)$는

$$f(t)=\begin{cases} \dfrac{1}{2d} & (-d \leqq t \leqq 0) \\ -\dfrac{1}{2d} & (0 \leqq t \leqq d) \end{cases}$$

이고, f가 기함수이므로 실수부와 허수부는

$$\begin{aligned} R(\omega) &= 0 \\ X(\omega) &= -2\int_0^\infty f_o(t)\sin\omega t\,dt \\ &= -2\int_0^d \left(-\frac{1}{2d}\right)\sin\omega t\,dt \\ &= \frac{1}{d}\left[-\frac{\cos\omega t}{\omega}\right]_0^d \\ &= \frac{1}{\omega d}[1-\cos\omega d] \end{aligned}$$

Fourier 변환은

$$\begin{aligned} F(\omega) &= R(\omega)+jX(\omega) \\ &= j\,\frac{1-\cos\omega d}{\omega d} \end{aligned}$$

연 습 문 제

1. 그림과 같은 정류파를 Fourier 급수로 전개하여라.

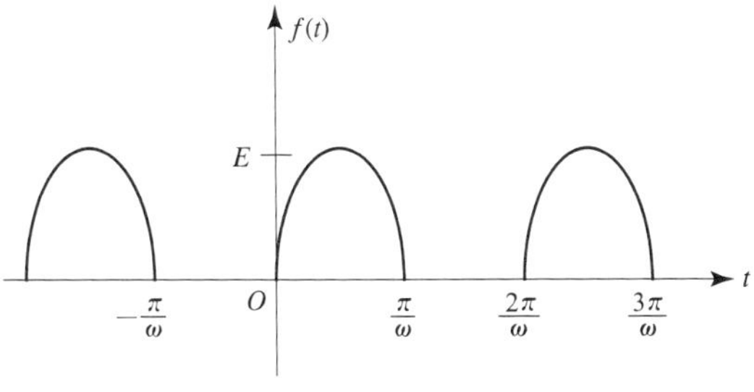

2. 그림과 같은 함수의 Fourier 급수를 구하여라.

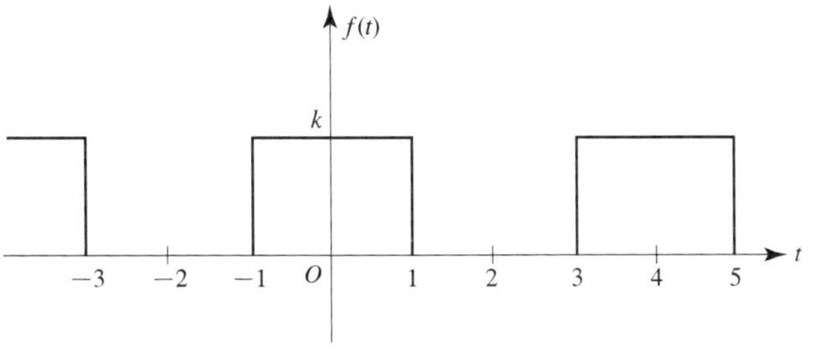

3. 다음 함수의 Fourier 급수를 구하여라.

(1) $f(t) = \begin{cases} 1 & -\frac{\pi}{2} < t < \frac{\pi}{2} \\ -1 & \frac{\pi}{2} < t < \frac{3\pi}{2} \end{cases}$

(2) $f(t) = \begin{cases} 0 & -\pi < t < 0 \\ t & 0 < t < \pi \end{cases}$

(3) $f(t) = |t| \quad -\pi < t < \pi$

4. 다음 함수의 Fourier 변환을 구하라.

$$f(t) = \begin{cases} 1 & |t| < a \\ 0 & |t| > a \end{cases}$$

제 9 장

Laplace 변환

9. 1 Laplace 변환의 정의

복잡한 미분방정식을 보다 쉽게 풀이하기 위한 하나의 방법으로 영국의 Oliver Heaviside에 의해 개발되었나.

특히 전기회로에서, 입력함수(전원)가 불연속이거나 또는 불연속 함수의 도함수일 경우에는 고전적인 방법으로 해를 구하기가 어려우므로 Laplace 변환에 의하여 시간함수(t)를 s 함수로 변환하면, 미분방정식이 간단한 대수방정식의 형태로 변환하여 보다 용이하게 해를 구할 수 있다. 또한 Laplace 변환은 선형 미분방정식의 초기값이나 경계값을 구하는데 유용하게 이용되며, 특히 과도응답을 구하는데 매우 효과적이다.

Laplace 변환을 사용하여 전기회로를 해석하는 방법은 다음과 같다.

(1) 주어진 회로에 대하여, 키르히호프의 법칙을 이용하여 회로방정식(미분방정식)을 세운다.
(2) Laplace 변환하여 대수방정식의 형으로 만든다.(초기값 대입)
(3) 부분분수로 전개한다.
(4) Laplace 역변환을 구한다.

여기서 Laplace 역변환에 의해 구하여진 해가 바로 회로방정식의 해가 된다. $t>0$ 에서 정의된 시간 t 의 함수 $f(t)$ 에 e^{-st} 를 곱하고, 그것을 다시 0에서부터 ∞ 까지의 시간에 대하여 적분하여 Laplace 변수(Laplace 연산자) s 의 함수 $F(s)$ 를 $f(t)$ 의 **Laplace 변환**(Laplace transform)이라 하고 $L[f(t)]$ 으로 나타

낸다. 즉

$$F(s) = L[f(t)] = \int_0^\infty f(t)e^{-st}dt = \lim_{b\to\infty}\int_0^b f(t)e^{-st}dt$$

이다. 여기서 함수 $f(t)$를 $F(s)$의 **Laplace 역변환**(Laplace inverse transform)이라 하고 $L^{-1}[F(s)]$로 나타낸다. 즉

$$f(t) = L^{-1}[F(s)]$$

9. 2 실용 Laplace 변환

(1) 단위계단함수(unit step function)의 Laplace 변환

단위계단함수는 다음 그림과 같이 $t<0$에서는 $f(t)$가 0이고, $t \geq 0$에서 $f(t)=1$로 된 후 계속 그 값을 유지하는 함수이며 그 기호는 $u(t)$를 사용한다.

$$f(t) = u(t) = \begin{cases} 0 & (t<0) \\ 1 & (t \geqq 0) \end{cases}$$

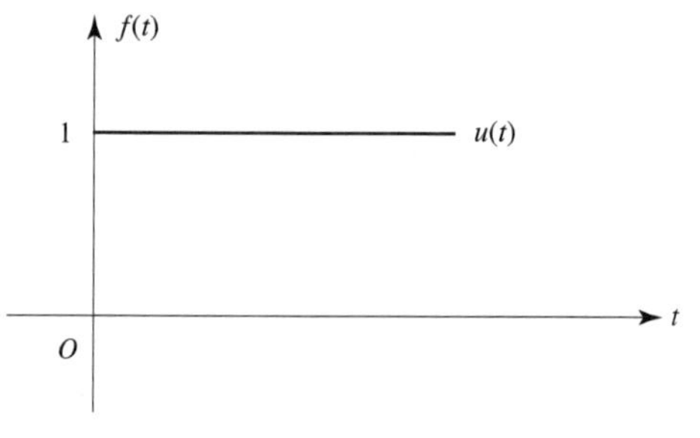

Laplace 변환하면 $s>0$

$$F(s) = L[u(t)] = \int_0^\infty u(t)e^{-st}dt$$

$$= \int_0^\infty 1 \cdot e^{-st}dt = \lim_{b\to\infty}\int_0^b e^{-st}dt$$

$$= \lim_{b\to\infty}\left[\frac{e^{-st}}{-s}\right]_0^b$$

$$= \lim_{b\to\infty}\left(\frac{e^{-s\times b}}{-s} - \frac{e^{-s\times 0}}{-s}\right)$$

$$= \frac{0}{-s} - \frac{1}{-s}$$

$$= \frac{1}{s}$$

(2) 단위경사함수(unit ramp function)의 Laplace 변환

단위경사함수는 그림과 같이 $t<0$ 에서는 $f(t)$ 가 0이고, $t \geq 0$ 에서는 기울기가 1인 직선의 함수이며 그 기호는 $r(t)$ 를 사용한다.

$$f(t) = r(t) = tu(t) = \begin{cases} 0 & (t<0) \\ t & (t \geqq 0) \end{cases}$$

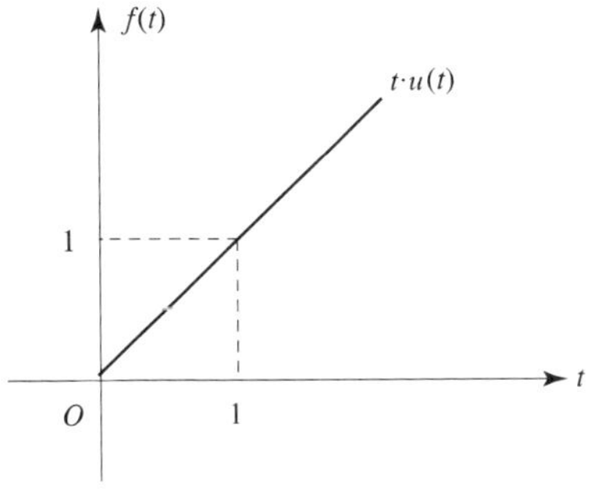

Laplace 변환하면

$$F(s) = L[tu(t)] = \int_0^\infty tu(t) \cdot e^{-st} dt$$

$$= \int_0^\infty t \cdot e^{-st} dt = \lim_{b \to \infty} \int_0^b te^{-st} dt$$

$$= \lim_{b \to \infty} \left[t \cdot \frac{e^{-st}}{-s} \right]_0^b - \int_0^\infty 1 \cdot \frac{e^{-st}}{-s} dt$$

$$= -\frac{1}{s} \lim_{b \to \infty} \frac{b}{e^{sb}} + \frac{1}{s} \int_b^\infty e^{-st} dt = \frac{1}{s} \left[\frac{e^{-st}}{-s} \right]_0^\infty - \frac{1}{s^2}$$

※ 부분적분공식

$$\int_0^\infty f(t) \cdot g'(t) dt = [f(t) \cdot g(t)]_0^\infty - \int_0^\infty f'(t) \cdot g(t) dt$$

$$\lim_{b \to \infty} \frac{b}{e^{sb}} = \lim_{b \to \infty} \frac{1}{s \cdot e^{sb}} = 0 \qquad \text{(로비탈 법칙)}$$

(3) 단위임펄스함수(unit impulse function)의 Laplace 변환

단위 임펄스함수는 그림과 같이 폭 ϵ, 높이 $\frac{1}{\epsilon}$ 이고 면적이 1 인 파형에 대하여 $\lim_{\epsilon\to 0}$로 한 극한파형을 가지는 함수로 단위계단함수의 미분으로 얻어지며 $\delta(t)$ (delta function)로 표시한다.

$$f(t) = \delta(t) = \begin{cases} 0 & (t \neq 0) \\ \infty & (t = 0) \end{cases}$$

$$\delta(t) = \lim_{\epsilon\to 0}\left[\frac{1}{\epsilon}u(t) - \frac{1}{\epsilon}u(t-\epsilon)\right]$$

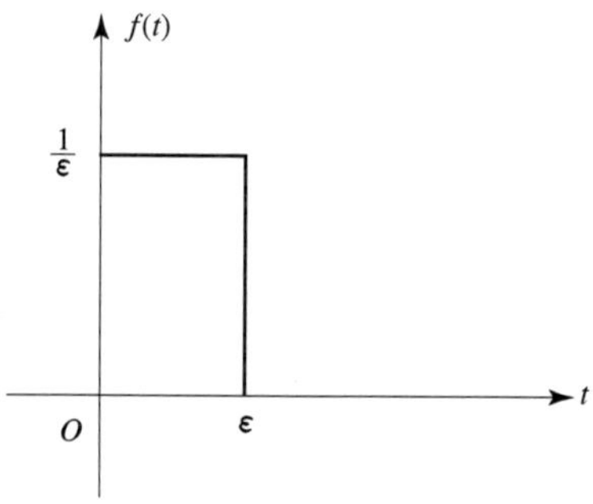

Laplace 변환하면

$$\begin{aligned} F(s) &= L[\delta(t)] = \int_0^\infty \delta(t) \cdot e^{-st} dt \\ &= \lim_{\epsilon\to 0}\frac{1}{\epsilon}\int_0^\infty [u(t) - u(t-\epsilon)] \cdot e^{-st} dt \\ &= \lim_{\epsilon\to 0}\frac{1}{\epsilon}\left[\int_0^\infty u(t) \cdot e^{-st} dt - \int_0^\infty u(t-\epsilon) \cdot e^{-st} dt\right] \\ &= \lim_{\epsilon\to 0}\frac{1}{\epsilon}\left[\left[\frac{e^{-st}}{-s}\right]_0^\epsilon \right. \\ &\qquad \left. - \int_0^\epsilon u(t-\epsilon) \cdot e^{-st} dt - \int_\epsilon^\infty u(t-\epsilon) \cdot e^{-st} dt\right] \\ &= \lim_{\epsilon\to 0}\frac{1}{\epsilon}\left[\frac{1}{s} - \left[\frac{e^{-st}}{-s}\right]_\epsilon^\infty\right] \\ &= \lim_{\epsilon\to 0}\frac{1}{\epsilon}\left[\frac{1}{s} - \frac{e^{-\epsilon s}}{s}\right] \\ &= \lim_{\epsilon\to 0}\frac{1}{\epsilon s}(1 - e^{-\epsilon s}) \end{aligned}$$

$\because \epsilon$ 이 0에 수렴하므로 테일러 급수를 사용하면

$$e^{-\epsilon s} = 1 - \epsilon s + \frac{\epsilon^2 s^2}{2!} - \frac{\epsilon^3 s^3}{3!} + \frac{\epsilon^4 s^4}{4!} - \cdots$$

으로 되고 우변의 3항부터는 매우 작으므로 무시할 수 있다.

따라서 위 식에 대입하면

$$F(s) = \lim_{\epsilon \to 0} \frac{1}{\epsilon s} [1 - (1 - \epsilon s)] = 1$$

(4) 지수감쇠함수의 Laplace 변환

$$f(t) = e^{-at}$$

에 대한 Laplace 변환은

$$\begin{aligned} L[f(t)] &= \int_0^\infty e^{-at} \cdot e^{-st}\, dt \\ &= \int_0^\infty e^{-at-st}\, dt = \int_0^\infty e^{-(s+a)t} dt \\ &= \lim_{b \to \infty} \left[\frac{e^{-(s+a)t}}{-(s+a)} \right]_0^b \\ &= \lim_{b \to \infty} \left[\frac{e^{-(s+a) \times b}}{-(s+a)} \right] - \left[\frac{e^{-(s+a) \times 0}}{-(s+a)} \right] \\ &= \left[\frac{0}{-(s+a)} \right] - \left[\frac{1}{-(s+a)} \right] \\ &= \frac{1}{s+a} \end{aligned}$$

(5) 삼각함수의 Laplace 변환

삼각함수를 Laplace 변환하기 위해 예를 들어 $\sin \omega t$를 Laplace 변환식에 대입하면

$$L[\sin \omega t] = \int_0^\omega \sin \omega t e^{-st} dt$$

이고, 적분기호 안에는 $\sin \omega t$의 삼각함수와 e^{-st}의 지수함수로 구성된다. 따라서 적분을 하기 위하여 부분적분공식의 사용은, 삼각함수를 미·적분하면 삼각함수가 되고 지수함수의 미·적분 또한 지수함수가 되므로 적분이 불가능하므로 다음과 같은 Euler의 공식을 사용하여, 삼각함수와 지수함수 중 하나의 함수로 바꾸어 변환하면 가능하다.

$$L(e^{-at}) = \frac{1}{s+a}$$

$$\sin\omega t = \frac{1}{2j}[e^{j\omega t} - e^{-j\omega t}]$$

$$\cos\omega t = \frac{1}{2}[e^{j\omega t} + e^{-j\omega t}]$$

(i) $f(t) = \sin\omega t$에 대한 Laplace 변환은

$$\begin{aligned} L[\sin\omega t] &= \int_0^\infty \sin\omega t e^{-st} dt \\ &= \int_0^\infty \frac{1}{2j}\left[e^{j\omega t} - e^{-j\omega t}\right] e^{-st} dt \\ &= \frac{1}{2j}\int_0^\infty \left[e^{-(s-j\omega)t} - e^{-(s+j\omega)t}\right] dt \\ &= \frac{1}{2j}\left[\frac{1}{s-j\omega} - \frac{1}{s+j\omega}\right] \\ &= \frac{\omega}{s^2+\omega^2} \end{aligned}$$

(ii) $f(t) = \cos\omega t$에 대한 Laplace 변환은

$$\begin{aligned} L[\cos\omega t] &= \int_0^\infty \cos\omega t \; e^{-st} dt \\ &= \int_0^\infty \frac{1}{2}[e^{j\omega t} + e^{-j\omega t}] \; e^{-st} dt \\ &= \frac{1}{2}\int_0^\infty [e^{-(s-j\omega)t} + e^{-(s+j\omega)t}] dt \\ &= \frac{1}{2}\left[\frac{1}{s-j\omega} + \frac{1}{s+j\omega}\right] \\ &= \frac{s}{s^2+\omega^2} \end{aligned}$$

(6) 쌍곡선함수의 Laplace 변환

쌍곡선함수의 Laplace 변환도 삼각함수와 같은 방법으로 다음 Euler의 공식을 사용하여 변환하면 된다.

$$e^{\omega t} = \cosh\omega t + \sinh\omega t$$

$$e^{-\omega t} = \cosh\omega t - \sinh\omega t$$

$$\cosh\omega t = \frac{1}{2}[e^{\omega t} + e^{-\omega t}]$$

$$\sinh\omega t = \frac{1}{2}[e^{\omega t} - e^{-\omega t}]$$

(i) $f(t) = \sinh\omega t$에 대한 Laplace 변환은

$$\begin{aligned} L[\sinh\omega t] &= \int_0^\infty \sinh\omega t\ e^{-st}dt \\ &= \int_0^\infty \frac{1}{2}[e^{\omega t} - e^{-\omega t}]\ e^{-st}dt \\ &= \frac{1}{2}\int_0^\infty [e^{-(s-\omega)t} - e^{-(s+\omega)t}]dt \\ &= \frac{1}{2}\left[\frac{1}{s-\omega} - \frac{1}{s+\omega}\right] \\ &= \frac{\omega}{s^2-\omega^2} \end{aligned}$$

(ii) $f(t) = \cosh\omega t$에 대한 Laplace 변환은

$$\begin{aligned} L[\cosh\omega t] &= \int_0^\infty \cos\omega t\ e^{-st}dt \\ &= \int_0^\infty \frac{1}{2}[e^{\omega t} + e^{-\omega t}]\ e^{-st}dt \\ &= \frac{1}{2}\int_0^\infty [e^{-(s-\omega)t} + e^{-(s+\omega)t}]dt \\ &= \frac{1}{2}\left[\frac{1}{s-\omega} + \frac{1}{s+\omega}\right] \\ &= \frac{s}{s^2-\omega^2} \end{aligned}$$

표 9. 1 중요한 Laplace 변환

	$f(t)$	$F(s)$		$f(t)$	$F(s)$
1	$\delta(t)$	1	11	$\cosh at$	$\frac{s}{s^2-a^2}$
2	$u(t)$	$\frac{1}{s}$	12	$t\ \sin\omega t$	$\frac{2\omega s}{(s^2+\omega^2)^2}$
3	t	$\frac{1}{s^2}$	13	$t\ \cos\omega t$	$\frac{s^2-\omega^2}{(s^2+\omega^2)^2}$
4	t^n	$\frac{n!}{s^{n+1}}$	14	$e^{-at}\sin\omega t$	$\frac{\omega}{(s+a)^2+\omega^2}$
5	e^{-at}	$\frac{1}{s+a}$	15	$e^{-at}\cos\omega t$	$\frac{s+a}{(s+a)^2+\omega^2}$

6	te^{-at}	$\frac{1}{(s+a)^2}$	16	$t\ e^{-at}\sin\omega t$	$\frac{2\omega(s+a)}{\{(s+a)^2+\omega^2\}^2}$
7	$t^n e^{-at}$	$\frac{n!}{(s+a)^{n+1}}$	17	$t\ e^{-at}\cos\omega t$	$\frac{(s+a)^2-\omega^2}{\{(s+a)^2+\omega^2\}^2}$
8	$\sin\omega t$	$\frac{\omega}{s^2+\omega^2}$	18	$\frac{\sin\omega t}{t}$	$\tan^{-1}\frac{\omega}{s}$
9	$\cos\omega t$	$\frac{s}{s^2+\omega^2}$	19	$J_0(at)$	$\frac{1}{\sqrt{s^2+a^2}}$
10	$\sinh at$	$\frac{a}{s^2-a^2}$	20	$\frac{1}{\sqrt{t}}$	$\sqrt{\frac{\pi}{s}}$

9. 3 Laplace 변환에 관한 여러 가지 성질

Laplace 변환은 여러 가지 일반적인 성질을 가지고 있어, 이를 이용하면 주어진 함수의 Laplace 변환식을 구하는 경우, 과정을 단순화시킬 수 있다.

(1) 선형정리

$f_1(t)$ 와 $f_2(t)$ 가 시간함수이고, a 와 b 가 정수이면 다음과 같다.

$$L[af_1(t) \pm bf_2(t)] = aF_1(s) \pm bF_2(t)$$

증명 $L[af_1(t) \pm bf_2(t)] = \int_0^\infty [af_1(t) \pm bf_2(t)]\ e^{-st}dt$

$$= \int_0^\infty af_1(t)\ e^{-st}dt \pm \int_0^\infty bf_2(t)\ e^{-st}dt$$

$$= a\int_0^\infty f_1(t)\ e^{-st}dt \pm b\int_0^\infty f_2(t)\ e^{-st}dt$$

$$= aF_1(s) \pm bF_2(t)$$

예제 9-3-1

$f(t) = e^{-t} + e^{-2t}$ 의 Laplace 변환을 구하여라.

풀이 선형정리를 사용하면

$$L[f(t)] = L[e^{-t} + e^{-2t}]$$

$$= L[e^{-t}] + L[e^{-2t}]$$

$$= \frac{1}{s+1} + \frac{1}{s+2}$$

(2) 미분정리

$f(t)$의 미분 $\frac{df(t)}{dt}$의 Laplace 변환은 다음과 같다.

$$L\left[\frac{df(t)}{dt}\right] = sF(s) - f(0)$$

증명 $L\left[\frac{df(t)}{dt}\right] = \int_0^\infty \frac{df(t)}{dt} e^{-st} dt$

부분적분을 사용하면

$$= [f(t)\ e^{-st}]_0^\infty - \int_0^\infty f(t)\ (-s)\ e^{-st} dt$$

$$= 0 - f(0) + s\int_0^\infty f(t)\ e^{-st} dt$$

$$= sF(s) - f(0)$$

2차 도함수의 Laplace 변환은

$$L\left[\frac{d^2f(t)}{dt^2}\right] = \int_0^\infty \frac{d^2f(t)}{dt^2} e^{-st} dt$$

$$= \left[\frac{df(t)}{dt} e^{-st}\right]_0^\infty - \int_0^\infty \frac{df(t)}{dt} (-s)\ e^{-st} dt$$

$$= 0 - \frac{df(0)}{dt} + s\int_0^\infty \frac{df(t)}{dt} e^{-st} dt$$

$$= s[sF(s) - f(0)] - \frac{df(0)}{dt}$$

$$= s^2F(s) - sf(0) - \frac{df(0)}{dt}$$

이고, 따라서 n 차 도함수의 Laplace 변환은 다음과 같다.

$$L\left[\frac{d^nf(t)}{dt^n}\right] = s^nF(s) - s^{n-1}f(0) - s^{n-2}\frac{df(0)}{dt} - \cdots - \frac{d^{n-1}f(0)}{dt^{n-1}}$$

$$= s^nF(s) - s^{n-1}f(0) - s^{n-2}f^{(1)}(0) - \cdots - f^{(n-1)}(0)$$

이 된다.

예제 9-3-2

$\dfrac{dx(t)}{dt} + x(t) = 8$ 의 Laplace 변환을 구하여라.
(단, 초기값은 0이다.)

풀이 양변을 Laplace 변환하여 선형정리를 사용하면

$$L\left[\frac{dx(t)}{dt} + x(t)\right] = L[8]$$

$$L\left[\frac{dx(t)}{dt}\right] + L[x(t)] = L[8] = 8L(1)$$

미분정리를 사용하면

$$sx(s) - x(0) + x(s) = \frac{8}{s}$$

초기값이 0이므로 $x(0) = 0$

$$sx(s) + x(s) = \frac{8}{s}$$

$$(s+1)x(s) = \frac{8}{s}$$

$$\therefore x(s) = \frac{8}{s(s+1)}$$

(3) 적분정리

정적분 $\int_0^t f(t)\,dt$ 의 Laplace 변환은 다음과 같다.

$$L\left[\int_0^t f(t)\,dt\right] = \frac{F(s)}{s}$$

증명 $L\left[\int_0^t f(t)\,dt\right] = \int_0^\infty \left[\int_0^t f(t)\,dt\right] e^{-st}\,dt$

부분적분 공식을 사용하면

$$L\left[\int_0^t f(t)\,dt\right] = \left[\frac{e^{-st}}{-s}\int_0^t f(t)\,dt\right]_0^\infty - \int_0^\infty f(t)\ \frac{e^{-st}}{-s}\,dt$$

$$= 0 - 0 + \frac{1}{s}\int_0^\infty f(t)\ e^{-st}\,dt$$

$$= \frac{F(s)}{s}$$

같은 방법으로 2차 적분의 Laplace 변환은 다음과 같다.

$$L\left[\int\int f(t)\,dt^2\right] = \frac{F(s)}{s^2}$$

따라서 n 차 적분의 Laplace 변환은

$$L\left[\int\int\cdots\int f(t)\,dt^n\right] = \frac{F(s)}{s^n}$$

이 된다.

예제 9-3-3

$e_i(t) = Ri(t) + L\dfrac{di(t)}{dt} + \dfrac{5}{C}\displaystyle\int\int i(t)\,dt^2$ 에서 모든 초기값을 0으로 하고, Laplace 변환을 구하여라.

풀이 Laplace 변환하면

$$L[e_i(t)] = L\left[Ri(t) + L\frac{di(t)}{dt} + \frac{5}{C}\int\int i(t)\,dt^2\right]$$

선형정리, 미분정리, 적분정리를 이용하면

$$E_i(s) = RI(s) + Ls\,I(s) + \frac{5}{C}\frac{I(s)}{s^2}$$

$$= I(s)\left(R + Ls + \frac{5}{Cs^2}\right)$$

(4) 상사정리

$f\left(\dfrac{t}{a}\right)$ 의 Laplace 변환은 다음과 같다.

$$L\left[f\left(\frac{t}{a}\right)\right] = aF(as)$$

증명 $L\left[f\left(\dfrac{t}{a}\right)\right] = \displaystyle\int_0^\infty f\left(\frac{t}{a}\right)\cdot e^{-st}dt$

에서 $\dfrac{t}{a} = \tau$라 하면 $t = a\tau$, $dt = a\,d\tau$가 되므로, 원식에 대입하면

$$L\left[f\left(\frac{t}{a}\right)\right] = \int_0^\infty f(\tau)\; e^{-as\tau}a\,d\tau$$

$$= a\int_0^\infty f(\tau)\; e^{-as\tau}d\tau$$

$$= aF(as)$$

예제 9-3-4

$e^{-\frac{1}{5}t}$를 상사정리를 이용하여 Laplace 변환을 구하여라.

풀이 $L[e^{-t}] = F(s) = \dfrac{1}{s+1}$, $L[e^{-bt}] = \dfrac{1}{s+b}$

$$L\left[e^{-\frac{1}{5}t}\right] = \frac{1}{s+\frac{1}{5}} = \frac{5}{5a+1}$$

$e^{-\frac{1}{5}t}$는 상사정리에서 $a=5$가 된다.

$$L\left[e^{-\frac{1}{5}t}\right] = 5F(5s) = \frac{5}{5s+1}$$

(5) 시간이동정리

$L[f(t)] = F(s)$이며, $a>0$이고 $t \leqq a$에서 $f(t-a)=0$인 함수 $f(t-a)$의 Laplace 변환은 다음과 같다.

$$L[f(t-a)] = e^{-as}F(s)$$

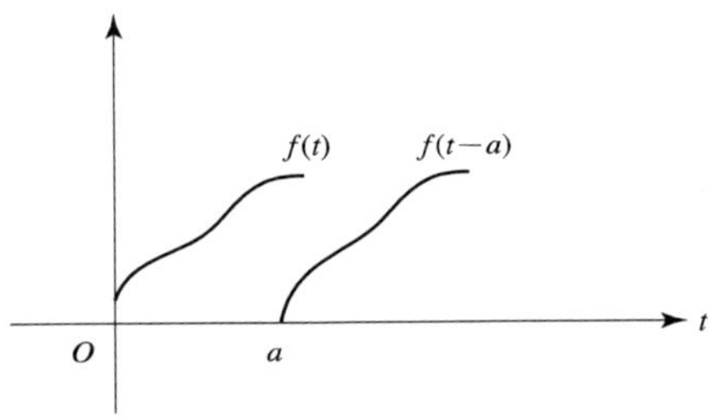

증명 $f(t)$의 파형이 $f(t-a)$의 파형으로 그림과 같이 이동하였다면

$$L[f(t-a)] = \int_0^\infty f(t-a)\ e^{-st}dt$$

에서 $t-a=\tau$라 놓으면 $dt=d\tau, t=\tau+a$이므로

$$[f(t-a)] = \int_0^\infty f(\tau)\ e^{-s(\tau+a)}d\tau$$

$$= \int_0^\infty f(\tau)\ e^{-s\tau}e^{-as}d\tau$$

$$= e^{-as}F(s)$$

예제 9-3-5

$e^{-2(t-2)}$ 를 시간이동정리를 이용하여 Laplace 변환을 구하여라.

풀이 $L\left[e^{-2t}\right] = F(s) = \dfrac{1}{s+2}$

$e^{-2(t-2)}$는 시간이동정리에서 $a=2$ 이 된다.

$$L\left[e^{-2(t-2)}\right] = e^{-2s}F(s) = \frac{e^{-2s}}{s+2}$$

(6) 복소이동정리

$L[f(t)]=F(s)$ 일 때 $e^{\pm at}f(t)$ 의 Laplace 변환은 다음과 같다.

$$L[e^{\pm at}f(t)]=F(s\mp a)$$

$$\begin{aligned} L[e^{\pm at}f(t)] &= \int_0^\infty f(t)\ e^{\pm at}e^{-st}dt \\ &= \int_0^\infty f(t)\ e^{-(s\mp a)t}dt \\ &= F(s\mp a) \end{aligned}$$

가 되므로 변환식 $F(s)$ 에서 s 대신에 $(s\mp a)$를 대입한 것이다.

예제 9-3-6

$e^{-2t}\cos t$ 를 복소이동정리를 이용하여 Laplace 변환을 구하여라.

풀이 $L[\cos t] = F(s) = \dfrac{s}{s^2+1}$

$e^{-2t}\cos t$ 는 복소이동정리에서 $a=2$ 이므로

$$L[e^{-2t}\cos t] = F(s+2) = \frac{s+2}{(s+2)^2+1}$$

(7) 복소미분정리

$L[f(t)]=F(s)$ 일 때 $L[t^n f(t)]$ 의 Laplace 변환은 다음과 같다.

$$L[t^n f(t)] = (-1)^n \frac{d^n}{ds^n}F(s)$$

윗식을 증명하기 위해 좌변을 Laplace 변환식으로 쓰면

$$L[t^n f(t)] = \int_0^\infty t^n f(t)\ e^{-st} dt$$

로 되어 적분 내에 t^n, $f(t)$, e^{-st}의 3개의 함수가 존재하게 되어 적분을 실행하기가 어렵기 때문에 앞의 식을 역으로 증명하는 방법을 택한다.

증명 Laplace 변환식의 양변을 s에 관해 미분하면

즉, $n=1$인 경우는

$$\begin{aligned} \frac{d}{ds}F(s) &= \frac{d}{ds}\int_0^\infty f(t)\ e^{-st} dt \\ &= \int_0^\infty f(t)\left[\frac{d}{ds}e^{-st}\right]dt \\ &= \int_0^\infty f(t)(-te^{-st})\,dt \\ &= -\int_0^\infty t f(t)\ e^{-st} dt \\ &= -L[tf(t)] \end{aligned}$$

이다. 같은 방법으로 $n=2$인 경우는

$$\begin{aligned} \frac{d^2}{ds^2}F(s) &= \frac{d^2}{ds^2}\int_0^\infty f(t)\ e^{-st} dt \\ &= \int_0^\infty f(t)\left[\frac{d^2}{ds^2}e^{-st}\right]dt \\ &= \int_0^\infty f(t)[(-t)(-t)e^{-st}]\,dt \\ &= (-1)^2\int_0^\infty t^2 f(t)\ e^{-st} dt \\ &= (-1)^2 L[t^2 f(t)] \end{aligned}$$

따라서 n차의 경우는

$$\frac{d^n}{ds^n}F(s) = (-1)^n L[t^n f(t)]$$

이므로

$$L[t^n f(t)] = (-1)^n \frac{d^n}{ds^n}F(s)$$

가 된다.

예제 9-3-7

$t\,e^{-at}\cos\omega t$를 복소미분정리를 이용하여 Laplace 변환을 구하여라.

풀이 $L[e^{-at}\cos\omega t] = F(s) = \dfrac{s+a}{(s+a)^2+\omega^2}$

이므로 복소미분정리를 이용하면

$$\begin{aligned} L[t\,e^{-at}\cos\omega t] &= -\frac{d}{ds}F(s) \\ &= -\frac{d}{ds}\left\{\frac{s+a}{(s+a)^2+\omega^2}\right\} \\ &= -\frac{(s+a)^2+\omega^2-(s+a)\cdot 2(s+a)}{\{(s+a^2)+\omega^2\}^2} \\ &= \frac{(s+a)^2-\omega^2}{\{(s+a)^2+\omega^2\}^2} \end{aligned}$$

---

(8) 복소적분정리

$L[f(t)] = F(s)$ 일 때 $\dfrac{f(t)}{t}$ 의 Laplace 변환은 다음과 같다.

$$L\left[\frac{f(t)}{t}\right] = \int_s^{\infty} F(s)\,ds$$

윗식을 증명하기 위해 좌변을 Laplace 변환식으로 쓰면

$$L\left[\frac{f(t)}{t}\right] = \int_0^{\infty}\frac{f(t)}{t}e^{-st}dt$$

로 되어 적분 내에 $f(t)$, $\dfrac{1}{t}$, e^{-st} 의 3개의 함수가 존재하게 되어 적분을 실행하기가 어렵기 때문에 역으로 증명하면 된다.

증명 $F(s) = \displaystyle\int_0^{\infty} f(t)\ e^{-st}dt$를 s 에서 ∞ 까지 s 에 대해 적분하면

$$\begin{aligned} \int_s^{\infty} F(s)\,ds &= \int_s^{\infty}\int_0^{\infty} f(t)\ e^{-st}dt\,ds \\ &= \int_0^{\infty} f(t)\int_s^{\infty} e^{-st}ds\,dt \\ &= \int_0^{\infty} f(t)\left[-\frac{1}{t}e^{-st}\right]_s^{\infty} dt \\ &= \int_0^{\infty} f(t)\left(\frac{1}{t}e^{-st}\right) dt \\ &= \int_0^{\infty}\frac{f(t)}{t}e^{-st}dt \end{aligned}$$

$$= L\left[\frac{f(t)}{t}\right]$$

예제 9-3-8

$\frac{e^{-at}}{t}$ 를 복소적분정리를 이용하여 Laplace 변환을 구하여라.

(단, a는 실수이다)

풀이 $L[e^{-at}] = F(s) = \frac{1}{s+a}$

이므로 복소적분정리를 이용하면

$$L\left[\frac{e^{-at}}{t}\right] = \int_s^\infty F(s)\,ds = \int_s^\infty \frac{1}{s+a}\,ds = \lim_{b\to\infty} \ln\ (s+a) \int_s^b$$

$$= \lim_{b\to\infty}(\ln\ (b+a) - \ln\ (s+a))$$

$$= \infty - \ln\ (s+a)$$

$$= \infty$$

(9) 초기값 정리

$L[f(t)] = F(s)$ 일 때 $f(t)$ 의 초기값 $f(0)$ 는 다음과 같다.

$$f(0) = \lim_{t\to 0} f(t) = \lim_{s\to\infty} s \cdot F(s) \qquad (t > 0)$$

증명 $L\left[\frac{df(t)}{dt}\right] = sF(s) - f(0)$ 에서 양변에 $\lim_{s\to\infty}$ 을 취하면

$$\lim_{s\to\infty}\left[\int_0^\infty \frac{df(t)}{dt} e^{-st} dt\right] = \lim_{s\to\infty}[sF(s) - f(0)]$$

$$\int_0^\infty \frac{df(t)}{dt}[\lim_{s\to\infty} e^{-st}]\ dt = \lim_{s\to\infty} sF(s) - f(0)$$

가 되고, $\lim_{s\to\infty} e^{-st} = 0$ 이므로 윗식의 좌변은 0이 된다.

$$0 = \lim_{s\to\infty} sF(s) - f(0)$$

$$\therefore f(0) = \lim_{t\to 0} f(t) = \lim_{s\to\infty} sF(s)$$

이 정리는 미분방정식의 초기값을 구하는데 매우 유용하게 쓰인다.

예제 9-3-9

$F(s)=\dfrac{2s^3-6s^2+9s-8}{s(s^3+2s^2-s-2)}$ 일 때 $f(t)$의 초기값을 구하여라.

풀이 앞의 식에 의해서

$$\lim_{t\to 0} f(t)=\lim_{s\to\infty} sF(s)=\lim_{s\to\infty} s\frac{2s^3-6s^2+9s-8}{s(s^3+2s^2-s-2)}$$

$$=\lim_{s\to\infty}\frac{2-\dfrac{6}{s}+\dfrac{9}{s^2}-\dfrac{8}{s^3}}{1+\dfrac{2}{s}-\dfrac{1}{s^2}-\dfrac{2}{s^3}}=2$$

(10) 최종값 정리

$L[f(t)]=F(s)$ 이고 $\lim_{t\to\infty} f(t)$가 존재하면 $\lim_{t\to\infty} f(t)=f(\infty)$는 다음과 같다.

$$f(\infty)=\lim_{t\to\infty} f(t)=\lim_{s\to 0} sF(s)$$

증명 $L\left[\dfrac{df(t)}{dt}\right]=sF(s)-f(0_+)$에서 양변에 $\lim_{s\to 0}$을 취하면

$$\lim_{s\to 0}\left[\int_0^\infty \frac{df(t)}{dt}e^{-st}dt\right]=\lim_{s\to 0}[sF(s)-f(0)]$$

$$\int_0^\infty \frac{df(t)}{dt}[\lim_{s\to 0} e^{-st}]\,dt=\lim_{s\to 0} sF(s)-f(0)$$

가 되고, $\lim_{s\to 0} e^{-st}=1$이 되므로 윗식의 좌변은

$$\int_0^\infty \frac{df(t)}{dt}dt=\lim_{s\to 0} sF(s)-f(0)$$

$$f(\infty)-f(0)=\lim_{s\to 0} sF(s)-f(0)$$

$$\therefore f(\infty)=\lim_{t\to\infty} f(t)=\lim_{s\to 0} sF(s)$$

예제 9-3-10

$F(s)=\dfrac{2s+15}{s^3+3s^2+5s}$ 일 때 $f(t)$의 최종값을 구하시오.

풀이 최종값 정리에 의하여

$$\lim_{t\to\infty} f(t)=\lim_{s\to 0} sF(s)=\lim_{s\to 0} s\frac{2s+15}{s(s^2+3s+5)}=\frac{15}{5}=3$$

9.4 주기함수의 Laplace 변환

그림과 같이 $f(t)$를 $t=0$에서 시작하는 주기가 T인 함수라 하고, $0 \leq t \leq T$에서의 $f(t)$를 $f_1(t)$라 하여 시간이동정리를 사용하면

$$f(t) = f_1(t) + f_1(t-T) + f_1(t-2T) + \cdots$$

로 표시할 수 있고, $L[f_1(t)] = F_1(s)$라 하면 Laplace 변환은

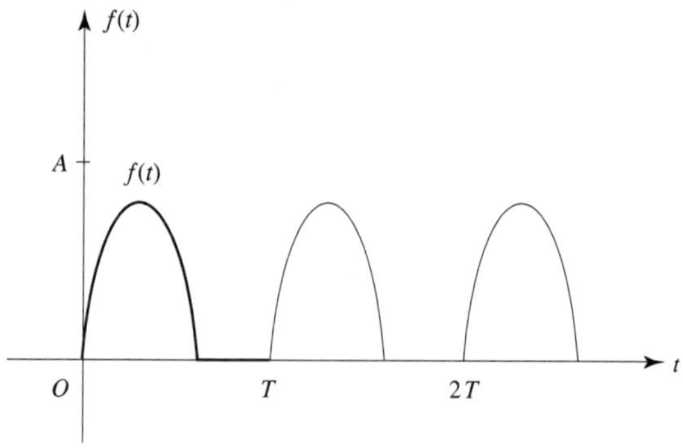

$$\begin{aligned} F(s) &= L[f_1(t)] + L[f_1(t-T)] + L[f_1(t-2T)] + \cdots \\ &= F_1(s) + F_1(s)\, e^{-Ts} + F_1(s)\, e^{-2Ts} + \cdots \\ &= F_1(s)\,(1 + e^{-Ts} + e^{-2Ts} + \cdots) \end{aligned}$$

이고, 여기에 무한 등비 급수의 공식을 사용하면

$$= F_1(s) \frac{1}{1-e^{-Ts}} \quad (e^{Ts} > 1) \cdots\cdots ①$$

※ 무한등비 급수의 공식

초기항 $a(a \neq 0)$, 공비 $r(-1<r<1)$인 경우

$$s = \frac{a}{1-r}$$

예제 9-4-1

그림과 같이 주기 T로 반복되는 구형파의 Laplace 변환을 구하여라.

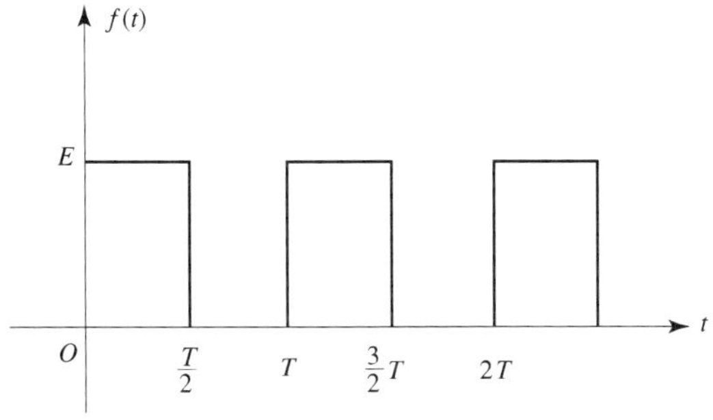

풀이 그림에서 첫 번째 주기 T 에서의 파형을 $f_1(t)$ 라 하면

$$f_1(t) = E\left[u(t) \quad u\left(t - \frac{T}{2}\right)\right]$$

로 되므로, Laplace 변환하면

$$F_1(s) = L[f_1(t)] = E\left(\frac{1}{s} - \frac{1}{s}e^{-\frac{Ts}{2}}\right) = \frac{E}{s}\left(1 - e^{-\frac{Ts}{2}}\right)$$

가 된다. 따라서, 그림과 구형 펄스는 ①에 의하여 다음과 같이 구해진다.

$$\begin{aligned} F(s) &= F_1(s)\frac{1}{1-e^{-Ts}} \\ &= \frac{E}{s}\left(1-e^{-\frac{Ts}{2}}\right) \cdot \frac{1}{1-e^{-Ts}} \\ &= \frac{E}{s}\frac{\left(1-e^{-\frac{Ts}{2}}\right)}{\left(1-e^{-\frac{Ts}{2}}\right)\left(1+e^{-\frac{Ts}{2}}\right)} \\ &= \frac{E}{s}\frac{1}{\left(1+e^{-\frac{Ts}{2}}\right)} \end{aligned}$$

9.5 부분분수에 의한 Laplace 역변환

앞에서는 시간 t 의 함수 $f(t)$ 의 Laplace 변환 $F(s)$ 를 구하는 방법을 다루었고, 이 절에서는 역으로 Laplace 변환식 $F(s)$ 로부터 그 본래의 함수 $f(t)$ 를 찾아내는 문제를 취급한다.

이때 $F(s)$ 로부터 $f(t)$ 를 구하는 것을 $F(s)$ 의 Laplace 역변환(inverse Laplace transformation)이라고 하며

$$f(t) = L^{-1}[F(s)]$$

로 표시하고, 앞에서의 표를 참고하면 많은 Laplace 변환의 역변환을 쉽게 구할 수 있다. 그러나 Laplace 변환식 $F(s)$가 복잡할 경우, 역변환을 구하기 위해서는 $F(s)$를 부분분수로 분해하여야 한다.

일반적으로 $F(s)$는

$$F(s) = \frac{b_m s^m + b_{m-1}s^{m-1} + \cdots + b_1 s + b_0}{a_n s^n + a_{n-1}s^{n-1} + \cdots + a_1 s + a_0} = \frac{\sum_{i=0}^{m} b_i s^i}{\sum_{i=0}^{n} a_i s^i} = \frac{B(s)}{A(s)}$$

으로 할 수 있으며, 여기서 $n > m$인 경우에는 부분분수 전개를 바로 적용할 수 있으나 $n \leq m$인 경우에는 $B(s)$를 $A(s)$로 나누어 분자의 차수를 $A(s)$의 차수보다 작게 한 후 부분분수를 전개하면 된다.

분모를 $A(s) = 0$으로 두고 구한 방정식의 근을 $p_1, p_2, \cdots, p_n$이라 하면

$$A(s) = a_n s^n + a_{n-1}s^{n-1} + \cdots + a_1 s + a_0 = (s-p_1)(s-p_2)\cdots(s-p_n)$$

일 때의 근에는 다음과 같이 세 가지의 형태로 분류할 수 있다.

(1) 서로 다른 실수의 **단근**(單根)인 경우

(2) **공액복소수근**(共扼複素數根)을 포함하는 경우

(3) **다중근**(多重根)을 포함하는 경우

(1) 실수 단근인 경우

$$F(s) = \frac{B(s)}{(s-p_1)(s-p_2)\cdots(s-p_n)} = \frac{K_1}{(s-p_1)} + \frac{K_2}{(s-p_2)} + \cdots + \frac{K_j}{(s-p_j)} + \cdots + \frac{K_n}{(s-p_n)}$$

단, $p_1, p_2, \cdots, p_n$은 실수이고, 식(9-24)에서 $K_1, K_2, \cdots, K_n$ 중 K_j는 다음과 같이 구해진다.

$$K_j = \lim_{s \to p_j} (s-p_j) F(s)$$

예제 9-5-1

$F(s)=\dfrac{s^2+2}{s(s+1)(s+2)}$ 의 Laplace 역변환을 구하라.

풀이 부분분수로 전개하면

$$F(s)=\frac{K_1}{s}+\frac{K_2}{s+1}+\frac{K_3}{s+2}$$

$$\therefore K_1=\lim_{s\to 0} s\frac{s^2+2}{s(s+1)(s+2)}=1$$

$$K_2=\lim_{s\to -1}(s+1)\frac{s^2+2}{s(s+1)(s+2)}=-3$$

$$K_3=\lim_{s\to -2}(s+2)\frac{s^2+2}{s(s+1)(s+2)}=3$$

$$\therefore F(s)=\frac{1}{s}-\frac{3}{s+1}+\frac{3}{s+2}$$

이 되므로 $f(t)$ 는 다음과 같이 Laplace 역변환하면 된다.

$$\begin{aligned} f(t)&=L^{-1}[F(s)]\\ &=L^{-1}\left(\frac{1}{s}-\frac{3}{s+1}+\frac{3}{s+2}\right)\\ &=L^{-1}\left[\frac{1}{s}\right]-L^{-1}\left[\frac{3}{s+1}\right]+L^{-1}\left[\frac{3}{s+2}\right]\\ &=1-3e^{-t}+3e^{-2t}\end{aligned}$$

(2) 공액복소근을 포함하는 경우

$$\begin{aligned} F(s)&=\frac{B(s)}{\{(s-\alpha)^2+\omega^2\}(s-p_3)\cdots(s-p_n)}\\ &=\frac{Cs+D}{(s-\alpha)^2+\omega^2}+\frac{K_3}{(s-p_3)}+\cdots+\frac{K_n}{(s-p_n)}\end{aligned}$$

여기서 $K_3, K_4, \cdots, K_n$은 실수 **단근**이므로 위와 같이 구하면 되고, C, D는 $(s-\alpha)^2+\omega^2=0$ 의 **공액복소근**인 $s=\alpha\pm j\omega$를 이용하여 다음과 같은 복소수의 방정식을 세워 구한다.

$$\lim_{s\to\alpha+j\omega}(Cs+D)=\lim_{s\to\alpha+j\omega}\{(s-\alpha)^2+\omega^2\}F(s)$$

예제 9-5-2

$F(s)=\dfrac{2}{s(s^2+2s+2)}$ 의 Laplace 역변환을 구하여라.

풀이 부분분수로 전개하면

$$F(s)=\frac{2}{s(s^2+2s+2)}$$
$$=\frac{2}{s[(s^2+2s+1)+1]}=\frac{2}{s[(s+1)^2+1]}$$
$$F(s)=\frac{K_1}{s}+\frac{Cs+D}{(s+1)^2+1}$$
$$K_1=\lim_{s\to 0}s\,\frac{2}{s\{(s+1)^2+1\}}=1$$
$$\lim_{s\to -1+j}(Cs+D)=\lim_{s\to -1+j}\{(s+1)^2+1)\}\frac{2}{s\{(s+1)^2+1)\}}$$
$$C(-1+j)+D=\frac{2}{-1+j}$$
$$(-C+D)+jC=\frac{2}{-1+j}\,\frac{-1-j}{-1-j}$$
$$(-C+D)+jC=-1-j$$
$$jC=-j \qquad \therefore C=-1$$
$$-C+D=-1 \qquad \therefore D=-2$$
$$\therefore F(s)=\frac{1}{s}+\frac{-s-2}{(s+1)^2+1}$$
$$=\frac{1}{s}-\frac{s+1}{(s+1)^2+1}-\frac{1}{(s+1)^2+1}$$

이 되므로 $f(t)$는 다음과 같이 Laplace 역변환하면 된다.

$$f(t)=L^{-1}[F(s)]=1-e^{-t}\cos t-e^{-t}\sin t$$

(3) 중근인 경우

$$F(s)=\frac{B(s)}{(s-p_i)^r(s-p_{r+1})(s-p_{r+2})\cdots(s-p_n)}$$
$$=\frac{L_1}{(s-p_i)}+\frac{L_2}{(s-p_i)^2}+\cdots+\frac{L_r}{(s-p_i)^r}$$
$$+\frac{K_{r+1}}{s-p_{r+1}}+\frac{K_{r+2}}{s-p_{r+2}}+\cdots+\frac{K_n}{s-p_n}$$

여기서 $K_{r+1}, K_{r+2}, \cdots, K_n$ 등은 실수 단근이므로 앞에서 같이 구하면 되고,

$L_1, L_2, \cdots, L_r$ 은 중근이므로 다음과 같이 구한다.

$$L_{r-t} = \lim_{s \to p_i} \frac{1}{t!}[\frac{d^t}{ds^t}(s-p_i)^r F(s)]$$

$$\begin{cases} L_r = \lim_{s \to p_i}[(s-p_i)^r F(s)] \quad (0 \neq 1) \\ L_{r-1} = \lim_{s \to p_i}\left[\frac{d}{ds}(s-p_i)^r F(s)\right] \\ L_{r-2} = \lim_{s \to p_i}\frac{1}{2!}\left[\frac{d^2}{ds^2}(s-p_i)^r F(s)\right] \\ \vdots \qquad \vdots \\ L_1 = \lim_{s \to p_i}\frac{1}{(r-1)!}\left[\frac{d^{r-1}}{ds^{r-1}}(s-p_i)^r F(s)\right] \end{cases}$$

예제 9-5-3

$F(s) = \dfrac{s-2}{s(s+1)^3}$ 의 Laplace 역변환을 구하여라.

풀이 부분분수로 전개하면

$$F(s) = \frac{K_1}{s} + \frac{L_1}{(s+1)} + \frac{L_2}{(s+1)^2} + \frac{L_3}{(s+1)^3}$$

$$\therefore K_1 = \lim_{s \to 0} s\frac{s-2}{s(s+1)^3} = -2$$

$$L_3 = \lim_{s \to -1}(s+1)^3\frac{s-2}{s(s+1)^3} = 3$$

$$L_2 = \lim_{s \to -1}\frac{d}{ds}\left[(s+1)^3\frac{s-2}{s(s+1)^3}\right]$$

$$= \lim_{s \to -1}\frac{d}{ds}\left[\frac{s-2}{s}\right] = \lim_{s \to -1}\frac{2}{s^2} = 2$$

$$L_1 = \lim_{s \to -1}\frac{1}{2!}\frac{d^2}{ds^2}\left[(s+1)^3\frac{s-2}{s(s+1)^3}\right]$$

$$= \lim_{s \to -1}\frac{1}{2}\frac{d^2}{ds^2}\left[\frac{s-2}{s}\right]$$

$$= \lim_{s \to -1}\frac{1}{2}\frac{d}{ds}\left[\frac{2}{s^2}\right] = \lim_{s \to -1}\left(-\frac{2}{s^3}\right) = 2$$

그러므로

$$F(s) = \frac{3}{(s+1)^3} + \frac{2}{(s+1)^2} + \frac{2}{(s+1)} - \frac{2}{s}$$

Laplace 역변환하면

$$L^{-1}[F(s)] = f(t) = \frac{3}{2}t^2e^{-t} + 2(te^{-t} + e^{-t} - 1)$$

9. 6 Laplace 변환에 의한 미분 방정식의 해법

일반적으로 선형 미분방정식의 해를 구하는 방법은 먼저 일반해를 구하고, 그 일반해에 초기조건을 대입하여 구한다. 그러나 차수가 높게 되면 일반해를 구하는 것이 상당히 곤란하게 되며, 특히 포함된 초기조건이 많게 되므로 계산이 매우 복잡하게 된다.

그러나 Laplace 변환을 이용하면 복잡한 미분방정식의 해를 직접 구하는 것보다 풀이의 과정을 단순화시킬 수도 있다.

먼저 미분방정식을 Laplace 변환하여 대수방정식의 형으로 정리한 후, 부분분수 전개법을 이용하여 역변환을 하면 해를 구할 수 있다.

예제 9-6-1

다음 미분 방정식을 풀어라.

$$\frac{d^2y}{dt^2} + 3\frac{dy}{dt} + 2y = 4u(t)$$

$$y(0) = 1,\ y'(0) = 0$$

풀이 양변을 Laplace 변환하면

$$s^2Y(s) - sy(0) - y'(0) + 3sY(s) - 3y(0) + 2Y(s) = \frac{4}{s}$$

초기값을 대입하면

$$s^2Y(s) - s + 3sY(s) - 3 + 2Y(s) = \frac{4}{s}$$

$$(s^2 + 3s + 2)Y(s) = \frac{4}{s} + s + 3 = \frac{s^2 + 3s + 4}{s}$$

$$\therefore\ Y(s) = \frac{s^2 + 3s + 4}{s(s+1)(s+2)}$$

부분분수 전개하면

$$Y(s) = \frac{K_1}{s} + \frac{K_2}{s+1} + \frac{K_3}{s+2}$$

$$K_1 = \lim_{s \to 0} s\frac{s^2 + 3s + 4}{s(s+1)(s+2)} = 2$$

$$K_2 = \lim_{s \to -1} (s+1) \frac{s^2+3s+4}{s(s+1)(s+2)} = -2$$

$$K_3 = \lim_{s \to -2} (s+2) \frac{s^2+3s+4}{s(s+1)(s+2)} = 1$$

$$\therefore Y(s) = \frac{2}{s} - \frac{2}{s+1} + \frac{1}{s+2}$$

이 되므로 Laplace 역변환하면

$$y(t) = 2 - 2e^{-t} + e^{-2t}$$

예제 9-6-2

그림과 같은 $R-L$ 회로에서 $t=0$일 때 스위치 S를 닫았다면 그 때 회로에 흐르는 전류를 구하시오. (단, 초기 조건은 0이다.)

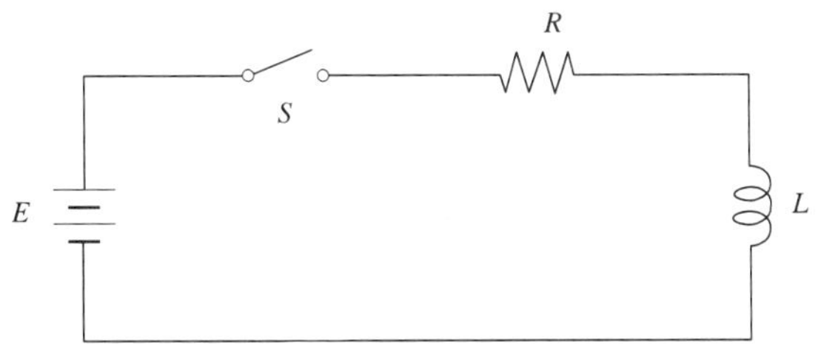

풀이 회로의 전압 방정식을 세우면 다음과 같다.

$$L\frac{d}{dt}i(t) + Ri(t) = 3$$

양변에 Laplace 변환하여 초기값을 대입하면

$$L\{sI(s) - I(0)\} + RI(s) = \frac{3}{s}$$

$$I(s)(Ls+R) = \frac{3}{s}$$

$$I(s) = \frac{3}{s(Ls+R)} = \frac{\frac{3}{L}}{s\left(s+\frac{R}{L}\right)}$$

부분분수 전개를 하면

$$I(s) = \frac{K_1}{s} + \frac{K_2}{s+\frac{R}{L}}$$

$$K_1 = \lim_{s \to 0} s \frac{\frac{3}{L}}{s\left(s+\frac{R}{L}\right)} = \frac{3}{R}$$

$$K_2 = \lim_{s \to -\frac{R}{L}} \left(s + \frac{R}{L}\right) \frac{\frac{3}{L}}{s\left(s + \frac{R}{L}\right)} = -\frac{3}{R}$$

$$\therefore I(s) = \frac{3}{R}\left(\frac{1}{s} - \frac{1}{s + \frac{R}{L}}\right)$$

이 되므로 Laplace 역 변환하면 $i(t)$ 는 다음과 같이 된다.

$$i(t) = \frac{3}{R}\left(1 - e^{-\frac{R}{L}t}\right)$$

연습문제

1. 다음 함수의 Laplace 변환을 구하여라.

(1) $f(t) = 3t^2$ (2) $f(t) = 5e^{at}$ (3) $f(t) = e^{at}\cos\omega t$

(4) $f(t) = t^2 e^{at}$ (5) $f(t) = t\sin\omega t$ (6) $f(t) = tu(t-T)$

(7) $f(t) = 5t + e^{-3t}$ (8) $f(t) = \delta(t) - 3e^{-at}$

2 다음 변환 함수의 Laplace 역변환을 구하여라.

(1) $\dfrac{2}{s+4}$ (2) $\dfrac{2}{s^2+16}$ (3) $\dfrac{s+1}{s^2+1}$

(4) $\dfrac{\omega}{s^2+\omega^2}$ (5) $\dfrac{5}{(s+2)^2}$ (6) $\dfrac{1}{(s+5)^2+1}$

(7) $\dfrac{s+3}{s^2+2s+5}$ (8) $\dfrac{s^2+3s+3}{s^2+3s+2}$

3. 다음 미분방정식을 풀어라.

(1) $\dfrac{d^2}{dt^2}x(t) + 2x(t) = 10$ (초기값 0)

(2) $\dfrac{d^2}{dt^2}x(t) + 2\dfrac{d}{dt}x(t) - 3x(t) = 4$ (초기값 0)

(3) $\dfrac{d^2y(t)}{dt^2} + \omega^2 y(t) = 0$ $(y(0) = A, y'(0) = B)$

(4) $\dfrac{d^2q}{dt^2} + \dfrac{dq}{dt} = 10\sin t$ (초기값 0)

(5) $\dfrac{d^2x}{dt^2} + 3\dfrac{dx}{dt} + 2x = 5$ $(x(0) = -1,\ x'(0) = 2)$

4. 다음 그림의 Laplace 변환을 구하여라.

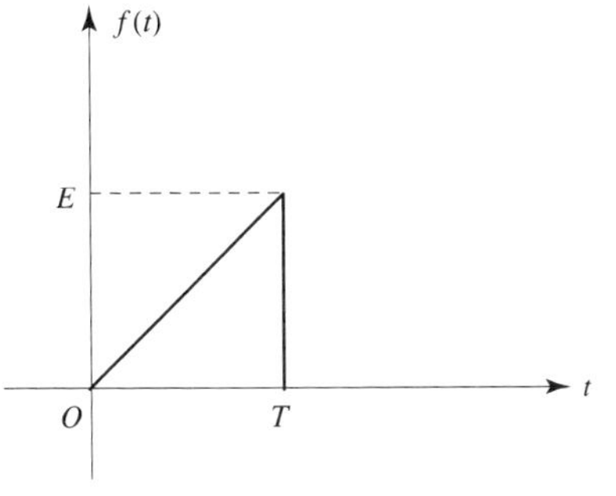

5. 다음 그림의 Laplace 변환을 구하여라.

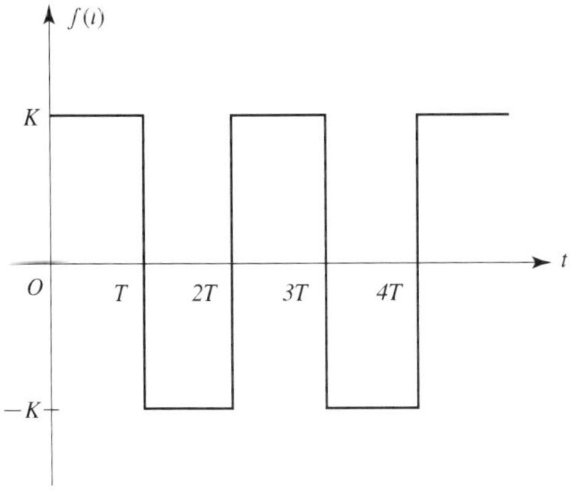

부 록

부록 1. 기호와 단위

(1) 양의 기호와 단위

양	기 호	단위의 명칭	단 위
전기량	q	coulomb	C
전류	I, i	ampere	A
전압	V, v, E, e	volt	V
전기저항	R, r	ohm	Ω
전력	P	watt	W
무효전력	P_r	var	var
피상전력	P_a	volt-ampere	VA
전력량	W, w	joule (watt-hour)	J (Wh)
컨덕턴스	G, g	mho	℧
인덕턴스	L, M	henry	H
커패시턴스	C	farad	F
고유저항	ρ	ohm-meter	Ω-m
도전율	σ, k	mho/meter	℧/m
자속	ϕ	weber	Wb
기자력	Φ	ampere-turn	AT
주파수	f	hertz	Hz
회전수	N, n	return per second	rps
각	α, β, γ, θ, ϕ	도, 분, 초 (radian)	…°, …′, …″ (rad)
각속도	ω	radian/second	rad/s
속도	v	meter/second	m/s
일	W	joule	J
힘	F, f	newton	N

광속	F	lumen	lm
광도	I	candela	cd
조도	E	lux	lx
음의 세기	L	phone	P
이득	Δ	decibel	dB
길이	L, l	meter	m
무게	M	kilogram	kg
시간	t	second	sec
열량	H	calory	cal

(2) 수학기호

같다	=	무한대	∞	sine	sin
보다 크다	〉	비례한다	$\propto$	cosine	cos
보다 대단히 크다	≫	계승	!	tangent	tan
보다 작다	〈	비	:	cotangent	cot
보다 대단히 작다	≪	각	Θ	secant	sec
항등	≡	총합	$\sum_{n=1}^{j}$	cosecant	cosec
부등	≠	극한	$\lim_{x \to \infty}$	arc sine	$\sin^{-1}$
항등이 아니다	≢	상용대수	$\log_{10}$	arc cosine	$\cos^{-1}$
근사적으로 같다	≈	자연대수	$\log_e$ (ln)	arc tangent	$\tan^{-1}$
근접	→	미분	$\frac{dy}{dx}$, $f'(x)$	hyperbolic sine	sinh
내지	~	적분	$\int$	hyperbolic arc sine	$\sinh^{-1}$

(3) 단위의 승수

기호	명칭	승수	기호	명칭	승수
T	tera	10^{12}	c	centi	10^{-2}
G	giga	10^{9}	m	mili	10^{-3}
M	mega	10^{6}	μ	micro	10^{-6}
k	kilo	10^{3}	n	nano	10^{-9}
h	hekto	10^{2}	p	pico	10^{-12}
da	deka	10	f	femto	10^{-15}
d	deci	10^{-1}	a	atto	10^{-18}

(4) 도량형 환산표

길 이 :	1 kilometer(km)	= 1000 meter(m)	1 inch(in)	= 2,540 cm
	1 meter(m)	= 100 centimeter(cm)	1 foot(ft)	= 30.48 cm
	1 centimeter(cm)	= 10^{-2}m	1 mile(mi)	– 1.609 km
	1 millimeter(mm)	= 10^{-3}m	1mile	= 10^{-3} in
	1 micron(μ)	= 10^{-6}m	1 centimeter	= 0.3937 in
	1 millimicron(mμ)	= 10^{-9}m	1 meter	= 39.37 in
	1 angstrom(Å)	= 10^{-10} m	1 kilometer	= 0.6214 mile
넓 이 :	1 square meter(m^2)	= 10.7 ft^2	1 square mile(mi^2)	= 640 acre
	1 square foot(ft^2)	= 929 cm^2	1 acre	= 43.560 ft^2

부 피 : 1 liter(l) = 1000cm^3 = 1.057 quart(qt) = 61.02 in^3 = 0.03532 ft^3

1 cubic meter(m^3) = 1000l = 35.32 ft^3

1 cubic foot(ft^3) = 7.481 U. S. gal = 0.02832 m^3=28.32l

1 U. S. gallon(gal) = 231 in^3 = 3.785l

1 British gallon = 1.201 U. S. gallon = 277.4 in^3

질 량 : 1 kilogram(kg) = 2.2046 pound(lb) = 0.06852 slug

1 lb = 453.6 gm = 0.03108 slug

1 slug = 32.17 lb = 24.59 kg

속 도 : 1 km/hr = 0.2778 m/sec = 0.6214 mi/hr = 0.9113 ft/sec

1 mi/hr = 1.467 ft/sec = 1.609 km/hr = 0.4470 m/sec

밀 도 : 1 gm/cm^3 = 10^3 kg/m^3 = 62.43 lb/ft^3 = 1.940 slug/ft^3

1 lb/ft^3 = 0.01602 gm/cm^3, 1 slug/ft^3 = 0.5154 gm/cm^3

힘 : 1 Newton(N) = 10^5 dyne = 0.1020kgwt = 0.2248 lbwt

1 pound weight(1 bwt) = 4.448 N = 0.4536 kgwt = 32.17 poundal

1 kilogram weight(kgwt) = 2.205 lbwt = 9.807 N

1 U. S. short ton = 2000 lbwt, 1 long ton = 2240 lbwt

1 metric ton = 2205lbwt

에너지 : 1 joule = 1 N-m = 10^7 erg = 0.7376 ft lbwt = 0.2389 cal

= 9.481×10^{-4} Btu

1 ft 1 bwt = 1.356 joule = 0.3239 cal = 1.285×10^{-3} Btu

1 calorie(cal) = 4.186 joule = 3.087 ft lbwt = 3.968×10^{-3} Btu

1 Btu(British thermal unit) = 778 ft lbwt = 1055 joules = 0.293 watthr

1 kilowatt hour(kw hr) = 3.60×10^6 joule = 860.0 kcal = 3413 Btu

1 electron volt(ev) = 1.602×10^{-19} joule

공 률 : 1 watt = 1 joule/sec = 10^7 erg/sec = 0.2389 cal/sec

1 horsepower(HP) = 550 ft lbwt/sec = 33,000 ft lbwt/min = 745.7 watt

1 kilowatt(kw)=1.341 HP = 737.6 ft lbwt/sec = 0.9483 Btu/sec

압 력 : 1 N/m^2 = 10 dyne/cm^2 = 9.869×10^{-6} atmosphere

= 2.089×10^{-2} lbst/ft^2

1 lbwt/in^2 = 6895 nt/m^2 = 5.171 cm 수은 = 27.68 물

1 대기압(atm) = 1.013×10^5 N/m^2 = 1.013×10^6 dynes/cm^2

= 14.70 lbwt/in^2 = 760 mmHg = 406.8 물

(5) 공학에 흔히 사용되는 수 값

1. π = 3.14159 26535 89793 23846 2643 ⋯ ≒ 3.1416
2. e(자연대수의 밑) = 2.71828 18284 59045 23536 0287 ⋯ = $\lim_{n \to \infty}\left(1+\frac{1}{n}\right)^n$ ≒ 2.718
3. $\sqrt{2}$ = 1.41421 35623 73095 0488 ⋯ ≒ 1.414
4. $\sqrt{3}$ = 1.73205 08075 68877 2935 ⋯ ≒ 1.732
5. $\sqrt{5}$ = 2.23606 79774 99789 6964 ⋯ ≒ 2.236
6. $\sqrt[3]{2}$ = 1.25992 1050 ⋯
7. $\sqrt[3]{3}$ = 1.44224 9570 ⋯
8. $\sqrt[5]{2}$ = 1.14869 8355 ⋯
9. $\sqrt[5]{5}$ = 1.24573 0940 ⋯
10. e^{π} = 23.14069 26327 79269 006 ⋯
11. π^e = 22.45915 77183 61045 47342 715 ⋯
12. e^e = 15.15426 22414 79264 190 ⋯
13. $\log_{10} 2$ = 0.30102 99956 63981 19521 37389 ⋯
14. $\log_{10} 3$ = 0.47712 12547 19662 43729 50279 ⋯
15. $\log_{10} e$ = 0.43429 44819 03251 82765 ⋯
16. $\log_{10} \pi$ = 0.49714 98726 94133 85435 12683 ⋯

17. $\log_e 10$ = ln 10 = 2.30258 50929 94045 68401 7991 ⋯
18. $\log_e 2$ = ln 2 = 0.69314 71805 59945 30941 7232 ⋯
19. $\log_e 3$ = ln 3 = 1.09861 22886 68109 69139 5245 ⋯
20. γ(Euler 상수) = 0.57721 56649 01532 86060 6512 ⋯
21. e^{γ} = 1.78107 24179 90197 9852 ⋯
22. $\sqrt{e}$ = 1.64872 12707 00128 1468 ⋯
23. $\sqrt{\pi} = \Gamma\left(\frac{1}{2}\right)$ = 1.77245 38509 05516 02729 8167 ⋯
24. $\Gamma\left(\frac{1}{3}\right)$ = 2.67893 85347 07748 ⋯
25. $\Gamma\left(\frac{1}{4}\right)$ = 3.62560 99082 21908 ⋯
26. 1 radian = 180°/ π = 57.29577 95130 8232 ⋯°
27. 1° = π / 180 radians = 0.01745 32925 19943 2957 ⋯ radians
28. C(빛의 속도) = $2.998\times10^{8} \fallingdotseq 3\times10^{8}$ [m/sec]
29. ϵ_0(진공의 유전율) = $\frac{10^7}{4\pi C^2} = 8.854\times10^{-12}$ [F/m]

   [참고 : $1/(4\pi\epsilon_0) = 9\times10^{9}$]

30. μ_0 (진공의 투자율) = $4\pi\times10^{-7} = 1.257\times10^{-6}$ [H/m]

[참고 예 1] 반지름 r인 원의 둘레 = $2\pi r$
반지름 r인 원의 면적 = πr^2

[참고 예 2] 반지름 r인 구의 표면적 = $4\pi r^2$
반지름 r인 구의 체적 = $\frac{4}{3}\pi r^3$

[참고 예 3] 반지름 r인 원주의 측면적 = $2\pi rh$ (h는 높이)
반지름 r인 원주의 체적 = $\pi r^2 h$

[참고 예 4] 사인파 교류 전압의 최대값과 실효값의 관계 $V_m = \sqrt{2}\,V$
(V_m은 최대값, V는 실효값)

[참고 예 5] 3상 성형 상전압과 선간 전압의 관계 $V_L = \sqrt{3}\,V_P$
(V_L : 선간 전압, V_P : 성형 상전압)

[참고 예 6] 3상 3선식의 전력 $P = \sqrt{3}\,VI\cos\theta$
(P : 전력[W], V : 선간 전압[V], I : 선전류[V], $\cos\theta$: 역률)

[참고 예 7] 쿨롬의 법칙 $F = \frac{q_1 q_2}{4\pi\epsilon_0\epsilon_s r^2}$
(F : 2개의 점전하간의 힘[N], $q_1\,q_2$: 점전하[coul], ϵ_0 : 진공의 유전율,
ϵ_s : 매체의 비유전율, r : 2개의 점전하간 거리[m])

[참고 예 8] 평행판 콘덴서(Condenser)의 정전 용량 $C = \frac{\epsilon_0\epsilon_s A}{d}$

(C : 정전 용량[F], ϵ_0 : 진공의 유전율[F/m], ϵ_s : 매체의 비유전율,
A : 판의 면적[m^2], d : 판간의 거리[m])

[참고 예 9] 공기 중에 평행 직선 전류간에 작용하는 힘 $F=\dfrac{\mu_0 I_1 I_2}{2\pi d}$

(F : 단위 길이당 힘[N/m], μ_0 : 진공의 투자율, I_1, I_2 : 전류[A],
d : 전류 간의 거리[m])

(6) 그리스 문자

그리스 문자		호 칭		그리스 문자		호 칭	
A	α	alpha	알 파	N	ν	nu	뉴 우
B	β	beta	베 타	Ξ	ξ	xi	크 사 이
Γ	γ	gamma	감 마	O	o	Omicron	오미크론
Δ	$\delta(\partial)$	delta	델 타	Π	π	Pi	파 이
E	ϵ	epsilon	잎실론	P	ρ	rho	로 오
Z	ζ	zeta	제 타	Σ	σ	sigma	시 그 마
H	η	eta	에 타	T	τ	tau	타 우
Θ	$\theta(\vartheta)$	theta	데 타	Υ	υ	upsilon	윱 실 론
I	ι	iota	이오타	Φ	$\phi(\varphi)$	phi	화 이
K	κ	kappa	캎 파	X	χ	chi	카 이
Λ	λ	lambda	람 다	Ψ	ψ	psi	프 사 이
M	μ	mu	뮤 우	Ω	ω	omega	오 메 가

부록 2. 수학공식

1. 항등식

$a^2 - b^2 = (a+b)(a-b)$

$(a \pm b)^2 = a^2 \pm 2ab + b^2$

$a^3 \pm b^3 = (a \pm b)(a^2 \mp ab + b^2)$

$(a \pm b)^3 = a^3 \pm 3a^2b + 3ab^2 \pm b^3$

2. 분 수

$$\frac{a_1}{b_1} = \frac{a_2}{b_2} = \ldots = \frac{a_n}{b_n} = \frac{a_1 + a_2 + \ldots + a_n}{b_1 + b_2 + \ldots + b_n}$$

3. 지수법칙

$a^m \times a^n = a^{m+n}$

$a^m \div a^n = a^{m-n}$

$(a^m)^n = a^{mn}$

$a^{-m} = \dfrac{1}{a^m}$

$a^{m/n} = \sqrt[n]{a^m} = (\sqrt[n]{a})^m$

$(ab)^m = a^m b^m$

$a^0 = 1 \ (a \neq 0)$

4. 대 수

$y = \log_a x \longleftrightarrow x = a^y$

$\log_a a = 1$

$\log_a 1 = 0 \quad (a > 0, a \neq 1)$

$\log_a (xy) = \log_a x + \log_a y$

$\log_a (x/y) = \log_a x - \log_a y$

$\log_a x^n = n \log_a x$

$\log_c a = \log_c b \times \log_b a$

$\log_b a \times \log_a b = 1$

$\log_a x$ 에서 $a = 10$ 일 때 상용대수라 하고 $\log x$ 로 표시한다.

$a = e$ 일 때 자연대수라 하고 $\ln x$ 로 표시한다.

$\log x = 0.4343 \ln x$

$\ln x = 2.3026 \log x$

$e = 2.718\ 2818284...$

5. 복소수

$j = \sqrt{-1},\ j^2 = -1,\ j^3 = -j,\ j^4 = 1$

$1/j = -j,\ 1/j^2 = -1, 1/j^3 = j,\ 1/j^4 = 1$

a, b, c, d를 실수라 하면

$a \pm jb = c \pm jd$ 이면 $a = c,\ b = d$

$a \pm jb = 0$ 이면 $a = 0,\ b = 0$

$(a + jb) \pm (c + jd) = (a \pm c) + j(b \pm d)$

$(a + jb)(c + jd) = ac - bd + j(ad + bc)$

$$\frac{a + jb}{c + jd} = \frac{ac + bd}{c^2 + d^2} + j\frac{bc - ad}{c^2 + d^2}$$

공액 복소수 $a + jb,\quad a - jb$ 사이에는

$(a + jb) + (a - jb) = 2a$

$(a + jb) - (a - jb) = 2jb$

$(a + jb)(a - jb) = a^2 + b^2$

복소수 $z = a + jb$ 에서

절대치 $|z| = \sqrt{a^2 + b^2}$

편 각 $\theta = \arg z = \tan^{-1}\dfrac{b}{a}$

$a + jb = \sqrt{a^2 + b^2}\,(\cos\theta + j\sin\theta) = \sqrt{a^2 + b^2}\ \exp(j\theta)$

$a - jb = \sqrt{a^2 + b^2}\,(\cos\theta - j\sin\theta) = \sqrt{a^2 + b^2}\ \exp(-j\theta)$

$(a + jb)^n = {}^n\sqrt{a^2 + b^2}\ (\cos n\theta + j\sin n\theta)$

$re^{j\theta} = r(\cos\theta + j\sin\theta)$

$e^{j\theta} = \cos\theta + j\sin\theta$ (Euler의 정리)

$\cos\theta = \dfrac{1}{2}(e^{j\theta} + e^{-j\theta})$

$\sin\theta = \dfrac{1}{2j}(e^{j\theta} - e^{-j\theta})$

$(\cos\theta + j\sin\theta)^n = \cos n\theta + j\sin n\theta$

6. 급 수

① 등차급수

a를 초항, d를 공차, n을 항수, l을 말항, S를 총합이라 하면

$l = a + (n-1)d, \qquad S = \dfrac{1}{2}n(a + l)$

$S = a + (a + b) + (a + 2d) + ... + \{a + (n-1)d\} = \dfrac{1}{2}n[2a + (n-1)d]$

② 등비급수

a를 초항, r을 공비, n을 항수, l을 말항, S를 총합이라 하면

$$l = ar^{n-1}, \quad S = a\frac{1-r^n}{1-r}$$

$$S = a + ar + ar^2 + \ldots + ar^{n-1} = \frac{a(1-r^n)}{1-r} \qquad (r \neq 1)$$

③ 무한등비급수

a를 초항, r을 공비, S를 총합이라 하면

$S = a/(1-r))$ (단, $r^2 < 1$)

7. 순열, 조합

$${}_nP_r = n(n-1)(n-2)\ldots(n-r+1) = \frac{n!}{(n-r)!}$$

${}_nP_r$는 P_r^n으로도 쓴다.

$${}_nC_r = {}_nC_{n-r} = \frac{n!}{r!(n-r)!}$$

${}_nC_r$는 C_r^n 또는 $\binom{n}{r}$으로도 쓴다.

8. 산술평균, 기하평균, 조화평균

① 산술평균 $x = \frac{1}{n}\sum_{i=1}^{n} x_i$ (예) $\frac{a+b}{2}$

② 기하평균 $\text{gm}(x) = (x_1 \cdot x_2 \ldots x_n)^{1/n}$ (예) $\sqrt{ab}$

③ 조화평균 $\text{hm}(x)$, $\frac{1}{\text{hm}(x)} = \frac{1}{n}\sum_{i=1}^{n}\frac{1}{x_i}$ (예) $\frac{2ab}{a+b}$

Cauchy의 정리 $x \geq \text{gm}(x) \geq \text{hm}(x)$ (예) $\frac{a+b}{2} \geqq \sqrt{ab} \geqq \frac{2ab}{a+b}$

9. 2차 방정식의 근

$ax^2 + bx + c = 0$ (a, b, c : 실수, $a \neq 0$)이면

$$x = \frac{-b \pm \sqrt{b^2 - 4ac}}{2a}$$

10. 급수의 전개

(1) 2항전개

$$(x+y)^n = x^n + nx^{n-1}y + \frac{1}{2!}n(n-1)x^{n-2}y^2 + \frac{1}{3!}n(n-1)(n-2)x^{n-3}y^3 + \ldots$$

(2) Maclaurin 급수

$$f(x) = f(0) + f'(0)x + \frac{1}{2!}f''(0)x^2 + \frac{1}{3!}f'''(0)x^3 + \ldots$$

(3) Tailor 급수

$$(1+x)^n = 1 + nx + \frac{1}{2!}n(n-1)x^2 + \frac{1}{3!}n(n-1)(n-2)x^3 + \ldots$$

$$\sin x = x - \frac{1}{3!}x^3 + \frac{1}{5!}x^5 - \frac{1}{7!}x^7 + \ldots \ (x^2 < \infty)$$

$$\cos x = 1 - \frac{1}{2!}x^2 + \frac{1}{4!}x^4 - \frac{1}{6!}x^6 + \ldots \ (x^2 < \infty)$$

$$\tan x = x + \frac{1}{3}x^3 + \frac{2}{15}x^5 + \frac{17}{315!}x^7 + \ldots$$

$$e^x = 1 + x + \frac{1}{2!}x^2 + \frac{1}{3!}x^3 + \frac{1}{4!}x^4 \ldots$$

$$\sinh x = x + \frac{1}{3!}x^3 + \frac{1}{5!}x^5 + \frac{1}{7!}x^7 + \ldots$$

$$\cosh x = 1 + \frac{1}{2!}x^2 + \frac{1}{4!}x^4 + \frac{1}{6!}x^6 + \ldots$$

$$\tanh x = x - \frac{1}{3}x^3 + \frac{2}{15}x^5 - \frac{17}{315!}x^7 + \ldots$$

11. 근사치

$|x| \ll 1$에 대하여

$(1 \pm x)^2 \fallingdotseq 1 \pm 2x$

$(1 \pm x)^n \fallingdotseq 1 \pm nx$

$\sqrt{1+x} \fallingdotseq 1 + \frac{1}{2}x$

$\frac{1}{\sqrt{1+x}} \fallingdotseq 1 - \frac{1}{2}x$

$e^x \fallingdotseq 1 + x$

$\ln(1+x) \fallingdotseq x$

$\sin x \fallingdotseq 0$

$\sinh x \fallingdotseq x$

$\cos x \fallingdotseq 1$

$\cosh x \fallingdotseq 1 - x$

$\tan x \fallingdotseq x$

$\tanh x \fallingdotseq x$

$\tanh x \fallingdotseq 1$

12. 3각함수

(1) 보각의 3각함수

$\sin(180° \pm \theta) = \mp \sin\theta$

$\cos(180° \pm \theta) = -\cos\theta$

$\tan(180° \pm \theta) = \pm \sin\theta$

(2) 여각의 3각함수

$\sin(90° \pm \theta) = +\cos\theta$

$\cos(90° \pm \theta) = \mp \sin\theta$

$\tan(90° \pm \theta) = \mp \cot\theta$

$\cot(90° \pm \theta) = \mp \tan\theta$

(3) 같은 각의 3각함수 사이의 관계

① $\begin{cases} \sin A \operatorname{cosec} A = 1 \\ \cos A \sec A = 1 \\ \tan A \cot A = 1 \end{cases}$

② $\begin{cases} \sin^2 A + \cos^2 A = 1 \\ \sec^2 A = 1 + \tan^2 A \\ \operatorname{cosec}^2 A = 1 + \cot^2 A \end{cases}$

③ $\tan A = \dfrac{\sin A}{\cos A}$

(4) 가법정리

$\sin(A \pm B) = \sin A \cos B \pm \cos A \sin B$

$\cos(A \pm B) = \cos A \cos B \mp \sin A \sin B$

(5) 배각의 공식

$\sin 2A = 2\sin A \cos A$

$\cos 2A = 2\cos^2 A - 1 = 1 - 2\sin^2 A = \cos^2 A - \sin^2 A$

$\tan 2A = \dfrac{2\tan A}{1 - \tan^2 A}$

(6) 반각의 공식

$\sin \dfrac{A}{2} = \pm \sqrt{\dfrac{1 - \cos A}{2}}$

$\cos \dfrac{A}{2} = \pm \sqrt{\dfrac{1 + \cos A}{2}}$

$$\tan\frac{A}{2} = \pm\sqrt{\frac{1-\cos A}{1+\cos A}} = \frac{1-\cos A}{\sin A} = \frac{\sin A}{1+\cos A}$$

(7) 합을 곱으로 고치는 공식

$$\sin A + \sin B = 2\sin\frac{1}{2}(A+B)\cos\frac{1}{2}(A-B)$$

$$\sin A - \sin B = 2\cos\frac{1}{2}(A+B)\sin\frac{1}{2}(A-B)$$

$$\cos A + \cos B = 2\cos\frac{1}{2}(A+B)\cos\frac{1}{2}(A-B)$$

$$\cos A - \cos B = -2\sin\frac{1}{2}(A+B)\sin\frac{1}{2}(A-B)$$

(8) 곱을 합으로 고치는 공식

$$\sin A\cos B = \frac{1}{2}\{\sin(A+B)+\sin(A-B)\}$$

$$\cos A\sin B = \frac{1}{2}\{\sin(A+B)-\sin(A-B)\}$$

$$\sin A\sin B = \frac{1}{2}\{\cos(A-B)-\cos(A+B)\}$$

$$\cos A\cos B = \frac{1}{2}\{\cos(A-B)+\cos(A+B)\}$$

(9) 반각 및 2배각에 관한 공식

① $$\begin{cases} \sin A = 2\sin\dfrac{A}{2}\cos\dfrac{A}{2} \\ \cos A = \cos^2\dfrac{A}{2} - \sin^2\dfrac{A}{2} \end{cases}$$

② $$\begin{cases} 2\sin^2 A = 1-\cos 2A \\ 2\cos^2 A = 1+\cos 2A \end{cases} \qquad \begin{cases} 2\sin^2\dfrac{A}{2} = 1-\cos A \\ 2\cos^2\dfrac{A}{2} = 1+\cos A \end{cases}$$

(10) 상수를 갖는 같은 각의 정현과 여현의 합을 단항식으로 만드는 법

$$a\cos A + b\sin A = \sqrt{a^2+b^2}\cos(A-\theta) \quad (\text{단, } \theta = \tan^{-1}\frac{b}{a})$$

(11) 3각형의 2변 a, b와 그 사이각 θ를 알고 맞변 P를 구하는 공식

$$P = \sqrt{a^2+b^2-2ab\cos\theta}$$

(12) 호도법

$$1\text{(rad)} = \frac{360°}{2\pi} = 57°17'45'' = 3437'45''$$

(13) 3각함수와 지수함수의 관계

$$\sin x = \frac{1}{2j}(e^{jx} - e^{-jx}) \qquad \cos x = \frac{1}{2}(e^{jx} + e^{-jx})$$

$$\tan x = -j\frac{e^{2jx}-1}{e^{2jx}+1} = \frac{1}{j}\frac{e^{jx}-e^{-jx}}{e^{jx}+e^{-jx}}$$

$$e^{jx} = \cos x + j\sin x \qquad e^{-jx} = \cos x - j\sin x$$

(14) 특수각의 삼각함수

각도	sin	cos	tan	cot	sec	cosec	라디안
0°	0	1	0		1		0
30°	$\frac{1}{2}$	$\frac{\sqrt{3}}{2}$	$\frac{\sqrt{3}}{3}$	$\sqrt{3}$	$\frac{2\sqrt{3}}{3}$	2	$\frac{1}{6}\pi$
45°	$\frac{\sqrt{2}}{2}$	$\frac{\sqrt{2}}{2}$	1	1	$\sqrt{2}$	$\sqrt{2}$	$\frac{1}{4}\pi$
60°	$\frac{\sqrt{3}}{2}$	$\frac{1}{2}$	$\sqrt{3}$	$\frac{\sqrt{3}}{3}$	2	$\frac{2\sqrt{3}}{3}$	$\frac{1}{3}\pi$
90°	1	0		0		1	$\frac{1}{2}\pi$
180°	0	-1	0		-1		π
270°	-1	0		0		-1	$\frac{3}{2}\pi$
360°	0	1	0		1		2π

(15) 역삼각함수의 공식

$a > 0$ 이면

$$\sin^{-1}(-a) = -\sin^{-1}a, \qquad \cot^{-1}(-a) = \pi - \tan^{-1}(1/a)$$

$$\cos^{-1}(-a) = \pi - \cos^{-1}a, \qquad \sec^{-1}(-a) = \cos^{-1}(1/a) - \pi$$

$$\tan^{-1}(-a) = -\tan^{-1}a, \qquad \text{cosec}^{-1}(-a) = \sin^{-1}(1/a) - \pi$$

$$\sin^{-1}a=\cos^{-1}\sqrt{1-a^2}\,,\qquad \cos^{-1}a=\sin^{-1}\sqrt{1-a^2}$$

$a>0,\quad b>0$ 이면

$$\sin^{-1}a-\sin^{-1}b=\sin^{-1}(a\sqrt{1-b^2}-b\sqrt{1-a^2})$$
$$\tan^{-1}a-\tan^{-1}b=\tan^{-1}(a-b)/(1+ab)$$

13. 쌍곡선함수

$\sinh(-x)=-\sinh x$ $\qquad \sinh(0)=0$ $\qquad \sinh(\pm\infty)=\pm\infty$

$\cosh(-x)=\cosh x$ $\qquad \cosh(0)=1$ $\qquad \cosh(\pm\infty)=+\infty$

$\tanh(-x)=-\tanh x$ $\qquad \tanh(0)=0$ $\qquad \tanh(\pm\infty)=\pm 1$

$\cosh^2 x-\sinh^2 x=1$ $\qquad \sinh 2x=2\sinh x\ \cosh x$

$1-\tanh^2 x=\operatorname{sech}^2 x$ $\qquad \cosh 2x=\cosh^2 x+\sinh^2 x$

$1-\coth^2 x=-\operatorname{cosech}^2 x$ $\qquad \tanh 2x=\dfrac{2\tanh x}{1+\tanh^2 x}$

$$\sinh(x\pm y)=\sinh x\cosh y\pm\cosh x\ \sinh y$$
$$\cosh(x\pm y)=\cosh x\ \cosh y\pm\sinh x\ \sinh y$$
$$\tanh(x\pm y)=\frac{\tanh x\pm\tanh y}{1\pm\tanh x\ \tanh y}$$
$$\sinh x+\sinh y=2\sinh\frac{x+y}{2}cosh\frac{x-y}{2}$$
$$\sinh x-\sinh y=2\cosh\frac{x+y}{2}sinh\frac{x-y}{2}$$
$$\cosh x+\cosh y=2\cosh\frac{x+y}{2}cosh\frac{x-y}{2}$$
$$\cosh x-\cosh y=2\sinh\frac{x+y}{2}sinh\frac{x-y}{2}$$
$$\sinh x\ \sinh y=\frac{1}{2}[\cosh(x+y)-\cosh(x-y)]$$
$$\cosh x\ \cosh y=\frac{1}{2}[\cosh(x+y)+\cosh(x-y)]$$
$$\sinh x\ \cosh y=\frac{1}{2}[\sinh(x+y)+\sinh(x-y)]$$

$\sinh\dfrac{x}{2}=\sqrt{\dfrac{1}{2}(\cosh x-1)}$ $\qquad \cosh\dfrac{x}{2}=\sqrt{\dfrac{1}{2}(\cosh x+1)}$

$$\tanh\frac{x}{2}=\frac{\cosh x-1}{\sinh x}=\frac{\sinh x}{\cosh x+1}$$

$\sinh x=\dfrac{1}{2}(e^x-e^{-x})$ $\qquad \cosh x=\dfrac{1}{2}(e^x+e^{-x})$

$e^x=\cosh x+\sinh x$ $\qquad e^{-x}=\cosh x-\sinh x$

14. 3각함수와 쌍곡선함수

$\sinh jx = j\sin x$ $\qquad$ $\sinh x = -j\sin jx$

$\cosh jx = \cos x$ $\qquad$ $\cosh x = \cos jx$

$\tanh jx = j\tan x$ $\qquad$ $\tanh x = -j\tan jx$

$\sinh(x \pm jy) = \sinh x \cos y \pm j\cosh x \ \sin y = \pm j\sin(y \mp jx)$

$\cosh(x \pm jy) = \cosh x \ \cos y \pm j\sinh x \ \sin y = \cos(y \mp jx)$

$\sin(x \pm jy) = \sin x \ \cosh y \pm j\cos x \ \sinh y = \pm j\sinh(y \mp jx)$

$\cos(x \pm jy) = \cos x \ \cosh y \pm j\sin x \ \sinh y = \cosh(y \mp jx)$

15. 역쌍곡선함수

$$\sinh^{-1} x = \cosh^{-1}\sqrt{x^2+1} = \ln(x+\sqrt{x^2+1}) = \int \frac{dx}{\sqrt{x^2+1}}$$

$$\cosh^{-1} x = \sinh^{-1}\sqrt{x^2-1} = \ln(x+\sqrt{x^2-1}) = \int \frac{dx}{\sqrt{x^2-1}}$$

$$\tanh^{-1} x = \frac{1}{2}\ln\frac{1+x}{1-x} = \int \frac{dx}{1-x^2} \qquad (x^2 < 1)$$

$$\coth^{-1} x = \frac{1}{2}\ln\frac{x+1}{x-1} = \int \frac{dx}{1-x^2} \qquad (x^2 > 1)$$

16. 매트릭스

$[A] = \begin{bmatrix} a_{11} & a_{12} \\ a_{22} & a_{21} \end{bmatrix}$ $\qquad$ $[B] = \begin{bmatrix} b_{11} & b_{12} \\ b_{21} & b_{22} \end{bmatrix}$ 일 때

(1) 가감법

$$[A] \pm [B] = \begin{bmatrix} a_{11} & a_{12} \\ a_{21} & a_{22} \end{bmatrix} \begin{bmatrix} b_{11} & b_{12} \\ b_{21} & b_{22} \end{bmatrix} = \begin{bmatrix} a_{11} \pm b_{11} & a_{12} \pm b_{12} \\ a_{21} \pm b_{21} & a_{22} \pm b_{22} \end{bmatrix}$$

(2) 곱셈법

$$[A][B] = \begin{bmatrix} a_{11} & a_{12} \\ a_{21} & a_{22} \end{bmatrix} \begin{bmatrix} b_{11} & b_{12} \\ b_{21} & b_{22} \end{bmatrix} = \begin{bmatrix} a_{11}b_{11} + a_{12}b_{21} & a_{11}b_{12} + a_{12}b_{22} \\ a_{21}b_{11} + a_{22}b_{21} & a_{21}b_{12} + a_{22}b_{22} \end{bmatrix}$$

(3) 나눗셈법

$[A][B]=[C]$일 때

$[B]=[A]^{-1}[C]$

$[A]=[C][B]^{-1}$ (단, $[A]^{-1}$, $[B]^{-1}$는 역행렬)

(4) 역매트릭스의 예

$$[A]^{-1}=\begin{bmatrix}a_{11} & a_{12}\\ a_{21} & a_{22}\end{bmatrix}=\frac{1}{\det \boldsymbol{A}}\begin{bmatrix}a_{22} & -a_{12}\\ -a_{21} & a_{11}\end{bmatrix}=\frac{\begin{bmatrix}a_{22} & -a_{12}\\ -a_{21} & a_{11}\end{bmatrix}}{\begin{bmatrix}a_{11} & a_{12}\\ a_{11} & a_{22}\end{bmatrix}}$$

17. 행렬식 (determinant)

$$D=\begin{vmatrix}a_{11} & a_{12}\\ a_{21} & a_{22}\end{vmatrix}=a_{11}a_{22}-a_{21}a_{12}$$

$$\begin{vmatrix}a_{11} & a_{12} & a_{13}\\ a_{21} & a_{22} & a_{23}\\ a_{31} & a_{32} & a_{33}\end{vmatrix}=(a_{11}a_{22}a_{33}+a_{12}a_{23}a_{31}+a_{13}a_{21}a_{32})-(a_{11}a_{23}a_{32}+a_{12}a_{21}a_{33}+a_{13}a_{22}a_{31})$$

18. 기하공식

다음 공식에서 r : 반경, h :높이, b :밑변, B :밑변의 면적, θ :중심각(라디안)을 나타낸다.

(1) 3각형 면적 $=\frac{1}{2}bh$

(2) 직4각형 면적 $= bh$ 대각선의 길이 $=\sqrt{b^2+h^2}$

(3) 사다리꼴 면적 $=\frac{1}{2}h(b_1+b_2)$

(4) 원 면적 $=\pi r^2$ 둘레 $=2\pi r$ 원호 $=r\theta$

(5) 부채꼴 면적 $=\frac{1}{2}r^2\theta$

(6) 직6면체 세 변의 길이를 a, b, c라 하면

체적 $=abc$ 대각선 $=\sqrt{a^2+b^2+c^2}$

(7) 각주 체적 $=Bh$

(8) 각추 체적 $=\frac{1}{3}Bh$

(9) 직원주 측면적 $=2\pi rh$ 체적 $=\pi r^2 h$

(10) 구 표면적 $=4\pi r^2$ 체적 $=\frac{4}{3}\pi r^3$

19. 미분공식

(1) $\frac{dc}{dx}=0$ (c :상수)

(2) $\frac{d}{dx}(cu)=c\frac{du}{dx}$ (c :상수)

(3) $\frac{d}{dx}(u \pm v)=\frac{du}{dx} \pm \frac{dv}{dx}$

(4) $\frac{d}{dx}(uv)=v\frac{du}{dx}+u\frac{dv}{dx}$

(5) $\frac{d}{dx}\left(\frac{u}{v}\right)=\frac{v\frac{du}{dx}-u\frac{dv}{dx}}{v^2}$

(6) $\frac{dy}{dx}=\frac{dy}{du}\cdot\frac{du}{dx}$

(7) $y=x^m$ $\quad y'=mx^{m-1}$

(8) $y=e^x$ $\quad y'=e^x$

(9) $y=a^x$ $\quad y'=a^x \ln a$

(10) $y=\log x$ $\quad y'=\frac{1}{x}$

(11) $y=\sin x$ $\quad y'=\cos x$

(12) $y=\cos x$ $\quad y'=-\sin x$

(13) $y=\tan x$ $\quad y'=\frac{1}{\cos^2 x}=\sec^2 x$

(14) $y=\cot x$ $\quad y'=-\frac{1}{\sin^2 x}=-\mathrm{cosec}^2 x$

(15) $y=\sec x$ $\quad y'=\sec x\cdot\tan x$

(16) $y=\mathrm{cosec}\,x$ $\quad y'=-\mathrm{cosec}\,x\tan x$

(17) $y=\sin ax$ $\quad y'=a\cos ax$

(18) $y=\cos ax$ $\quad y'=-a\sin ax$

(19) $y=\sin^{-1}x$ $\quad y'=\pm\frac{1}{\sqrt{1-x^2}}$

$$\left(\begin{array}{l} +:\ 2\pi n-\frac{\pi}{2}<y<2\pi n+\frac{\pi}{2} \\ -:\ 2\pi n+\frac{\pi}{2}<y<2\pi n+\frac{3\pi}{2} \end{array}\right)$$

(20) $y=\cos^{-1}x$ $\quad y'=\mp\frac{1}{\sqrt{1-x^2}}$

$$\left(\begin{array}{l} -:\ 2\pi n<y<(2n+1)\pi \\ +:\ (2n+1)\pi<y<(2n+2)\pi \end{array}\right)$$

(21) $y=\tan^{-1}x$ $\quad y'=\frac{1}{1+x^2}$

(22) $y=\sinh x$ $\quad y'=\cosh x$

(23) $y = \cosh x$ $\quad y' = \sinh x$

(24) $y = \tanh x$ $\quad y' = \text{sech}^2 x$

(25) $y = \cosh^{-1} x$ $\quad y' = -\text{cosech}^2 x$

(26) $y = \sinh^{-1} x$ $\quad y' = \dfrac{1}{\sqrt{1+x^2}}$

(27) $y = \cosh^{-1} x$ $\quad y' = \pm\dfrac{1}{\sqrt{x^2-1}} \quad (x^2 > 1)$

(28) $y = \tanh^{-1} x$ $\quad y' = \dfrac{1}{1-x^2} \quad (1 > x^2)$

(29) $y = \coth^{-1} x$ $\quad y' = -\dfrac{1}{x^2-1} \quad (x^2 > 1)$

20. 적분공식 (적분상수는 생략함)

(1) $\int a\,dx = ax + C$

(2) $\int a \cdot f(x)\,dx = a\int f(x)dx$

(3) $\int \phi(y)\,dx = \int \dfrac{\phi(y)}{y'}dy, \quad y' = dy/x$

(4) $\int (u+v)dx = \int u\,dx + \int v\,dx$

(5) $\int u\,dv = uv - \int v\,du$

(6) $\int u\dfrac{dv}{dx}dx = uv - \int v\dfrac{du}{dx}dx$

(7) $\int x^n\,dx = x^{n+1}/n+1, C \ (n \neq -1)$

(8) $\int \dfrac{f'(x)\,dx}{f(x)} = \ln f(x) + C, \ [df(x) = f'(x)\,dx]$

(9) $\int \dfrac{dx}{x} = \ln x + C$

(10) $\int \dfrac{f'(x)\,dx}{2\sqrt{f(x)}} = \sqrt{f(x)} + C, \ [df(x) = f'(x)\,dx]$

(11) $\int e^x\,dx = e^x + C$

(12) $\int e^{ax}\,dx = e^{ax}/a + C$

(13) $\int b^{ax}\,dx = \dfrac{b^{ax}}{a\ln b} + C$

(14) $\int \ln x\,dx = x\ln x - x + C$

(15) $\int a^x \ln a\,dx = a^x + C$

(16) $\int \frac{dx}{a^2+x^2} = \frac{1}{a}\tan^{-1}\left(\frac{x}{a}\right)$, 또는 $-\frac{1}{a}\cot^{-1}\left(\frac{x}{a}\right)$

(17) $\int \frac{dx}{a^2-x^2} = \frac{1}{a}\tanh^{-1}\left(\frac{x}{a}\right)$, 또는 $\frac{1}{2a}\ln\left(\frac{a+x}{a-x}\right)$

(18) $\int \frac{dx}{x^2-a^2} = -\frac{1}{a}\coth^{-1}\left(\frac{x}{a}\right)$, 또는 $\frac{1}{2a}\ln\left(\frac{x-a}{x+a}\right)$

(19) $\int \frac{dx}{a^2-x^2} = \sin^{-1}\left(\frac{x}{a}\right)$, 또는 $-\cos^{-1}\left(\frac{x}{a}\right)$

(20) $\int \frac{dx}{x^2 \pm a^2} = \ln(x+\sqrt{x^2 \pm a^2})$

(21) $\int \frac{dx}{x\sqrt{x^2-a^2}} = \frac{1}{a}\cos^{-1}\left(\frac{a}{x}\right)$

(22) $\int \frac{dx}{x\sqrt{a^2 \pm x^2}} = -\frac{1}{a}\ln\left(\frac{a+\sqrt{a^2 \pm x^2}}{x}\right)$

(23) $\int \frac{dx}{x\sqrt{a+bx}} = \frac{2}{\sqrt{-a}}\tan^{-1}\sqrt{\frac{a+bx}{-a}}$, 또는 $\frac{-2}{\sqrt{a}}\tanh^{-1}\sqrt{\frac{a+bx}{a}}$

$(a+bx)$ 형식

(24) $\int (a+bx)^n\,dx = \frac{(a+bx)^{n+1}}{(n+1)b}$ $(n \neq -1)$

(25) $\int x(a+bx)^n\,dx = \frac{1}{b^2(n+2)}(a+bx)^{n+2} - \frac{a}{b^2(n+1)}(a+bx)^{n+1}$

($n=-1$ 또는 -2 제외)

(26) $\int x^2(a+bx)^n\,dx = \frac{1}{b^3}\left[\frac{(a+bx)^{n+3}}{n+3} - 2a\frac{(a+bx)^{n+2}}{n+2} + a^2\frac{(a+bx)^{n+1}}{n+1}\right]$

(27) $\int x^m(a+bx)^n\,dx = \frac{x^{m+1}(a+bx)^n}{m+n+1} + \frac{an}{m+n+1}\int x^m(a+bx)^{n-1}\,dx$

(28) $\int \frac{dy}{a+bx} = \frac{1}{b}\ln(a+bx)$

(29) $\int \frac{dx}{(a+bx)^2} = -\frac{1}{b(a+bx)}$

(30) $\int \frac{dx}{(a+bx)^3} = -\frac{1}{2b(a+bx)^2}$

(31) $\int \frac{x\,dx}{(a+bx)^2} = \frac{1}{b^2}[a+bx-a\ln(a+bx)]$

(32) $\int \frac{x\,dx}{(a+bx)^2} = \frac{1}{b^2}\left[\ln(a+bx)+\frac{a}{a+bx}\right]$

(33) $\int \frac{x\,dx}{(a+bx)^3} = \frac{1}{b^2}\left[-\frac{1}{a+bx}+\frac{a}{2(a+bx)^2}\right]$

(34) $\int \frac{x^2dx}{a+bx} = \frac{1}{b^3}\left[\frac{1}{2}(a+bx)^2 - 2a(a+bx) + a^2\ln(a+bx)\right]$

(35) $\int \frac{x^2dx}{(a+bx)^2} = \frac{1}{b^3}\left[a+bx - 2a\ln(a+bx) - \frac{a^2}{a+bx}\right]$

(36) $\int \frac{x^2dx}{(a+bx)^3} = \frac{1}{b^3}\left[\ln(a+bx) + \frac{2a}{(a+bx)} - \frac{a^2}{2(a+bx)^2}\right]$

(37) $\int \frac{dx}{x(a+bx)} = -\frac{1}{a}\ln\frac{a+bx}{x}$

(38) $\int \frac{dx}{x(a+bx)^2} = \frac{1}{a(a+bx)} - \frac{1}{a^2}\ln\frac{a+bx}{x}$

(39) $\int \frac{dx}{x^2(a+bx)} = -\frac{1}{ax} + \frac{b}{a^2}\ln\frac{a+bx}{x}$

(40) $\int \frac{dx}{x^2(a+bx)^2} = -\frac{a+2bx}{a^2x(a+bx)} + \frac{2b}{a^3}\ln\frac{a+bx}{x}$

$c^2 \pm x^2$, $x^2 - c^2$ 형식

(41) $\int \frac{dx}{c^2+x^2} = \frac{1}{c}\tan^{-1}\frac{x}{c}$, 또는 $\frac{1}{c}\sin^{-1}\frac{x}{\sqrt{c^2+x^2}}$

(42) $\int \frac{dx}{c^2-x^2} = \frac{1}{2c}\ln\frac{c+x}{c-x}$, 또는 $\frac{1}{c}\tanh^{-1}\left(\frac{x}{c}\right)$

(43) $\int \frac{dx}{x^2-c^2} = \frac{1}{2c}\ln\frac{x-c}{x+c}$, 또는 $-\frac{1}{c}\coth^{-1}\left(\frac{x}{c}\right)$

$x+bx$ 및 $a'+b'x$ 형식

(44) $\int \frac{dx}{(a+bx)(a'+b'x)} = \frac{1}{ab'-a'b}\cdot\ln\left(\frac{a'+b'x}{a+bx}\right)$

(45) $\int x\frac{dx}{(a+bx)(a'+b'x)} = \frac{1}{ab'-a'b}\cdot\left[\frac{a}{b}\ln(a+bx) - \frac{a'}{b'}\ln(a'+b'x)\right]$

(46) $\int \frac{dx}{(a+bx)^2(a'+b'x)} = \frac{1}{ab'-a'b}\left(\frac{1}{a+bx} + \frac{b'}{ab'-a'b}\ln\frac{a'+b'x}{a+bx}\right)$

(47) $\int \frac{x\,dx}{(a+bx)^2(a'+b'x)} = \frac{-a}{b(ab'-a'b)(a+bx)} - \frac{a'}{(ab'-a'b)^2}\ln\frac{a'+b'x}{a+bx}$

(48) $\int \frac{x^2dx}{(a+bx)^2(a'+b'x)} = \frac{a^2}{b^2(ab'-a'b)(a+bx)} + \frac{1}{(ab'-a'b)^2}$

$\cdot\left[\frac{a'^2}{b'}\ln(a'+b'x) + \frac{a(ab'-2a'b)}{b^2}\ln(a+bx)\right]$

(49) $\int \frac{dx}{(a+bx)^n(a'+b'x)^m} = \frac{1}{(m-1)(ab'-a'b)}$

$\cdot\left\{\frac{1}{(a+bx)^{n-1}(a'+b'x)^{m-1}} - (m+n-2)b\int\frac{dx}{(a+bx)^n(a'+b'x)^{m-1}}\right\}$

$\sqrt{a+bx}$, $\sqrt{a'+b'x}$ 형식

$u=a+bx, v=a'+b'x$ 및 $k=ab'-a'b$ 라 두면

(50) $\int \sqrt{uv}\, dx = \frac{k+2bv}{4bb'}\sqrt{uv} - \frac{k^2}{8bb'}\int \frac{dx}{\sqrt{uv}}$

(51) $\int \frac{dx}{v\sqrt{u}} = \frac{1}{\sqrt{kb'}} \ln \frac{b'\sqrt{u} - \sqrt{kb'}}{b'\sqrt{u} + \sqrt{kb'}} = \frac{2}{\sqrt{-kb'}}\tan^{-1}\frac{b\sqrt{u}}{\sqrt{-kb'}}$

(52) $\int \frac{dx}{\sqrt{uv}} = \frac{2}{\sqrt{bb'}} \ln(\sqrt{bb'u} + b\sqrt{v}) = \frac{2}{\sqrt{-bb'}}\tan^{-1}\sqrt{\frac{-b'u}{bv}}$

또는 $\frac{2}{\sqrt{bb'}}\tan^{-1}\sqrt{\frac{b'u}{v}} = \frac{1}{\sqrt{-bb'}}\sin^{-1}\frac{2bb'x+a'b+ab'}{k}$

(53) $\int \frac{x\,dx}{\sqrt{uv}} = \frac{\sqrt{uv}}{bb'} - \frac{ab'+a'b}{2bb'}\int \frac{dx}{\sqrt{uv}}$

(54) $\int \frac{dx}{v\sqrt{uv}} = -\frac{2\sqrt{u}}{k\sqrt{v}}$

(55) $\int \frac{\sqrt{v}\,dx}{\sqrt{u}} = \frac{1}{b}\sqrt{uv} - \frac{k}{2b}\int \frac{dx}{\sqrt{uv}}$

(56) $\int v^m \sqrt{u}\, dx = \frac{1}{(2m+3)b'}\left(2v^{m+1} + k\int \frac{v^m dx}{\sqrt{u}}\right)$

(57) $\int \frac{dx}{v^m\sqrt{u}} = -\frac{1}{(m-1)k}\left\{\frac{\sqrt{u}}{v^{m-1}} + \left(m-\frac{3}{2}\right)b\int \frac{dx}{v^{m-1}\sqrt{u}}\right\}$

$(a+bx^n)$ 형식

(58) $\int \frac{dx}{a+bx^2} = \frac{1}{\sqrt{ab}}\tan^{-1}\frac{x\sqrt{ab}}{a}$

(59) $\int \frac{dx}{a+bx^2} = \frac{1}{2\sqrt{-ab}}\ln\frac{a+x\sqrt{-ab}}{a-x\sqrt{-ab}}$, 또는 $\frac{1}{\sqrt{-ab}}\tanh^{-1}\frac{x\sqrt{-ab}}{a}$

(60) $\int \frac{x\,dx}{a+bx^2} = \frac{1}{2b}\ln\left(x^2+\frac{a}{b}\right)$

(61) $\int \frac{x^2 dx}{a+bx^2} = \frac{x}{b} - \frac{a}{b}\int \frac{dx}{a+bx^2}$

(62) $\int \frac{dx}{(a+bx^2)^2} = \frac{x}{2a(a+bx^2)} + \frac{1}{2a}\int \frac{dx}{a+bx^2}$

(63) $\int \frac{dx}{(a+bx^2)^{m+1}} = \frac{1}{2ma}\frac{x}{(a+bx^2)^m} + \frac{2m-1}{2ma}\int \frac{dx}{(a+bx^2)^m}$

(64) $\int \frac{x\,dx}{(a+bx^2)^{m+1}} = \frac{1}{2}\int \frac{dz}{(a+bz)^{m+1}} \quad (z=x^2)$

(65) $\int \frac{x^2 dx}{(a+bx^2)^{m+1}} = \frac{-x}{2mb(a+bx^2)^m} + \frac{1}{2mb}\int \frac{dx}{(a+bx^2)^m}$

(66) $\int \frac{dx}{x^2(a+bx^2)^{m+1}} = \frac{1}{a}\int \frac{dx}{x^2(a+bx^2)^m} - \frac{b}{a}\int \frac{dx}{(a+bx^2)^{m+1}}$

(67) $\int \frac{dx}{x(a+bx^2)} = \frac{1}{2a}\ln\frac{x^2}{a+bx^2}$

(68) $\int \frac{dx}{x^2(a+bx^2)} = -\frac{1}{ax} - \frac{b}{a}\int \frac{dx}{a+bx^2}$

(69) $\int \frac{dx}{a+bx^3} = \frac{k}{3a}\left[\frac{1}{2}\ln\frac{(k+x)^2}{k^2-kx+x^2} + \sqrt{3}\tan^{-1}\frac{2x-k}{k\sqrt{3}}\right] (bk^3 = a)$

(70) $\int \frac{x\,dx}{a+bx^3} = \frac{1}{3bk}\left[\frac{1}{2}\ln\frac{k^2-kx+x^2}{(k+x)^2} + \sqrt{3}\tan^{-1}\frac{2x-k}{k\sqrt{3}}\right] (bk^3 = a)$

(71) $\int \frac{dx}{(a+bx^n)} = \frac{1}{an}\ln\frac{x^n}{a+bx^n}$

(72) $\int \frac{dx}{(a+bx^n)^{m+1}} = \frac{1}{a}\int \frac{dx}{(a+bx^n)^m} - \frac{b}{a}\int \frac{x^n dx}{(a+bx^n)^{m+1}}$

(73) $\int \frac{x^m dx}{(a+bx^n)^{p+1}} = \frac{1}{b}\int \frac{x^{m-n}dx}{(a+bx^n)^p} - \frac{a}{b}\int \frac{x^{m-n}dx}{(a+bx^n)^{p+1}}$

(74) $\int \frac{dx}{x^m(a+bx^n)^{p+1}} = \frac{1}{a}\int \frac{dx}{x^m(a+bx^n)^p} - \frac{b}{a}\int \frac{dx}{x^{m-n}(a+bx^n)^{p+1}}$

(75) $\int x^m(a+bx^n)^p dx = \frac{x^{m-n+1}(a+bx^n)^{p+1}}{b(np+m+1)} - \frac{a(m-n+1)}{b(np+m+1)}\int x^{m-n}(a+bx^n)^p dx$

(76) $\int x^m(a+bx^n)^p dx = \frac{x^{m+1}(a+bx^n)^p}{np+m+1} + \frac{anp}{np+m+1}\int x^m(a+bx^n)^{p-1}dx$

(77) $\int x^{m-1}(a+bx^n)^p dx = \frac{1}{b(m+np)}[x^{m-n}(a+bx^n)^{p+1}$

$-(m-n)a\int x^{m-n-1}(a+bx^n)^p dx]$

(78) $\int x^{m-1}(a+bx^n)^p dx = \frac{1}{m+np}[x^m(a+bx^n)^p + npa\int x^{m-1}(a+bx^n)^{p-1}dx]$

(79) $\int x^{m-1}(a+bx^n)^p dx = \frac{1}{ma}[x^m(a+bx^n) - (m+np+n)b\int x^{m+n-1}(a+bx^n)^p dx]$

(80) $\int x^{m-1}(a+bx^n)^p dx = \frac{1}{an(p+1)}[-x^m(a+bx^n)^{p+1}$

$+(m+np+n)\int x^{m-1}(a+bx^n)^{p+1}dx]$

$(a+bx+cx^2)$ 형식

$X = a+bx+cx^2$ 및 $q = 4ac-b^2$ 라 두면

(81) $\int \frac{dx}{X} = \frac{2}{\sqrt{q}}\tan^{-1}\frac{2cx+b}{\sqrt{q}}$

(82) $\int \frac{dx}{X} = \frac{-2}{\sqrt{-q}}\tanh^{-1}\frac{2cx+b}{\sqrt{-q}}$

(83) $\dfrac{dx}{X} = \dfrac{1}{\sqrt{-q}} \ln \dfrac{2cx+b-\sqrt{-q}}{2cx+b+\sqrt{-q}}$

(84) $\displaystyle\int \frac{dx}{X^2} = \frac{2cx+b}{qX} + \frac{2c}{q}\int \frac{dx}{X}$

(85) $\displaystyle\int \frac{dx}{X^3} = \frac{2cx+b}{q}\left(\frac{1}{2X^2} + \frac{3c}{qX}\right) + \frac{6c^2}{q^2}\int \frac{dx}{X}$

(86) $\displaystyle\int \frac{dx}{X^{n+1}} = \frac{2cx+b}{nqX^n} + \frac{2(2n-1)c}{qn}\int \frac{dx}{X^n}$

(87) $\displaystyle\int \frac{x\,dx}{X} = \frac{1}{2c}\ln X - \frac{b}{2c}\int \frac{dx}{X}$

(88) $\displaystyle\int \frac{x\,dx}{X^2} = -\frac{bx+2a}{qX} - \frac{b}{q}\int \frac{dx}{X}$

(89) $\displaystyle\int \frac{x\,dx}{X^{n+1}} = -\frac{2a+bx}{nqX^n} - \frac{b(2n-1)}{nq}\int \frac{dx}{X^n}$

(90) $\displaystyle\int \frac{x^2}{X}dx = \frac{x}{c} - \frac{b}{2c^2}\ln X + \frac{b^2-2ac}{2c^2}\int \frac{dx}{X}$

(91) $\displaystyle\int \frac{x^2}{X^2}dx = \frac{(b^2-2ac)x+ab}{cqX} + \frac{2a}{q}\int \frac{dx}{X}$

(92) $\displaystyle\int \frac{x^m dx}{X^{n+1}} = -\frac{x^{m-1}}{(2n-m+1)cX^n} - \frac{n-m+1}{2n-m+1}\cdot\frac{b}{c}\int \frac{x^{m-1}dx}{X^{n+1}} + \frac{m-1}{2n-m+1}\cdot\frac{a}{c}\int \frac{x^{m-2}dx}{X^{n+1}}$

(93) $\displaystyle\int \frac{dx}{xX} = \frac{b}{2a}\ln\frac{x^2}{X} - \frac{b}{2a}\int \frac{dx}{X}$

(94) $\displaystyle\int \frac{dx}{x^2X} = \frac{b}{2a^2}\ln\frac{X}{x^2} - \frac{1}{ax} + \left(\frac{b^2}{2a^2} - \frac{c}{a}\right)\int \frac{dx}{X}$

(95) $\displaystyle\int \frac{dx}{xX^n} = \frac{1}{2a(n-1)X^{n-1}} - \frac{b}{2a}\int \frac{dx}{X^n} + \frac{1}{a}\int \frac{dx}{xX^{n-1}}$

(96) $\displaystyle\int \frac{dx}{x^m X^{n+1}} = -\frac{1}{(m-1)ax^{m-1}X^n} - \frac{n+m-1}{m-1}\cdot\frac{b}{a}\int \frac{dx}{x^{m-1}X^{n+1}} - \frac{2n+m-1}{m-1}\cdot\frac{c}{a}\int \frac{dx}{x^{m-2}X^{n+1}}$

$\sqrt{a+bx}$ 형식

(97) $\displaystyle\int \sqrt{a+bx}\,dx = \frac{2}{3b}\sqrt{(a+bx)^3}$

(98) $\displaystyle\int x\sqrt{a+bx}\,dx = -\frac{2(2a-3bx)\sqrt{(a+bx)^3}}{15b^2}$

(99) $\displaystyle\int x^2\sqrt{a+bx}\,dx = \frac{2(8a^2-12abx+15b^2x^2)\sqrt{(a+bx)^3}}{105b^3}$

(100) $\int \frac{\sqrt{a+bx}}{x}dx = 2\sqrt{a+bx} + a\int \frac{dx}{x\sqrt{a+bx}}$

(101) $\int \frac{dx}{\sqrt{a+bx}} = \frac{2\sqrt{a+bx}}{b}$

(102) $\int \frac{x\,dx}{\sqrt{a+bx}} = -\frac{2(2a-bx)}{3b^2}\sqrt{a+bx}$

(103) $\int \frac{x^2dx}{\sqrt{a+bx}} = \frac{2(8a^2-4abx+3b^2x^2)}{15b^3}\sqrt{a+bx}$

(104) $\int \frac{x^m dx}{\sqrt{a+bx}} = \frac{2x^m\sqrt{a+bx}}{(2m+1)b} - \frac{2ma}{(2m+1)b}\int \frac{x^{m-1}dx}{\sqrt{a+bx}}$

(105) $\int \frac{dx}{x\sqrt{a+bx}} = \frac{1}{\sqrt{a}}\ln\left(\frac{\sqrt{a+bx}-\sqrt{a}}{\sqrt{a+bx}+\sqrt{a}}\right)$

(106) $\int \frac{dx}{x\sqrt{a+bx}} = \frac{-2}{\sqrt{a}}\tanh^{-1}\sqrt{\frac{a+bx}{a}}$

(107) $\int \frac{dx}{x^2\sqrt{a+bx}} = -\frac{\sqrt{a+bx}}{ax} - \frac{b}{2a}\int \frac{dx}{x\sqrt{a+bx}}$

(108) $\int \frac{dx}{x^n\sqrt{a+bx}} = -\frac{\sqrt{a+bx}}{(n-1)ax^{n-1}} - \frac{(2n-3)b}{(2n-2)a}\int \frac{dx}{x^{n-1}\sqrt{a+bx}}$

(109) $\int (a+bx)^{\pm n/2}dx = \frac{2(a+bx)^{\frac{2\pm n}{2}}}{b(2\pm n)}$

(110) $\int x(a+bx)^{\pm n/2}dx = \frac{2}{b^2}\left[\frac{(a+bx)^{\frac{4\pm n}{4}}}{4\pm n} - \frac{(a+bx)^{\frac{2\pm n}{2}}}{2\pm n}\right]$

(111) $\int \frac{dx}{x(a+bx)^{m/2}} = \frac{1}{a}\int \frac{dx}{x(a+bx)^{\frac{m-2}{2}}} - \frac{b}{a}\int \frac{dx}{(a+bx)^{m/2}}$

(112) $\int \frac{(a+bx)^{n/2}dx}{x} = b\int (a+bx)^{\frac{n-2}{2}}dx + a\int \frac{(a+bx)^{\frac{n-2}{2}}}{x}dx$

$\sqrt{x^2 \pm a^2}$ 형식

(113) $\int \sqrt{x^2 \pm a^2}\,dx = \frac{1}{2}[x\sqrt{x^2 \pm a^2} \pm a^2\ln(x+\sqrt{x^2 \pm a^2})]$

(114) $\int \frac{dx}{\sqrt{x^2 \pm a^2}} = \ln(x+\sqrt{x^2 \pm a^2})$

(115) $\int \frac{dx}{x\sqrt{x^2-a^2}} = \frac{1}{a}\cos^{-1}\left(\frac{1}{a}\right)$, 또는 $\frac{1}{a}\sec^{-1}\left(\frac{x}{a}\right)$

(116) $\int \frac{dx}{x\sqrt{x^2+a^2}} = -\frac{1}{a}\ln\left(\frac{a+\sqrt{x^2+a^2}}{x}\right)$

(117) $\int \frac{\sqrt{x^2+a^2}}{x}dx = \sqrt{x^2+a^2} - a\ln\left(\frac{a+\sqrt{x^2+a^2}}{x}\right)$

(118) $\int \frac{\sqrt{x^2-a^2}}{x}dx = \sqrt{x^2-a^2} - a\cos^{-1}\frac{a}{x}$

(119) $\int \frac{x\,dx}{\sqrt{x^2\pm a^2}} = \sqrt{x^2\pm a^2}$

(120) $\int x\sqrt{x^2\pm a^2}\,dx = \frac{1}{3}\sqrt{(x^2\pm a^2)^3}$

(121) $\int \sqrt{(x^2\pm a^2)^3}\,dx = \frac{1}{4}\left[x\sqrt{(x^2\pm a^2)^3} \pm \frac{3a^2x}{2}\sqrt{x^2\pm a^2} + \frac{3a^4}{2}\ln(x+\sqrt{x^2\pm a^2})\right]$

(122) $\int \frac{dx}{\sqrt{(x^2\pm a^2)^3}} = \frac{\pm x}{a^2\sqrt{x^2\pm a^2}}$

(123) $\int \frac{x\,dx}{\sqrt{(x^2\pm a^2)^3}} = \frac{-1}{\sqrt{x^2\pm a^2}}$

(124) $\int x\sqrt{(x^2\pm a^2)^3}\,dx = \frac{1}{5}\sqrt{(x^2\pm a^2)^5}$

(125 $\int x^2\sqrt{x^2\pm a^2}\,dx = \frac{x}{4}\sqrt{(x^2\pm a^2)^3} \mp \frac{a^2}{8}x\sqrt{x^2\pm a^2} - \frac{a^4}{8}\ln(x+\sqrt{x^2\pm a^2})$

(126) $\int \frac{x^2dx}{x\sqrt{x^2\pm a^2}} = \frac{x}{2}\sqrt{x^2\pm a^2} \mp \frac{a^2}{2}\ln(x+\sqrt{x^2\pm a^2})$

(127) $\int \frac{dx}{x^2\sqrt{x^2\pm a^2}} = \mp\frac{\sqrt{x^2\pm a^2}}{a^2x}$

(128) $\int \frac{\sqrt{x^2\pm a^2}\,dx}{x^2} = -\frac{\sqrt{x^2\pm a^2}}{x} + \ln(x+\sqrt{x^2\pm a^2})$

(129) $\int \frac{x^2dx}{\sqrt{(x^2\pm a^2)^3}} = \frac{-x}{\sqrt{x^2\pm a^2}} + \ln(x+\sqrt{x^2\pm a^2})$

$\sqrt{a^2-x^2}$ 형식

(130) $\int \sqrt{a^2-x^2}\,dx = \frac{1}{2}\left[x\sqrt{a^2-x^2} + a^2\sin^{-1}\left(\frac{x}{a}\right)\right]$

(131) $\int \frac{dx}{\sqrt{a^2-x^2}} = \sin^{-1}\left(\frac{x}{a}\right)$, 또는 $-\cos^{-1}\left(\frac{x}{a}\right)$

(132) $\int \frac{dx}{x\sqrt{a^2-x^2}} = -\frac{1}{a}\ln\left(\frac{a+\sqrt{a^2-x^2}}{x}\right)$

(133) $\int \frac{\sqrt{a^2-x^2}}{x}dx = \sqrt{a^2-x^2} - a\ln\left(\frac{a+\sqrt{a^2-x^2}}{x}\right)$

(134) $\int \frac{x\,dx}{\sqrt{a^2-x^2}}dx = \sqrt{a^2-x^2}$

(135) $\int x\sqrt{a^2-x^2}\,dx = -\frac{1}{3}\sqrt{(a^2-x^2)^3}$

(136) $\int \sqrt{(a^2-x^2)^3}\,dx = \frac{1}{4}\left[x\sqrt{(a^2-x^2)^3} + \frac{3a^2x}{2}\sqrt{a^2-x^2} + \frac{3a^4}{2}sin^{-1}\frac{x}{a}\right]$

(137) $\int \frac{dx}{\sqrt{(a^2-x^2)^3}} = \frac{x}{a^2\sqrt{a^2-x^2}}$

(138) $\int \frac{x\ dx}{\sqrt{(a^2-x^2)^3}} = \frac{1}{\sqrt{a^2-x^2}}$

(139) $\int x\sqrt{(a^2-x^2)^3}\,dx = -\frac{1}{5}\sqrt{(a^2-x^2)^5}$

(140) $\int x^2\sqrt{a^2-x^2}\,dx = -\frac{x}{4}\sqrt{(a^2-x^2)^3} + \frac{a^2}{8}\left(x\sqrt{a^2-x^2} + a^2\sin^{-1}\frac{x}{a}\right)$

(141) $\int \frac{x^2dx}{x\sqrt{a^2-x^2}} = -\frac{x}{2}\sqrt{a^2-x^2} + \frac{a^2}{2}\sin^{-1}\frac{x}{a}$

(142) $\int \frac{dx}{x^2\sqrt{a^2-x^2}} = -\frac{\sqrt{a^2-x^2}}{a^2x}$

(143) $\int \frac{\sqrt{a^2-x^2}}{x}dx = -\frac{\sqrt{a^2-x^2}}{x} - \sin^{-1}\frac{x}{a}$

(144) $\int \frac{x^2dx}{\sqrt{(a^2-x^2)^3}} = \frac{x}{\sqrt{a^2-x^2}} - \sin^{-1}\frac{x}{a}$

$\sqrt{a+bx+cx^2}$ 형식

$X = a+bx+cx^2$, $q = 4ac-b^2$ 및 $k = \frac{4c}{q}$ 라 두면

(145) $\int \frac{dx}{\sqrt{X}} = \frac{1}{\sqrt{c}}\ln\left(\sqrt{X} + x\sqrt{c} + \frac{b}{2\sqrt{c}}\right)$

(146) $\int \frac{dx}{\sqrt{X}} = \frac{1}{\sqrt{c}}\sinh^{-1}\left(\frac{2cx+b}{\sqrt{4ac-b^2}}\right)$ $(c>0)$

(147) $\int \frac{dx}{\sqrt{X}} = \frac{1}{\sqrt{-c}}\sin^{-1}\left(\frac{-2cx-b}{\sqrt{b^2-4ac}}\right)$ $(c<0)$

(148) $\int \frac{dx}{X\sqrt{X}} = \frac{2(2cx+b)}{q\sqrt{X}}$

(149) $\int \frac{dx}{X^2\sqrt{X}} = \frac{2(2cx+b)}{3q\sqrt{X}}\left(\frac{1}{X} + 2k\right)$

(150) $\int \frac{dx}{X^n\sqrt{X}} = \frac{2(2cx+b)\sqrt{X}}{(2n-1)qX^n} + \frac{2k(n-1)}{2n-1}\int \frac{dx}{X^{n-1}\sqrt{X}}$

(151) $\int \sqrt{X}\,dx = \frac{(2cx+b)\sqrt{X}}{4c} + \frac{1}{2k}\int \frac{dx}{\sqrt{X}}$

(152) $\int X\sqrt{X}\,dx = \frac{(2cx+b)\sqrt{X}}{8c}\left(X + \frac{3}{2k}\right) + \frac{3}{8k^2}\int \frac{dx}{\sqrt{X}}$

(153) $\int X^2\sqrt{X}\,dx = \frac{(2cx+b)\sqrt{X}}{12c}\left(X^2+\frac{5X}{4k}+\frac{15}{8k^2}\right)+\frac{5}{16k^3}\int\frac{dx}{\sqrt{X}}$

(154) $\int X^n\sqrt{X}\,dx = \frac{(2cx+b)X^n\sqrt{X}}{4(n+1)c}+\frac{2n+1}{2(n+1)k}\int\frac{X^n\,dx}{\sqrt{X}}$

(155) $\int\frac{x\,dx}{\sqrt{X}} = \frac{\sqrt{X}}{c}-\frac{b}{2c}\int\frac{dx}{\sqrt{X}}$

(156) $\int\frac{x\,dx}{X\sqrt{X}} = -\frac{2(bx+2a)}{q\sqrt{X}}$

(157) $\int\frac{x\,dx}{X^n\sqrt{X}} = -\frac{\sqrt{X}}{(2n-1)cX^n}-\frac{b}{2c}\int\frac{dx}{X^n\sqrt{X}}$

(158) $\int\frac{x^2dx}{\sqrt{X}} = \left(\frac{x}{2c}-\frac{3b}{4c^2}\right)\sqrt{X}+\frac{3b^2-4ac}{8c^2}\int\frac{dx}{\sqrt{X}}$

(159) $\int\frac{x^2dx}{X\sqrt{X}} = \frac{(2b^2-4ac)x+2ab}{cq\sqrt{X}}+\frac{1}{c}\int\frac{dx}{\sqrt{X}}$

(160) $\int\frac{x^2dx}{X^n\sqrt{X}} = \frac{(2b^2-4ac)x+2ab}{(2n-1)cqX^{n-1}\sqrt{X}}+\frac{4ac+(2n-3)b^2}{(2n-1)cq}\int\frac{dx}{X^{n-1}\sqrt{X}}$

(161) $\int\frac{x^3dx}{\sqrt{X}} = \left(\frac{x^2}{3c}-\frac{5bx}{12c^2}+\frac{5b^2}{8c^3}-\frac{2a}{3c^2}\right)\sqrt{X}+\left(\frac{3ab}{4c^2}-\frac{5b^3}{16c^3}\right)\int\frac{dx}{\sqrt{X}}$

(162) $\int x\sqrt{X}\,dx = \frac{X\sqrt{X}}{3c}-\frac{b}{2c}\int\sqrt{X}\,dx$

(163) $\int xX\sqrt{X}\,dx = \frac{X^2\sqrt{X}}{5c}-\frac{b}{2c}\int X\sqrt{X}\,dx$

(164) $\frac{xX^n\,dx}{\sqrt{X}} = \frac{X^n\sqrt{X}}{(2n+1)c}-\frac{b}{2c}\int\frac{X^n dx}{\sqrt{X}}$

(165) $\int x^2\sqrt{X}\,dx = \left(x-\frac{5b}{6c}\right)\frac{X\sqrt{X}}{4c}+\frac{5b^2-4ac}{16c^2}\int\sqrt{X}\,dx$

(166) $\int\frac{dx}{x\sqrt{X}} = -\frac{1}{\sqrt{a}}\ln\left(\frac{\sqrt{X}+\sqrt{a}}{x}+\frac{b}{2\sqrt{a}}\right)\quad(a>0)$

(167) $\int\frac{dx}{x\sqrt{X}} = -\frac{1}{\sqrt{-a}}\sin^{-1}\left(\frac{bx+2a}{x\sqrt{b^2-4ac}}\right)\quad(a<0)$

(168) $\int\frac{dx}{x\sqrt{X}} = -\frac{2\sqrt{X}}{bx}\ (a=0)$

(169) $\int\frac{dx}{x^2\sqrt{X}} = -\frac{\sqrt{X}}{ax}-\frac{b}{2a}\int\frac{dx}{x\sqrt{X}}$

(170) $\int\frac{\sqrt{X}\,dx}{x} = \sqrt{X}+\frac{b}{2}\int\frac{dx}{\sqrt{X}}+a\int\frac{dx}{x\sqrt{X}}$

(171) $\int\frac{\sqrt{X}\,dx}{x^2} = -\frac{\sqrt{X}}{x}+\frac{b}{2}\int\frac{dx}{x\sqrt{X}}+c\frac{dx}{\sqrt{X}}$

기타 형식

(172) $\int \sqrt{2ax-x^2}\,dx = \frac{1}{2}[(x-a)\sqrt{2ax-x^2} + a^2\sin^{-1}(x-a)/a]$

(173) $\int \sqrt{ax^2+c}\,dx = \frac{x}{2}\sqrt{ax^2+c} + \frac{c}{2\sqrt{a}}\ln(x\sqrt{a} + \sqrt{ax^2+c} \quad (a>0)$

$= \frac{x}{2}\sqrt{ax^2+c} + \frac{c}{2\sqrt{-a}}\sin^{-1}\left(x\sqrt{\frac{-a}{c}}\right) \quad (a<0)$

(174) $\int \frac{dx}{\sqrt{2ax-x^2}} = \cos^{-1}\left(\frac{a-x}{a}\right)$

(175) $\int \frac{dx}{\sqrt{a+bx}\cdot\sqrt{a'+b'x}} = \frac{2}{\sqrt{-bb'}}\tan^{-1}\sqrt{\frac{-b'(a+bx)}{b(a'+b'x)}}$

(176) $\int \sqrt{\frac{1+x}{1-x}}\,dx = \sin^{-1}x - \sqrt{1-x^2}$

(177) $\int \frac{dx}{\sqrt{a\pm 2bx+cx^2}} = \frac{1}{\sqrt{c}}\ln(\pm b+cx+\sqrt{c}\sqrt{a\pm 2bx+cx^2})$

(178) $\int \frac{dx}{\sqrt{a\pm 2bx-cx^2}} = \frac{1}{\sqrt{c}}\sin^{-1}\frac{cx\mp b}{\sqrt{b^2+ac}}$

(179) $\int \frac{x\,dx}{\sqrt{a\pm 2bx+cx^2}} = \frac{1}{c}\sqrt{a\pm 2bx+cx^2} - \frac{b}{\sqrt{c^3}}\ln(\pm b+cx+\sqrt{c}\sqrt{a\pm 2bx+cx^2})$

(180) $\int \frac{x\,dx}{\sqrt{a\pm 2bx-cx^2}} = -\frac{1}{c}\sqrt{a\pm 2bx-cx^2} \pm \frac{b}{\sqrt{c^3}}\sin^{-1}\frac{cx\mp b}{\sqrt{b^2+ac}}$

3각함수형식

(181) $\int \sin x\,dx = -\cos x$

(182) $\int \cos x\,dx = \sin x$

(183) $\int \tan x\,dx = -\ln\cos x$ 또는 $\ln\sec x$

(184) $\int \cot x\,dx = \ln\sin x$

(185) $\int \sec x\,dx = \ln\tan\left(\frac{\pi}{4}+\frac{x}{2}\right)$

(186) $\int \csc x\,dx = \ln\tan\frac{1}{2}x$

(187) $\int \sin^2 x\,dx = -\frac{1}{2}\cos x\sin x + \frac{1}{2}x = \frac{1}{2}x - \frac{1}{4}\sin 2x$

(188) $\int \sin^3 x\,dx = -\frac{1}{3}\cos x(\sin^2+2)$

(189) $\int \sin^n x\,dx = -\frac{\sin^{n-1}x\cos x}{n} + \frac{n-1}{n}\int \sin^{n-2}x\,dx$

(190) $\int \cos^2 x\,dx = \frac{1}{2}\sin x\cos x + \frac{1}{2}x = \frac{1}{2}x + \frac{1}{4}\sin 2x$

(191) $\int \cos^3 x \ dx = \frac{1}{3}\sin x(\cos^2 x + 2)$

(192) $\int \cos^n x \, dx = \frac{1}{n}\cos^{n-1} x \sin x + \frac{n-1}{n}\int \cos^{n-2} x \ dx$

(193) $\int \sin\frac{x}{a} dx = -a\cos\frac{x}{a}$

(194) $\int \cos\frac{x}{a} dx = a\sin\frac{x}{a}$

(195) $\int \sin(a+bx)dx = -\frac{1}{b}\cos(a+bx)$

(196) $\int \cos(a+bx)dx = \frac{1}{b}\sin(a+bx)$

(197) $\int \frac{dx}{\sin x} = -\frac{1}{2}\ln\frac{1+\cos x}{1-\cos x} = \ln\tan\frac{x}{2}$

(198) $\int \frac{dx}{\cos x} = \ln\tan\left(\frac{\pi}{2}+\frac{x}{2}\right) = \frac{1}{2}\ln\left(\frac{1+\sin x}{1-\sin x}\right)$

(199) $\int \frac{dx}{\cos^2 x} = \tan x$

(200) $\int \frac{dx}{\cos^n x} = \frac{1}{n-1}\cdot\frac{\sin x}{\cos^{n-1} x} + \frac{n-2}{n-1}\int\frac{dx}{\cos^{n-2} x}$

(201) $\int \frac{dx}{1\pm\sin x} = \mp\tan\left(\frac{\pi}{4}\mp\frac{x}{2}\right)$

(202) $\int \frac{dx}{1+\cos x} = \tan\frac{x}{2}$

(203) $\int \frac{dx}{1-\cos x} = -\cot\frac{x}{2}$

(204) $$\int \frac{dx}{a+b\sin x} = \frac{2}{\sqrt{a^2-b^2}}\tan^{-1}\frac{a\tan\frac{1}{2}x+b}{\sqrt{a^2-b^2}}$$

$$= \frac{1}{\sqrt{b^2-a^2}}\ln\frac{a\tan\frac{1}{2}x+b-\sqrt{b^2-a^2}}{a\tan\frac{1}{2}x+b+\sqrt{b^2-a^2}}$$

(205) $$\int \frac{dx}{a+b\cos x} = \frac{2}{\sqrt{a^2-b^2}}\tan^{-1}\frac{\sqrt{a^2-b^2}\tan\frac{1}{2}x}{a+b}$$

$$= \frac{1}{\sqrt{b^2-a^2}}\ln\left(\frac{\sqrt{b^2-a^2}\tan\frac{1}{2}x+a+b}{\sqrt{b^2-a^2}\tan\frac{1}{2}x-a-b}\right)$$

(206) $\int \sin mx \sin nx \ dx = \frac{\sin(m-n)x}{2(m-n)} - \frac{\sin(m+n)x}{2(m+n)} \quad (m^2 \neq n^2)$

(207) $\int x\sin^2 x \, dx = \frac{x^2}{4} - \frac{x\sin 2x}{4} - \frac{\cos 2x}{8}$

(208) $\int x^2\sin^2 x \, dx = \frac{x^3}{6} - \left(\frac{x^2}{4}-\frac{1}{8}\right)\sin 2x - \frac{x\cos 2x}{4}$

(209) $\int x\sin^3 x\,dx = \frac{x\cos 3x}{12} - \frac{\sin 3x}{36} - \frac{3}{4}x\cos x + \frac{3}{4}\sin x$

(210) $\int \sin^4 x\;dx = \frac{3x}{8} - \frac{\sin 2x}{4} + \frac{\sin 4x}{32}$

(211) $\int \cos mx\cos nx\;dx = \frac{\sin(m-n)y}{2(m-n)} + \frac{\sin(m+n)x}{2(m+n)} \quad (m^2 \neq n^2)$

(212) $\int x\cos^2 x\,dx = \frac{x^2}{4} + \frac{x\sin 2x}{12} + \frac{\cos 2x}{8}$

(213) $\int x^2\cos^2 x\,dx = \frac{x^3}{6} + \left(\frac{x^2}{4} - \frac{1}{8}\right)\sin 2x + \frac{x\cos 2x}{4}$

(214) $\int x\cos^3 x\,dx = \frac{x\sin 3x}{12} + \frac{\cos 3x}{36} + \frac{3}{4}x\sin x + \frac{3}{4}\cos x$

(215) $\int \cos^4 x\,dx = \frac{3x}{8} + \frac{\sin 2x}{4} + \frac{\sin 4x}{32}$

(216) $\int \frac{\sin x\;dx}{x^m} = -\frac{\sin x}{(m-1)x^{m-1}} + \frac{1}{m-1}\int \frac{\cos x\;dx}{x^{m-1}}$

(217) $\int \frac{\cos x\;dx}{x^m} = -\frac{\cos x}{(m-1)x^{m-1}} - \frac{1}{m-1}\int \frac{\sin x\,dx}{x^{m-1}}$

(218) $\int \tan^3 x\,dx = \frac{1}{2}\tan^2 x + \ln\cos x$

(219) $\int \tan^4 x\;dx = \frac{1}{3}\tan^3 x - \tan x + x$

(220) $\int \cot^3 x\;dx = -\frac{1}{2}\cot^2 x - \ln\sin x$

(221) $\int \cot^4 x\;dx = -\frac{1}{3}\cot^3 x + \cot x + x$

(222) $\int \cot^n x\;dx = -\frac{\cot^{n-1} x}{n-1} - \int \cot^{n-2} x\;dx \quad (n \neq 1)$

(223) $\int \sin x\cos x\;dx = \frac{1}{2}\sin^2 x$

(224) $\int \sin mx\cos nx\;dx = \frac{\cos(m-n)x}{2(m-n)} - \frac{\cos(m+n)x}{2(m+n)}$

(225) $\int \sin^2 x\cos^2 x\;dx = -\frac{1}{8}\left(\frac{1}{4}\sin 4x - x\right)$

(226) $\int \sin x\cos^m x\;dx = -\frac{\cos^{m+1} x}{m+1}$

(227) $\int \sin^m x\cos x\;dx = \frac{\sin^{m+1} x}{m+1}$

(228) $\int \cos^m x\sin^n x\;dx = \frac{\cos^{m-1} x\sin^{n+1} x}{m+n} + \frac{m-1}{m+n}\int \cos^{n-2} x\sin^n x\;dx$

(229) $\int \cos^m x\sin^n x\;dx = -\frac{\sin^{n-1} x\cos^{m+1} x}{m+n} + \frac{n-1}{m+n}\int \cos^m x\sin^{n-2} x\;dx$

(230) $\int \frac{\cos^m x\;dx}{\sin^n x} = -\frac{\cos^{m+1} x}{(n-1)\sin^{n-1} x} - \frac{m-n+2}{n-1}\int \frac{\cos^m x\;dx}{\sin^{n-2} x}$

(231) $\int \frac{\cos^m x\;dx}{\sin^n x} = -\frac{\cos^{m-1} x}{(m-n)\sin^{n-1} x} - \frac{m-1}{m-n}\int \frac{\cos^{m-2} x\;dx}{\sin^n x}$

(232) $$\int \frac{\sin^m x \; dx}{\cos^n x} = -\int \frac{\cos^m\left(\frac{\pi}{2}-x\right) d\left(\frac{\pi}{2}-x\right)}{\sin^n\left(\frac{\pi}{2}-x\right)}$$

(233) $$\int \frac{\sin x \; dx}{\cos^2 x} = \frac{1}{\cos x} = \sec x + C$$

(234) $$\int \frac{\sin^2 x \; dx}{\cos x} = -\sin x + \ln\tan\left(\frac{\pi}{4}+\frac{x}{2}\right) + C$$

(235) $$\int \frac{\cos x \; dx}{\sin^2 x} = \frac{-1}{\sin x} = -\operatorname{cosec} x + C$$

(236) $$\int \frac{dx}{\sin x \cos x} = \ln\tan x + C$$

(237) $$\int \frac{dx}{\sin x \cos^2 x} = \frac{1}{\cos x} + \ln\tan\frac{x}{2} + C$$

(238) $$\int \frac{dx}{\sin x \cos^n x} = \frac{1}{(n-1)\cos^{n-1} x} + \int \frac{dx}{\sin x \cos^{n-2} x} \quad (n \neq 1)$$

(239) $$\int \frac{dx}{\sin^2 x \cos x} = -\frac{1}{\sin x} + \ln\tan\left(\frac{\pi}{4}+\frac{x}{2}\right) + C$$

(240) $$\int \frac{dx}{\sin^2 x \cos^2 x} = -2\cot 2x + C$$

(241) $$\int \frac{dx}{\sin^m x \cos^n x} = -\frac{1}{m-1} \cdot \frac{1}{\sin^{m-1} x \cdot \cos^{n-1} x} + \frac{m+n-2}{m-1}\int \frac{dx}{\sin^{m-2} x \cdot \cos^m x}$$

(242) $$\int \frac{dx}{\sin^m x} = -\frac{1}{m-1} \cdot \frac{\cos x}{\sin^{m-1} x} + \frac{m-2}{m-1}\int \frac{dx}{\sin^{m-2} x}$$

(243) $$\int \frac{dx}{\sin^2 x} = -\cot x + C$$

(244) $$\int \tan^2 x \, dx = \tan x - x + C$$

(245) $$\int \tan^n x \; dx = \frac{\tan^{n-1} x}{n-1} - \int \tan^{n-2} x \; dx$$

(246) $$\int \cot^2 x \; dx = -\cot x - x + C$$

(247) $$\int \cot^n x \; dx = -\frac{\cot^{n-1} x}{n-1} - \int \cot^{n-2} x \; dx$$

(248) $$\int \sec^2 x \; dx = \tan x + C$$

(249) $$\int \sec^n x \; dx = \int \frac{dx}{\cos^n x}$$

(250) $$\int \csc^2 x \; dx = -\cot x + C$$

(251) $$\int \csc^n x \; dx = \int \frac{dx}{\sin^n x}$$

(252) $$\int x \sin x \; dx = \sin x - x\cos x + C$$

(253) $$\int x^2 \sin x \; dx = 2x\sin x - (x^2-2)\cos x + C$$

(254) $\int x^3 \sin x \; dx = (3x^2-6)\sin x - (x^3-6x)\cos x + C$

(255) $\int x^m \sin x \; dx = -x^m \cos x + m\int x^{m-1}\cos x \; dx$

(256) $\int x\cos x \; dx = \cos x + x\sin x + C$

(257) $\int x^2 \cos x \; dx = 2x\cos x + (x^2-2)\sin x + C$

(258) $\int x^3 \cos x \; dx = (3x^2-6)\cos x + (x^2-6x)\sin x + C$

(259) $\int x^m \cos x \; dx = x^m \sin x - m\int x^{m-1}\sin x \; dx$

(260) $\int \frac{\sin x}{x} dx = x - \frac{x^3}{3 \cdot 3!} + \frac{x^5}{5 \cdot 5!} - \frac{x^7}{7 \cdot 7!} + \frac{x^9}{9 \cdot 9!} - + \ldots$

(261) $\int \frac{\cos x}{x} dx = \ln x - \frac{x^2}{2 \cdot 2!} + \frac{x^4}{4 \cdot 4!} - \frac{x^6}{6 \cdot 6!} + \frac{x^8}{8 \cdot 8!} - + \ldots$

(262) $\int \sin^{-1} x \; dx = x\sin^{-1} x + \sqrt{1-x^2} + C$

(263) $\int \cos^{-1} x \; dx = x\cos^{-1} x - \sqrt{1-x^2} + C$

(264) $\int \tan^{-1} x \; dx = x\tan^{-1} x - \frac{1}{2}\ln(1+x^2) + C$

(265) $\int \cot^{-1} x \; dx = x\cot^{-1} x + \frac{1}{2}\ln(1+x^2) + C$

(266) $\int \sec^{-1} x \; dx = x\sec^{-1} x - \ln(x + \sqrt{x^2-1}) + C$

(267) $\int \csc^{-1} x \; dx = x\csc^{-1} x + \ln(x + \sqrt{x^2-1}) + C$

(269) $\int \sin^{-1}\frac{x}{a} dx = x\sin^{-1}\frac{x}{a} + \sqrt{a^2-x^2} + C$

(270) $\int \cos^{-1}\frac{x}{a} dx = x\cos^{-1}\frac{x}{a} - \sqrt{a^2-x^2} + C$

(271) $\int \tan^{-1}\frac{x}{a} dx = x\tan^{-1}\frac{x}{a} - \frac{a}{2}\ln(a^2+x^2) + C$

(272) $\int \cot^{-1}\frac{x}{a} dx = x\cot^{-1}\frac{x}{a} + \frac{a}{2}\ln(a^2+x^2) + C$

(273) $\int (\sin^{-1} x)^2 dx = x(\sin^{-1} x)^2 - 2x + 2\sqrt{1-x^2}\,(\sin^{-2} x) + C$

(274) $\int (\cos^{-1} x)^2 dx = x(\cos^{-1} x)^2 - 2x - 2\sqrt{1-x^2}\,(\cos^{-1} x) + C$

(275) $\int x \cdot \sin^{-1} x \; dx = \frac{1}{4}[(2x^2-1)\sin^{-1} x + x\sqrt{1-x^2}] + C$

(276) $\int x^n \sin^{-1} x \; dx = \frac{x^{n+1}\sin^{-1} x}{n+1} - \frac{1}{n+1}\int \frac{x^{n+1}\,dx}{\sqrt{1-x^2}} + C$

(277) $\int x^n \cos^{-1} x \; dx = \frac{x^{n+1}\cos^{-1} x}{n+1} + \frac{1}{n+1}\int \frac{x^{n+1}\,dx}{\sqrt{1-x^2}} + C$

(278) $\int x^n \tan^{-1} x \; dx = \frac{x^{n+1}\tan^{-1} x}{n+1} - \frac{1}{n+1}\int \frac{x^{n+1}\,dx}{\sqrt{1+x^2}} + C$

(279) $\int \frac{\sin^{-1} x \; dx}{x^2} = \ln\left(1 - \frac{\sqrt{1-x^2}}{x}\right) - \frac{\sin^{-1} x}{x} + C$

(280) $\int \frac{\tan^{-1} x \; dx}{x^2} = \ln x - \frac{1}{2}(\log 1 + x^2) - \frac{\tan^{-1} x}{x} + C$

대수형식

(281) $\int \ln x \; dx = x\ln x - x + C$

(282) $\int x\ln x \; dx = \frac{x^2}{2}\ln x - \frac{x^2}{4} + C$

(283) $\int x^2 \ln x \; dx = \frac{x^3}{3}\ln x - \frac{x^3}{9} + C$

(284) $\int x^p \ln(ax)\, dx = \frac{x^{p+1}}{p+1}\ln(ax) - \frac{x^{p+1}}{(p+1)^2} \quad (p \neq -1) + C$

(285) $\int (\ln x)^2\, dx = x(\ln x)^2 - 2x\ln x + 2x + C$

(286) $\int (\ln x)^n\, dx = x(\ln x)^n - n\int (\ln x)^{n-1} dx \quad (n \neq -1) + C$

(287) $\int \frac{(\ln x)^n}{n}\, dx = \frac{1}{n+1}(\ln x)^{n+1} + C$

(288) $\int \frac{dx}{\ln x} = \log(\ln x) + \ln x + \frac{(\ln x)^2}{2 \cdot 2!} + \frac{(\ln x)^2}{3 \cdot 3!} + \ldots + C$

(289) $\int \frac{dx}{x\ln x} = \ln(\ln x) + C$

(290) $\int \frac{dx}{x(\ln x)^n} = -\frac{1}{(n-1)(\ln x)^{n-1}} + C$

(291) $\int \frac{x^m\, dx}{(\ln x)^n} = -\frac{x^{m+1}}{(n-1)(\ln x)^{n-1}} + \frac{m+1}{n-1}\int \frac{x^m\, dx}{(\ln x)^{n-1}}$

(292) $\int x^m \ln x \; dx = x^{m+1}\left[\frac{\ln x}{m+1} - \frac{1}{(m+1)^2}\right] + C$

(293) $\int x^m (\ln x)^n\, dx = \frac{x^{m+1}(\ln x)^n}{m+1} - \frac{n}{m+1}\int x^m (\ln x)^{n-1} dx \quad (m, n \neq -1)$

(294) $\int \sin\ln x \; dx = \frac{1}{2}x\sin\ln x - \frac{1}{2}x\cos\ln x + C$

(295) $\int \cos\ln x \; dx = \frac{1}{2}x\sin\ln x + \frac{1}{2}x\cos\ln x + C$

지수형식

(296) $\int e^x\, dx = e^x + C$

(297) $\int e^{-x}\, dx = -e^{-x} + C$

(298) $\int e^{ax}\, dx = \frac{e^{ax}}{a} + C$

(299) $\int x e^{ax}\, dx = \frac{e^{ax}}{a^2}(ax - 1) + C$

(300) $\int x^m e^{ax}\, dx = \frac{x^m e^{ax}}{a} - \frac{m}{a}\int x^{m-1} e^{ax}\, dx$

(301) $\int \frac{e^{ax}\, dx}{x} = \ln x + \frac{ax}{1!} + \frac{a^2 x^2}{2 \cdot 2!} + \frac{a^3 x^3}{3 \cdot 3!} + \ldots$

(302) $\int \frac{e^{ax}}{x^m}dx = -\frac{1}{m-1}\frac{e^{ax}}{x^{m-1}} + \frac{a}{m-1}\int \frac{e^{ax}}{x^{m-1}}dx$

(303) $\int e^{ax}\ln x \ dx = \frac{e^{ax}\ln x}{a} - \frac{1}{a}\int \frac{e^{ax}}{x^{m-1}}dx$

(304) $\int e^{ax}\cdot \sin px \ dx = \frac{e^{ax}(a\sin px - p\cos px)}{a^2+p^2}$

(305) $\int e^{ax}\cdot \cos px \ dx = \frac{e^{ax}(a\cos px + p\sin px)}{a^2+p^2}$

(306) $\int \frac{dx}{1+e^x} = x - \ln(1+e^x) = \log\frac{e^x}{1+e^x}$

(307) $\int \frac{dx}{a+be^{px}} = \frac{x}{a} - \frac{1}{ap}\ln(a+be^{px})$

(308) $\int \frac{dx}{ae^{mx}+be^{mx}} = \frac{1}{m\sqrt{ab}}tan^{-1}\left(e^{mx}\sqrt{\frac{a}{b}}\right)$

(309) $\int e^{ax}\sin px \ dx = \frac{e^{ax}(a\cos px - p\sin px)}{a^2+p^2}$

(310) $\int e^{ax}\cos px \ dx = \frac{e^{ax}(a\cos px + p\sin px)}{a^2+p^2}$

(311) $\int e^{ax}\sin^n bx \ dx = \frac{1}{a^2+n^2b^2}[(a\sin bx - nb\cos bx)e^{ax}\sin^{n-1}bx$

$+n(n-1)b^2\int e^{ax}\sin^{n-2}bx \ dx]$

(312) $\int e^{ax}\cos^n bx \, dx = \frac{1}{a^2+n^2b^2}[(a\cos bx + nb\sin bx)e^{ax}\cos^{n-1}bx$

$+n(n-1)b^2\int e^{ax}\cos^{n-2}bx \ dx]$

(313) $\int \sinh x \ dx = \cosh x + C$

(314) $\int \cosh x \ dx = \sinh x + C$

(315) $\int \tanh x \ dx = \ln\cosh x + C$

(316) $\int \coth x \ dx = \ln\sinh x + C$

(317) $\int \mathrm{sech}\, x \ dx = 2\tan^{-1}(e^x) + C$

(318) $\int \mathrm{csch}\, x \ dx = \ln\tanh\left(\frac{x}{2}\right) + C$

(319) $\int x\sinh x \ dx = x\cosh x - \sinh x + C$

(320) $\int x\cosh x \ dx = x\sinh x - \cosh x + C$

(321) $\int \mathrm{sech}\, x\tanh x \ dx = -\mathrm{sech}\, x + C$

(322) $\int \mathrm{csch}\, x\coth x \ dx = -\mathrm{csch}\, x + C$

21. Laplace 변환표

	$F(s) = \mathcal{L}\{f(t)\}$	$f(t)$
1	$1/s$	1
2	$1/s^2$	t
3	$1/s^n$, $(n=1, 2, \ldots)$	$t^{n-1}/(n-1)!$
4	$1/\sqrt{s}$	$1/\sqrt{\pi t}$
5	$1/s^{3/2}$	$2\sqrt{t/\pi}$
6	$1/s^a$ $(a<0)$	$t^{a-1}/\Gamma(a)$
7	$\frac{1}{s-a}$	e^{at}
8	$\frac{1}{(s-a)^2}$	te^{at}
9	$\frac{1}{(s-a)^n}$ $(n=1, 2, \ldots)$	$\frac{1}{(n-1)!}t^{n-1}e^{at}$
10	$\frac{1}{(s-a)^k}$ $(k>0)$	$\frac{1}{\Gamma(k)}t^{n-1}e^{at}$
11	$\frac{1}{(s-a)(s-b)}$ $(a \neq b)$	$\frac{1}{(a-b)}(e^{at}-e^{bt})$
12	$\frac{s}{(s-a)(s-b)}$ $(a \neq b)$	$\frac{1}{(a-b)}(ae^{at}-be^{bt})$
13	$\frac{1}{s^2-\omega^2}$	$\frac{1}{\omega}\sin \omega t$
14	$\frac{s}{s^2+\omega^2}$	$\cos \omega t$
15	$\frac{1}{s^2-a^2}$	$\frac{1}{a}\sinh at$
16	$\frac{s}{s^2-a^2}$	$\cosh at$
17	$\frac{1}{(s-a)^2+\omega^2}$	$\frac{1}{\omega}e^{at}\sin \omega t$
18	$\frac{s-a}{(s-a)^2+\omega^2}$	$e^{at}\cos \omega t$

19	$\dfrac{1}{s(s^2+\omega^2)}$	$\dfrac{1}{\omega^2}(1-\cos\omega t)$
20	$\dfrac{1}{s^2(s^2+\omega^2)}$	$\dfrac{1}{\omega^3}(\omega t-\sin\omega t)$
21	$\dfrac{1}{(s^2+\omega^2)^2}$	$\dfrac{1}{2\omega^3}(\sin\omega t-\omega t\cos\omega t)$
22	$\dfrac{s}{(s^2+\omega^2)^2}$	$\dfrac{t}{2\omega}\sin\omega t$
23	$\dfrac{s^2}{(s^2+\omega^2)^2}$	$\dfrac{1}{2\omega}(\sin\omega t+\omega t\cos\omega t)$
24	$\dfrac{s}{(s^2+a^2)(s^2+b^2)}\ (a^2\neq b^2)$	$\dfrac{1}{b^2-a^2}(\cos at-\cos bt)$
25	$\dfrac{1}{s^4+4a^4}$	$\dfrac{1}{4a^3}(\sin at\cosh at-\cos at\sinh at)$
26	$\dfrac{1}{s^4+4a^4}$	$\dfrac{1}{2a^2}\sin at\ \sinh at$
27	$\dfrac{1}{s^4-a^4}$	$\dfrac{1}{2a^3}(\sinh at-\sin at)$
28	$\dfrac{s}{s^4-a^4}$	$\dfrac{1}{2a^2}(\cosh at-\cos at)$
29	$\sqrt{s-a}-\sqrt{s-b}$	$\dfrac{1}{2\sqrt{\pi t^3}}(e^{bt}-e^{at})$
30	$\dfrac{1}{\sqrt{s+a}+\sqrt{s+b}}$	$\dfrac{e^{-bt}-e^{-at}}{2(b-a)\sqrt{\pi t^3}}$
31	$\dfrac{1}{\sqrt{s^2+a^2}}$	$J_0(at)$
32	$\dfrac{s}{(s-a)^{3/2}}$	$\dfrac{1}{\sqrt{\pi t}}e^{at}(1+2at)$
33	$\dfrac{1}{(s^2-a^2)^k}\quad (k>0)$	$\dfrac{\sqrt{\pi}}{\Gamma(k)}\left(\dfrac{t}{2a}\right)^{k-1/2} I_{k-1/2}(at)$
34	$\dfrac{1}{s}e^{-k/s}$	$J_0(2\sqrt{kt})$
35	$\dfrac{1}{\sqrt{s}}e^{-k/s}$	$\dfrac{1}{\sqrt{\pi t}}\cos 2\sqrt{kt}$
36	$\dfrac{1}{s^{3/2}}e^{k/s}$	$\dfrac{1}{\sqrt{\pi k}}\sinh 2\sqrt{kt}$

37	$\frac{1}{s}\ln s$	$-\ln t-\nu \quad (\nu \approx 0.5772)$
38	$\ln\frac{s-a}{s-b}$	$\frac{1}{t}(e^{bt}-e^{at})$
39	$\ln\frac{s^2+\omega^2}{s^2}$	$\frac{2}{t}(1-\cos\omega t)$
40	$\ln\frac{s^2-a^2}{s^2}$	$\frac{2}{t}(1-\cosh at)$
41	$\arctan\frac{\omega}{s}$	$\frac{1}{t}\sin\omega t$
42	$\frac{1}{s}arc\cot s$	$\mathrm{Si}(t)$

부록 3. 수 표

1. 삼각함수표

각	sin	cos	tan	각	sin	cos	tan
0°	0.0000	1.0000	0.0000	45°	0.7071	0.7071	1.0000
1°	0.0175	0.9998	0.0175	46°	0.7193	0.6947	1.0355
2°	0.0349	0.9994	0.0349	47°	0.7314	0.6820	1.0724
3°	0.0523	0.9986	0.0524	48°	0.7431	0.6691	1.1106
4°	0.0698	0.9976	0.0699	49°	0.7547	0.6561	1.1504
5°	0.0872	0.9962	0.0875	50°	0.7660	0.6428	1.1918
6°	0.1045	0.9945	0.1057	51°	0.7771	0.6293	1.2349
7°	0.1219	0.9925	0.1228	52°	0.7880	0.6157	1.2799
8°	0.1392	0.9903	0.1405	53°	0.7986	0.6018	1.3270
9°	0.1564	0.9877	0.1584	54°	0.8090	0.5878	1.3764
10°	0.1736	0.9848	0.1763	55°	0.8192	0.5736	1.4281
11°	0.1908	0.9816	0.1944	56°	0.8290	0.5592	1.4826
12°	0.2079	0.9781	0.2126	57°	0.8387	0.5446	1.5399
13°	0.2250	0.9744	0.2309	58°	0.8480	0.5299	1.6003
14°	0.2419	0.9703	0.2493	59°	0.8572	0.5150	1.6643
15°	0.2588	0.9659	0.2679	60°	0.8660	0.5000	1.7321
16°	0.2756	0.9613	0.2867	61°	0.8746	0.4848	1.8040
17°	0.2924	0.9563	0.3057	62°	0.8829	0.4695	1.8807
18°	0.3090	0.9511	0.3249	63°	0.8910	0.4540	1.9626
19°	0.3256	0.9455	0.3443	64°	0.8988	0.4384	2.0503
20°	0.3420	0.9397	0.3640	65°	0.9063	0.4226	2.1445
21°	0.3584	0.9336	0.3839	66°	0.9135	0.4067	2.2460
22°	0.3746	0.9272	0.4040	67°	0.9205	0.3907	2.3559
23°	0.3907	0.9205	0.4245	68°	0.9272	0.3746	2.4751
24°	0.4067	0.9135	0.4452	69°	0.9336	0.3584	2.6051
25°	0.4226	0.9063	0.4663	70°	0.9397	0.3420	2.7475
26°	0.4384	0.8988	0.4877	71°	0.9455	0.3256	2.9042
27°	0.4540	0.8910	0.5095	72°	0.9511	0.3090	3.0777
28°	0.4695	0.8829	0.5317	73°	0.9563	0.2924	3.2709
29°	0.4848	0.8746	0.5543	74°	0.9613	0.2756	3.4874
30°	0.5000	0.8660	0.5774	75°	0.9659	0.2588	3.7321
31°	0.5150	0.8572	0.6009	76°	0.9703	0.2419	4.0108
32°	0.5299	0.8480	0.6249	77°	0.9744	0.2250	4.3315
33°	0.5446	0.8387	0.6494	78°	0.9781	0.2079	4.7046
34°	0.5592	0.8290	0.6745	79°	0.9816	0.1908	5.1446
35°	0.5736	0.8192	0.7002	80°	0.9848	0.1736	5.6713
36°	0.5878	0.8090	0.7265	81°	0.9877	0.1564	7.1154
37°	0.6018	0.7986	0.7536	82°	0.9903	0.1392	8.1443
38°	0.6157	0.7880	0.7813	83°	0.9925	0.1219	9.5144
39°	0.6293	0.7771	0.8098	84°	0.9945	0.1045	6.3138
40°	0.6428	0.7660	0.8391	85°	0.9962	0.0872	11.4301
41°	0.6561	0.7547	0.8693	86°	0.9976	0.0698	14.3007
42°	0.6691	0.7431	0.9004	87°	0.9986	0.0523	19.0811
43°	0.6820	0.7314	0.9325	88°	0.9994	0.0349	28.6363
44°	0.9747	0.7193	0.9657	89°	0.9998	0.0175	57.2900
45°	0.7071	0.7071	1.0000	90°	1.0000	0.0000	∞

2. 상용대수표 (I) $\log_{10} x$

x	0	1	2	3	4	5	6	7	8	9	표차								
											1	2	3	4	5	6	7	8	9
1.0	.0000	.0043	.0086	.0128	.0170	.0212	.0253	.0294	.0334	.0374	4	8	12	17	21	25	29	33	37
1.1	.0414	.0453	.0492	.0531	.0569	.0607	.0645	.0682	.0719	.0755	4	8	11	15	19	23	26	30	34
1.2	.0792	.0828	.0864	.0899	.0934	.0969	.1004	.1038	.1072	.1106	3	7	10	14	17	21	24	28	31
1.3	.1139	.1173	.1206	.1239	.1271	.1303	.1335	.1367	.1399	.1430	3	6	10	13	16	19	23	26	29
1.4	.1461	.1492	.1523	.1553	.1584	.1614	.1644	.1673	.1703	.1732	3	6	9	12	15	18	21	24	27
1.5	.1761	.1790	.1818	.1847	.1875	.1803	.1931	.1959	.1987	.2014	3	6	8	11	14	17	20	22	25
1.6	.2041	.2068	.2095	.2122	.2148	.2175	.2201	.2227	.2253	.2279	3	5	8	11	13	16	18	21	24
1.7	.2304	.2330	.2355	.2380	.2405	.2430	.2455	.2480	.2504	.2529	2	5	7	10	12	15	17	20	22
1.8	.2553	.2577	.2601	.2625	.2648	.2672	.2695	.2718	.2742	.2765	2	5	7	9	12	14	16	19	21
1.9	.2788	.2810	.2833	.2856	.2878	.2900	.2923	.2945	.2967	.2989	2	4	7	9	11	13	16	18	20
2.0	.3010	.3032	.3054	.3075	.3096	.3118	.3139	.3160	.3181	.3201	2	4	6	8	11	13	15	17	19
2.1	.3222	.3243	.3263	.3284	.3304	.3324	.3345	.3365	.3385	.3404	2	4	6	8	10	12	14	16	18
2.2	.3424	.3444	.3464	.3483	.3502	.3522	.3541	.3560	.3579	.3598	2	4	6	8	10	12	14	15	17
2.3	.3617	.3636	.3655	.3674	.3692	.3711	.3729	.3747	.3766	.3784	2	4	6	7	9	11	13	15	17
2.4	.3802	.3820	.3838	.3856	.3874	.3892	.3909	.3927	.3945	.3962	2	4	5	7	9	11	12	14	16
2.5	.3979	.3997	.4014	.4031	.4048	.4065	.4082	.4099	.4116	.4133	2	3	5	7	9	10	12	14	15
2.6	.4150	.4166	.4083	.4200	.4216	.4232	.4249	.4265	.4281	.4298	2	3	5	7	8	10	11	13	15
2.7	.4314	.4330	.4346	.4362	.4378	.4393	.4409	.4425	.4440	.4456	2	3	5	6	8	9	11	13	14
2.8	.4472	.4487	.5602	.4518	.4533	.4548	.4564	.4579	.4594	.4609	2	3	5	6	8	9	11	12	14
2.9	.4624	.4639	.4654	.4669	.4683	.4698	.4713	.4728	.4742	.4757	1	3	4	6	7	9	10	12	13
3.0	.4771	.4786	.4800	.4814	.4829	.4843	.4857	.4871	.4886	.4900	1	3	4	6	7	9	10	11	13
3.1	.4914	.4928	.4942	.4955	.4969	.4983	.4997	.5011	.5024	.5038	1	3	4	6	7	8	10	11	12
3.2	.5051	.5065	.5079	.5092	.5105	.5119	.5132	.5145	.5159	.5172	1	3	4	5	7	8	9	11	12
3.3	.5185	.5198	.5211	.5224	.5237	.5250	.5263	.5276	.5289	.5302	1	3	4	5	6	8	9	10	12
3.4	.5315	.5328	.5340	.5353	.5366	.5378	.5391	.5403	.5416	.5428	1	3	4	5	6	8	9	10	11
3.5	.5441	.5453	.5465	.5478	.5490	.5502	.5514	.5527	.5539	.5551	1	2	4	5	6	7	9	10	11
3.6	.5563	.5575	.5587	.5599	.5611	.5623	.5635	.5647	.5658	.5670	1	2	4	5	6	7	8	10	11
3.7	.5682	.5694	.5705	.5717	.5729	.5740	.5752	.5763	.5775	.5786	1	2	3	5	6	7	8	9	10
3.8	.5798	.5809	.5821	.5832	.5843	.5855	.5866	.5877	.5888	.5899	1	2	3	5	6	7	8	9	10
3.9	.5911	.5922	.5933	.5944	.5955	.5966	.5977	.5988	.5999	.6010	1	2	3	4	5	7	8	9	10
4.0	.6021	.6031	.6042	.6053	.6064	.6075	.6085	.6096	.6107	.6117	1	2	3	4	5	6	7	9	10
4.1	.6128	.6138	.6149	.6160	.6170	.6180	.6191	.6201	.6212	.6222	1	2	3	4	5	6	7	8	9
4.2	.6232	.6243	.6253	.6263	.6274	.6284	.6294	.6304	.6314	.6325	1	2	3	4	5	6	7	8	9
4.3	.6335	.6345	.6355	.6365	.6375	.6385	.6395	.6405	.6415	.6425	1	2	3	4	5	6	7	8	9
4.4	.6435	.6444	.6454	.6464	.6474	.6484	.6493	.6503	.6513	.6522	1	2	3	4	5	6	7	8	9
4.5	.6532	.6542	.6551	.6561	.6571	.6580	.6590	.6599	.6609	.6618	1	2	3	4	5	6	7	8	9
4.6	.6628	.6637	.6646	.6656	.6665	.6675	.6684	.6693	.6702	.6712	1	2	3	4	5	6	7	7	8
4.7	.6721	.6730	.6739	.6749	.6758	.6767	.6776	.6785	.6794	.6803	1	2	3	4	5	5	6	7	8
4.8	.6812	.6821	.6830	.6839	.6848	.6857	.6866	.6875	.6884	.6893	1	2	3	4	4	5	6	7	8
4.9	.6902	.6911	.6920	.6928	.6937	.6946	.6955	.6964	.6972	.6981	1	2	3	4	4	5	6	7	8
5.0	.6990	.6998	.7007	.7016	.7024	.7033	.7042	.7050	.7059	.7067	1	2	3	3	4	5	6	7	8
5.1	.7076	.7084	.7093	.7101	.7110	.7118	.7126	.7135	.7143	.7152	1	2	3	3	4	5	6	7	8
5.2	.7160	.7168	.7177	.7185	.7193	.7202	.7210	.7218	.7226	.7235	1	2	2	3	4	5	6	7	7
5.3	.7243	.7251	.7259	.7267	.7275	.7284	.7292	.7300	.7308	.7316	1	2	2	3	4	5	6	6	7
5.4	.7324	.7332	.7340	.7348	.7356	.7364	.7372	.7380	.7388	.7396	1	2	2	3	4	5	6	6	7

3. 상용대수표 (II) $\log_{10} x$

x	0	1	2	3	4	5	6	7	8	9	표 차								
											1	2	3	4	5	6	7	8	9
5.5	.7404	.7412	.7419	.7427	.7435	.7443	.7451	.7459	.7466	.7474	1	2	2	3	4	5	5	6	7
5.6	.7482	.7490	.7497	.7505	.7513	.7520	.7528	.7536	.7543	.7551	1	2	2	3	4	5	5	6	7
5.7	.7559	.7566	.7574	.7582	.7589	.7597	.7604	.7612	.7619	.7627	1	2	2	3	4	5	5	6	7
5.8	.7634	.7642	.7649	.7657	.7664	.7672	.7679	.7686	.7694	.7701	1	1	2	3	4	4	5	6	7
5.9	.7709	.7716	.7723	.7731	.7738	.7745	.7752	.7760	.7767	.7774	1	1	2	3	4	4	5	6	7
6.0	.7782	.7789	.7796	.7803	.7810	.7818	.7825	.7832	.7893	.7846	1	1	2	3	4	4	5	6	6
6.1	.7853	.7860	.7868	.7875	.7882	.7889	.7896	.7903	.7910	.7917	1	1	2	3	4	4	5	6	6
6.2	.7924	.7931	.7938	.7945	.7952	.7959	.7966	.7973	.7980	.7987	1	1	2	3	3	4	5	6	6
6.3	.7993	.8000	.8007	.8014	.8021	.8028	.8035	.8041	.8048	.8055	1	1	2	3	3	4	5	5	6
6.4	.8062	.8069	.8075	.8082	.8089	.8096	.8102	.8109	.8116	.8122	1	1	2	3	3	4	5	5	6
6.5	.8129	.8136	.8142	.8149	.8156	.8162	.8169	.8176	.8182	.8189	1	1	2	3	3	4	5	5	6
6.6	.8195	.8202	.8209	.8215	.8222	.8228	.8235	.8241	.8248	.8254	1	1	2	3	3	4	5	5	6
6.7	.8261	.8267	.8274	.8280	.8287	.8293	.8299	.8306	.8312	.8319	1	1	2	3	3	4	5	5	6
6.8	.8325	.8331	.8338	.8344	.8351	.8357	.8363	.8370	.8376	.8382	1	1	2	3	3	4	4	5	6
6.9	.8388	.8395	.8401	.8407	.8414	.8420	.8426	.8432	.8439	.8445	1	1	2	2	3	4	4	5	6
7.0	.8451	.8457	.8463	.8470	.8476	.8482	.8488	.8494	.8500	.8506	1	1	2	2	3	4	4	5	6
7.1	.8513	.8519	.8525	.8531	.8537	.8543	.8549	.8555	.8561	.8567	1	1	2	2	3	4	4	5	5
7.2	.8573	.8579	.8585	.8591	.8597	.8603	.8609	.8615	.8621	.8627	1	1	2	2	3	4	4	5	5
7.3	.8633	.8639	.8645	.8651	.8657	.8663	.8669	.8675	.8681	.8686	1	1	2	2	3	4	4	5	5
7.4	.8692	.8698	.8704	.8710	.8716	.8722	.8727	.8733	.8739	.8745	1	1	2	2	3	4	4	5	5
7.5	.8751	.8756	.8762	.8768	.8774	.8779	.8785	.8791	.8797	.8802	1	1	2	2	3	3	4	5	5
7.6	.8808	.8814	.8820	.8825	.8831	.8837	.8842	.8848	.8854	.8859	1	1	2	2	3	3	4	5	5
7.7	.8865	.8871	.8876	.8882	.8887	.8893	.8899	.8904	.8910	.8915	1	1	2	2	3	3	4	4	5
7.8	.8921	.8927	.8932	.8938	.8943	.8949	.8954	.8960	.8965	.8971	1	1	2	2	3	3	4	4	5
7.9	.8976	.8982	.8987	.8993	.8998	.9004	.9009	.9015	.9020	.9025	1	1	2	2	3	3	4	4	5
8.0	.9031	.9036	.9042	.9047	.9053	.9058	.9063	.9069	.9074	.9079	1	1	2	2	3	3	4	4	5
8.1	.9085	.9090	.9096	.9101	.9106	.9112	.9117	.9122	.9128	.9133	1	1	2	2	3	3	4	4	5
8.2	.9138	.9143	.9149	.9154	.9159	.9165	.9170	.9175	.9180	.9186	1	1	2	2	3	3	4	4	5
8.3	.9191	.9196	.9201	.9206	.9212	.9217	.9222	.9227	.9232	.9238	1	1	2	2	3	3	4	4	5
8.4	.9243	.9248	.9253	.9258	.9263	.9269	.9274	.9279	.9284	.9289	1	1	2	2	3	3	4	4	5
8.5	.9294	.9299	.9304	.9309	.9315	.9320	.9325	.9330	.9335	.9340	1	1	2	2	3	3	4	4	5
8.6	.9345	.9350	.9355	.9360	.9365	.9370	.9375	.9380	.9385	.9390	1	1	2	2	3	3	4	4	5
8.7	.9395	.9400	.9405	.9410	.9415	.9420	.9425	.9430	.9435	.9440	0	1	1	2	2	3	3	4	4
8.8	.9445	.9450	.9455	.9460	.9465	.9469	.9474	.9479	.9484	.9489	0	1	1	2	2	3	3	4	4
8.9	.9494	.9499	.9504	.9509	.9513	.9518	.9523	.9528	.9533	.9538	0	1	1	2	2	3	3	4	4
9.0	.9542	.9547	.9552	.9557	.9562	.9566	.9571	.9576	.9581	.9586	0	1	1	2	2	3	3	4	4
9.1	.9590	.9595	.9600	.9605	.9609	.9614	.9619	.9624	.9628	.9633	0	1	1	2	2	3	3	4	4
9.2	.9638	.9643	.9647	.9652	.9657	.9661	.9666	.9671	.9675	.9680	0	1	1	2	2	3	3	4	4
9.3	.9685	.9689	.9694	.9699	.9703	.9708	.9713	.9717	.9722	.9727	0	1	1	2	2	3	3	4	4
9.4	.9731	.9736	.9741	.9745	.9750	.9754	.9759	.9763	.9768	.9773	0	1	1	2	2	3	3	4	4
9.5	.9777	.9782	.9786	.9791	.9795	.9800	.9805	.9809	.9814	.9818	0	1	1	2	2	3	3	4	4
9.6	.9823	.9827	.9832	.9836	.9841	.9845	.9850	.9854	.9859	.9863	0	1	1	2	2	3	3	4	4
9.7	.9868	.9872	.9877	.9881	.9886	.9890	.9894	.9903	.9903	.9908	0	1	1	2	2	3	3	4	4
9.8	.9912	.9917	.9921	.9926	.9930	.9934	.9939	.9943	.9948	.9952	0	1	1	2	2	3	3	4	4
9.9	.9956	.9961	.9965	.9969	.9974	.9978	.9983	.9987	.9991	.9996	0	1	1	2	2	3	3	3	4

4.제곱근·세제곱근·역수의 표

수	제곱	세제곱	제곱근	세제곱근	역수	수	제곱	세제곱	제곱근	세제곱근	역수
1	1	1	1.0000	1.0000	1.00000	51	2601	132651	7.1414	3.7084	0.01961
2	4	8	1.4142	1.2599	0.50000	52	2704	140608	7.2111	3.7325	0.01923
3	9	27	1.7321	1.4222	0.33333	53	2809	148877	7.2801	3.7563	0.01887
4	16	64	2.0000	1.5874	0.25000	54	2916	157464	7.3485	3.7798	0.01852
5	25	125	2.2361	1.7100	0.20000	55	3025	166375	7.4162	3.8030	0.01818
6	36	216	2.4495	1.8171	0.16667	56	3136	175616	7.4833	3.8259	0.01786
7	49	343	2.6458	1.9129	0.14286	57	3249	185193	7.5498	3.8485	0.01754
8	64	512	2.8284	2.0000	0.12500	58	3364	195112	7.6158	3.8709	0.01724
9	81	729	3.0000	2.0801	0.11111	59	3481	205379	7.6811	3.8930	0.01695
10	100	1000	3.1623	2.1544	0.10000	60	3600	216000	7.7460	3.9149	0.01667
11	121	1331	3.3166	2.2240	0.09091	61	3721	226981	7.8102	3.9365	0.01639
12	144	1728	3.4641	2.2894	0.08333	62	3844	238328	7.8740	3.9579	0.01613
13	169	2197	3.6056	2.3513	0.07692	63	3969	250047	7.9373	3.9791	0.01587
14	196	2744	3.7417	2.4101	0.07143	64	4096	262144	8.0000	4.0000	0.01563
15	225	3375	3.8730	2.4662	0.06667	65	4225	274625	8.0623	4.0207	0.01538
16	256	4096	4.0000	2.5198	0.06250	66	4356	287496	8.1240	4.0412	0.01515
17	289	4913	4.1231	2.5713	0.05882	67	4489	300763	8.1854	4.0615	0.01493
18	324	5832	4.2426	2.6207	0.05556	68	4624	314462	8.2462	4.0817	0.01471
19	361	6859	4.3589	2.6684	0.05263	69	4761	328509	8.3066	4.1016	0.01449
20	400	8000	4.4721	2.7144	0.05000	70	4900	343000	8.3666	4.1213	0.01429
21	441	9261	4.5826	2.7589	0.04762	71	5041	357911	8.4261	4.1408	0.01408
22	484	10648	4.6904	2.8020	0.04545	72	5184	373248	8.4353	4.1602	0.01389
23	529	12167	4.7958	2.8439	0.04348	73	5329	389017	8.5440	4.1793	0.01370
24	576	13824	4.8990	2.8845	0.04167	74	5476	405224	8.6023	4.1983	0.01351
25	625	15625	5.0000	2.9240	0.04000	75	5625	421875	8.6603	4.2172	0.01333
26	676	17576	5.0990	2.8625	0.03846	76	5776	438976	8.7178	4.2358	0.01316
27	729	19683	5.1962	3.0000	0.03704	77	5929	456533	8.7750	4.2543	0.01299
28	784	21952	5.2915	3.0366	0.03571	78	6084	474552	8.8318	4.2727	0.01282
29	841	24389	5.3852	3.0723	0.03448	79	6241	493039	8.8882	4.2908	0.01266
30	900	27000	5.4772	3.1072	0.03333	80	6400	512000	8.9443	4.3089	0.01250
31	961	29791	5.5678	3.1414	0.03226	81	6561	531441	9.0000	4.3267	0.01235
32	1024	32768	5.6569	3.1748	0.03125	82	6724	551368	9.0554	4.3445	0.01220
33	1089	35937	5.7446	3.2075	0.03030	83	6889	571787	9.1104	4.3621	0.01205
34	1156	39304	5.8310	3.2396	0.02941	84	7056	592704	9.1652	4.3795	0.01190
35	1225	42875	5.9161	3.2711	0.02857	85	7225	614125	9.2195	4.3968	0.01176
36	1296	46656	6.0000	3.3019	0.02778	86	7396	636056	9.2736	4.4140	0.01163
37	1369	50653	6.0828	3.3322	0.02703	87	7569	658503	9.3274	4.4310	0.01149
38	1444	54872	6.1644	3.3620	0.02632	88	7744	681472	9.3808	4.4480	0.01136
39	1521	59319	6.2450	3.3912	0.02564	89	7921	704969	9.4340	4.4647	0.01124
40	1600	64000	6.3246	3.4200	0.02500	90	8100	729000	9.4868	4.4814	0.01111
41	1681	68921	6.4031	3.4482	0.02439	91	8281	753571	9.5394	4.4979	0.01099
42	1764	74088	6.4807	3.4760	0.02381	92	8464	778688	9.5917	4.5144	0.01087
43	1849	79507	6.5574	3.5034	0.02326	93	8649	804357	9.6437	4.5307	0.01075
44	1936	85184	6.6332	3.5303	0.02273	94	8836	830584	9.6954	4.5468	0.01064
45	2025	91125	6.7082	3.5569	0.02222	95	9025	857375	9.7468	4.5629	0.01053
46	2116	97336	6.7823	3.5830	0.02174	96	9216	884736	9.7980	4.5789	0.01042
47	2209	103823	6.8557	3.6088	0.02128	97	9409	912673	9.8489	4.5947	0.01031
48	2304	110592	6.9282	3.6342	0.02083	98	9604	941192	9.8995	4.6104	0.01020
49	2401	117649	7.0000	3.6593	0.02941	99	9801	970299	9.9499	4.6261	0.01010
50	2500	125000	7.0711	3.6840	0.02000	100	10000	1000000	10.0000	4.6416	0.01000

$\pi = 3.14\ 159\ 265$ $\quad \frac{1}{\pi} = 0.31831$ $\quad \sqrt{\pi} = 1.7725$ $\quad \sqrt[3]{\pi} = 1.4646$

5. 자연대수표 (Ⅰ) $\log_e x (= \ln x)$

10보다 크거나 1보다 작은 수의 대수를 구할 때, ln 10 = 2.30259를 이용하여라.

x	0	1	2	3	4	5	6	7	8	9
1.0	0.0000	0096	0198	0296	0392	0488	0583	0677	0770	0862
1.1	0953	1044	1133	1222	1310	1398	1484	1570	1655	1740
1.2	1823	1906	1989	2070	2151	2231	2311	2390	2469	2546
1.3	2624	2700	2776	2852	2927	3001	3075	3148	6221	3292
1.4	3365	3436	3507	3577	3646	3716	3784	3853	3920	3988
1.5	0.4055	4124	4187	4253	4318	4383	4447	4511	4574	4637
1.6	4700	4762	4824	4886	4947	5008	5068	5128	5188	5247
1.7	5306	5365	5423	5481	5539	5596	5653	5710	5766	5822
1.8	5878	5933	5988	6043	6098	6152	6206	6259	6313	6366
1.9	6419	6471	6523	6575	6627	6678	6729	6780	6831	6881
2.0	0.6932	6981	7031	7080	7129	7178	7227	7275	7324	7372
2.1	7419	7467	7514	7561	7608	7655	7701	7747	7793	7839
2.2	7885	7930	7975	8020	8065	8109	8154	8189	8242	8246
2.3	8329	8372	8416	8459	8502	8544	8587	8629	8671	8713
2.4	8755	8796	8838	8879	8920	8961	9002	9042	9083	9123
2.5	0.9163	9203	9243	9282	9322	9361	9400	9439	9478	9517
2.6	9555	9594	9632	9670	9708	9746	9783	9821	9858	9895
2.7	9933	9969	1.0006	1.0043	1.0079	1.0116	1.0152	1.0188	1.0225	1.0260
2.8	1.0296	1.0332	0367	0403	0438	0473	0508	0543	0578	0613
2.9	0647	0682	0726	0750	0784	0818	0852	0886	0919	0953
3.0	1.0986	1019	1053	1086	1119	1151	1184	1217	1249	1282
3.1	1314	1346	1378	1410	1442	1474	1506	1537	1569	1600
3.2	1632	1663	1694	1725	1756	1787	1817	1848	1878	1909
3.3	1939	1969	2000	2030	2060	2090	2119	2149	2179	2208
3.4	2238	2267	2296	2326	2355	2384	2413	2442	2470	2499
3.5	1.2528	2556	2585	2613	2641	2669	2698	2726	2754	2782
3.6	2809	2837	2865	2892	2920	2947	2975	3002	3029	3056
3.7	3083	3110	3137	3164	3191	3218	3244	3271	3297	3324
3.8	3350	3376	3403	3429	3455	3481	3507	3533	3558	3584
3.9	3610	3635	3661	3686	3712	3737	3762	3788	3813	3838
4.0	1.3863	3888	3913	3938	3962	3987	4012	4036	4061	4085
4.1	4110	4134	4159	4183	4207	4231	4255	4279	4303	4327
4.2	4351	4375	4398	4422	4446	4469	4493	4516	4540	4563
4.3	4586	4609	4633	4656	4679	4702	4725	4748	4770	4793
4.4	4816	4839	4861	4884	4907	4929	4951	4974	4996	5019
4.5	1.5041	5063	5085	5107	5129	5151	5173	5195	5217	5239
4.6	5261	5282	5304	5326	5347	5369	5390	5412	5433	5454
4.7	5476	5497	5518	5539	5560	5581	5602	5623	5644	5655
4.8	5686	5707	5728	5748	5769	5790	5810	5831	5851	5872
4.9	5892	5913	5933	5953	5974	5994	6014	6034	6054	6074
5.0	1.6094	6114	6134	6154	6174	6194	6214	6233	6253	6273
5.1	6292	6312	6332	6351	6371	6390	6409	6429	6448	6467
5.2	6487	6506	6525	6544	6563	6582	6601	6620	6639	6658
5.3	6677	6696	6725	6734	6752	6771	6790	6808	6827	6845
5.4	6864	6882	6901	6919	6938	6956	6974	6993	7011	7029

6. 자연대수표 (II) $\log_e x (= \ln x)$

Exa. ln 220 = ln 2.2 + 2 ln 10 = 0.7885 + 2(2.30259) = 5.3937

x	0	1	2	3	4	5	6	7	8	9
5.5	1.7047	7066	7084	7102	7120	7138	7156	7174	7192	7210
5.6	7228	7246	7263	7281	7299	7317	7334	7352	7370	7387
5.7	7405	7422	7440	7457	7475	7492	7509	7527	7544	7561
5.8	7579	7596	7613	7630	7647	7664	7681	7699	7716	7733
5.9	7750	7766	7783	7800	7817	7834	7851	7867	7884	7901
6.0	1.7918	7934	7951	7967	7984	8001	8017	8034	8050	8066
6.1	8083	8099	8116	8132	8148	8165	8181	8197	8213	8229
6.2	8245	8262	8278	8294	8310	8326	8342	8358	8374	8390
6.3	8405	8421	8437	8453	8496	8485	8500	8516	8532	8547
6.4	8563	8579	8594	8610	8625	8641	8656	8672	8687	8703
6.5	1.8718	8733	8749	8764	8779	8795	8810	8825	8840	8856
6.6	8871	8886	8901	8916	8931	8946	8961	8976	8991	9006
6.7	9021	9036	9051	9066	9081	9095	9110	9125	9140	9155
6.8	9169	9184	9199	9213	9228	9242	9257	9272	9286	9301
6.9	9315	9330	9344	9359	9373	9387	9402	9416	9430	9445
7.0	1.9459	9473	9488	9502	9516	9530	9544	9559	9573	9587
7.1	9601	9615	9629	9643	9657	9671	9685	9669	9713	9727
7.2	9741	9755	9769	9782	9796	9810	9824	9838	9851	9865
7.3	9879	9892	9906	9920	9933	9947	9961	9974	9988	2.0001
7.4	2.0015	2.0028	2.0042	2.0055	2.0069	2.0082	2.0096	2.0109	2.0122	2.0136
7.5	2.0149	0162	0176	0189	0202	0215	0229	0242	0255	0268
7.6	0281	0295	0308	0321	0334	0347	0360	0373	0386	0399
7.7	0412	0425	0438	0451	0464	0477	0490	0503	0516	0528
7.8	0541	0554	0567	0580	0592	0605	0618	0631	0643	0656
7.9	0669	0681	0694	0707	0719	0732	0744	0757	0769	0782
8.0	2.0794	0807	0819	0832	0844	0857	0869	0882	0894	0906
8.1	0919	0931	0943	0956	0968	0980	0992	1005	1017	1029
8.2	1041	1054	1066	1078	1090	1102	1114	1126	1138	1150
8.3	1163	1175	1187	1199	1211	1223	1235	1247	1258	1270
8.4	1282	1294	1306	1318	1330	1342	1353	1365	1377	1389
8.5	2.1401	1412	1424	1436	1448	1459	1471	1483	1494	1506
8.6	1518	1529	1541	1552	1564	1576	1587	1599	1610	1622
8.7	1633	1645	1656	1668	1679	1691	1702	1713	1725	1736
8.8	1748	1759	1770	1782	1793	1804	1815	1827	1838	1849
8.9	1861	1872	1883	1894	1905	1917	1929	1939	1950	1961
9.0	2.1972	1983	1994	2006	2017	2028	2039	2050	2061	2072
9.1	2083	2094	2105	2116	2127	2138	2148	2159	2170	2181
9.2	2192	2203	2214	2225	2235	2246	2257	2268	2279	2289
9.3	2300	2311	2322	2332	2343	2354	2364	2375	2386	2396
9.4	2407	2418	2428	2439	2450	2460	2471	2481	2492	2502
9.5	2.2513	2523	2534	2544	2555	2565	2576	2586	2597	2607
9.6	2618	2628	2638	2649	2659	2670	2680	2690	2701	2711
9.7	2721	2732	2742	2752	2762	2773	2783	2793	2803	2814
9.8	2824	2834	2844	2854	2865	2875	2885	2895	2905	2915
9.9	2925	2935	2946	2956	2966	2976	2986	2996	3006	3016

7. 지수함수와 쌍곡선함수의 표

x	e^x	e^{-x}	$\sinh x$	$\cosh x$	$\tanh x$
0	1.0000	1.0000	.00000	1.0000	.00000
0.1	1.1052	.90484	.10017	1.0050	.09967
0.2	1.2214	.81884	.20134	1.0201	.19738
0.3	1.3499	.74082	.30452	1.0452	.29131
0.4	1.4918	.67032	.41075	1.0811	.37995
0.5	1.6487	.60653	.52110	1.1276	.46212
0.6	1.8221	.54881	.63665	1.1855	.53705
0.7	2.0138	.49659	.75858	1.2552	.60437
0.8	2.2255	.44938	.88811	1.3374	.66404
0.9	2.4596	.40657	1.0265	1.4331	.71630
1.0	2.7183	.36788	1.1752	1.5431	.76159
1.1	3.0042	.33287	1.3356	1.6685	.80050
1.2	3.3201	.30119	1.5095	1.8107	.83365
1.3	3.6693	.27253	1.6984	1.9709	.86172
1.4	4.0552	.24660	1.9043	2.1509	.88535
1.5	4.4817	.22313	2.1293	2.3524	.90515
1.6	4.9530	.20190	2.3756	2.5775	.92167
1.7	5.4739	.18268	2.6456	2.8283	.93541
1.8	6.0496	.16530	2.9422	3.1075	.94681
1.9	6.6859	.14957	3.2682	3.4177	.95624
2.0	7.3891	.13534	3.6269	3.7622	.96403
2.1	8.1662	.12246	4.0219	4.1443	.97045
2.2	9.0250	.11080	4.4571	4.5679	.97574
2.3	9.9742	.10026	4.9370	5.0372	.98010
2.4	11.023	.09072	5.4662	5.5569	.98367
2.5	12.182	.08208	9.0502	6.1323	.98661
2.6	13.464	.07427	6.6947	6.7690	.98903
2.7	14.880	.06721	7.4063	7.4735	.99101
2.8	16.445	.06081	8.1919	8.2527	.99263
2.9	18.174	.05502	9.0596	9.1146	.99396
3.0	20.086	.04979	10.018	10.068	.99505
3.1	22.198	.04505	11.076	11.122	.99595
3.2	24.533	.04076	12.246	12.287	.99668
3.3	24.113	.03688	13.538	13.575	.99728
3.4	19.964	.03337	14.965	14.999	.99777
3.5	33.115	.03020	16.543	16.573	.99818
3.6	36.598	.02732	18.285	18.313	.99777
3.7	40.447	.02472	20.211	20.236	.99878
3.8	44.701	.02237	22.339	22.362	.99900
3.9	49.402	.02024	24.691	24.711	.99918
4.0	54.593	.01832	27.290	27.308	.99933
4.1	60.340	.01657	30.162	30.178	.99945
4.2	66.686	.01500	33.336	33.351	.99955
4.3	73.700	.01357	36.843	86.856	.99963
4.4	81.451	.01228	40.719	40.732	.99970
4.5	90.017	.01111	45.003	45.014	.99975
4.6	99.484	.01005	39.737	49.747	.99980
4.7	109.95	.00910	54.969	54.978	.99983
4.8	121.51	.00823	60.751	60.759	.99986
4.9	134.29	.00745	67.141	67.149	.99989
5.0	148.41	.00674	74.023	74.210	.99991

8. 초등함수표

x	$\sin x$	$\cos x$	$\tan x$	e^x	$\sinh x$	$\cosh x$
0.0	0.00000	1.00000	0.00000	1.00000	0.00000	1.00000
0.1	0.09983	0.99500	0.10033	1.10517	0.10017	1.00500
0.2	0.19867	0.98007	0.20271	1.22140	0.20134	1.02007
0.3	0.29552	0.95534	0.30934	1.34986	0.30452	1.04534
0.4	0.38942	0.92106	0.42279	1.49182	0.41075	1.08107
0.5	0.47943	0.87758	0.54630	1.64872	0.52110	1.12763
0.6	0.56464	0.82534	0.68414	1.82212	0.63665	1.18547
0.7	0.64422	0.76484	0.84229	2.01375	0.75858	1.25517
0.8	0.71736	0.69671	1.02964	2.22554	0.88811	1.33743
0.9	0.78333	0.62161	1.26016	2.45960	1.02652	1.43309
1.0	0.84147	0.54030	1.55741	2.71828	1.17520	1.54308
1.1	0.89121	0.45360	1.96476	3.00417	1.33565	1.66852
1.2	0.93204	0.36236	2.57215	3.32012	1.50946	1.81066
1.3	0.96356	0.26750	3.60210	3.66930	1.69838	1.97091
1.4	0.98545	0.16997	5.79788	4.05520	1.90430	2.15090
1.5	0.99750	0.07074	14.10142	4.48169	2.12928	2.35241
1.6	0.99957	0.02920	−34.23253	4.95303	2.37557	2.57746
1.7	0.99166	0.12884	−7.69660	5.47395	2.64563	2.82832
1.8	0.97385	0.22720	−4.28626	6.04965	2.94217	3.10747
1.9	0.94630	−0.32329	−2.92710	6.68589	3.26816	3.41773
2.0	0.90930	−0.41615	−2.18504	7.38906	3.62686	3.76220

x	$\ln x$	x	$\ln x$	x	$\ln x$	x	$\ln x$
1.0	0.00000	2.0	0.69315	3.0	1.09861	5	1.60944
1.1	0.09531	2.1	0.74194	3.1	1.13140	7	1.94591
1.2	0.18232	2.2	0.78846	3.2	1.16315	11	2.39790
1.3	0.26236	2.3	0.83291	3.3	1.19392	13	2.56495
1.4	0.33647	2.4	0.87547	3.4	1.22378	17	2.83321
1.5	0.40547	2.5	0.91629	3.5	1.25276	19	2.94444
1.6	0.47000	2.6	0.95551	3.6	1.28093	23	3.13549
1.7	0.53063	2.7	0.99325	3.7	1.30833	29	3.36730
1.8	0.58779	2.8	1.02962	3.8	1.33500	31	3.43399
1.9	0.64185	2.9	1.06471	3.9	1.36098	37	3.61092

$\frac{y}{x}$	$\arctan\frac{y}{x}$	$\frac{y}{x}$	$\arctan\frac{y}{x}$	$\frac{y}{x}$	$\arctan\frac{y}{x}$	$\frac{y}{x}$	$\arctan\frac{y}{x}$
0.0	0.00000	1.0	0.78540	2.0	1.10715	4.0	1.32582
0.1	0.09967	1.1	0.83298	2.2	1.14417	4.5	1.35213
0.2	0.19740	1.2	0.87606	2.4	1.17601	5.0	1.37340
0.3	0.29146	1.3	0.91510	2.6	1.20362	5.5	1.39094
0.4	0.38051	1.4	0.95055	2.8	1.22777	6.0	1.40565
0.5	0.46365	1.5	0.98279	3.0	1.24905	7.0	1.42890
0.6	0.54042	1.6	1.01220	3.2	1.26791	8.0	1.46644
0.7	0.61073	1.7	1.03907	3.4	1.28474	9.0	1.46014
0.8	0.67474	1.8	1.06370	3.6	1.29965	10.0	1.47113
0.9	0.73282	1.9	1.08632	3.8	1.31347	11.0	1.48014

연습문제 풀이와 답

1장

1. $a+a\cdot 0=a\cdot 1+a\cdot 0=a(1+0)=a\cdot 1=a=a+0 \quad \therefore a\cdot 0=0$

2. 모든 실수 a, b에 대하여 $a\cdot 0=0,\ b\cdot 0=0$ 이므로,
   $a=0$ 또는 $b=0$이면 $a\cdot b=0$이다.
   $ab=0\ (a\neq 0)$이라 가정하면
   $b=1\cdot b=(a^{-1}a)b=a^{-1}(ab)=a^{-1}\cdot 0=0$
   또 $b\neq 0,\ ab=0$이면 같은 이치로 $a=0$. 즉, $ab=0$이면 $a=0$ 또는 $b=0$이다.
   따라서 증명되었다.

3. $$\begin{aligned}|a-b|^2 &= (a-b)^2=a^2-2ab+b^2\\ &\leq |a^2|+2|ab|+|b^2|\\ &= |a|^2+2|a||b|+|b|^2\\ &= (|a|+|b|)^2\end{aligned}$$
   $\therefore |a-b|\leq |a|+|b|$

4. (1) 정의역 : $4-x^2\geq 0$에서 $-2\leq x\leq 2,\ \{x\,|\,-2\leq x\leq 2\}$
   치 역 : $\{y\,|\,0\leq y\leq 2\}$
   (2) 정의역 : 실수의 집합에서 $x-1\neq 0$ 즉 $x=1$을 제외한 집합.
   $R-\{1\}$
   치 역 : $y=\dfrac{2-x}{x-1}=\dfrac{1-(x-1)}{x-1}=-1+\dfrac{1}{x-1}$ 실수의 집합에서 -1제외한 집합.
   $R-\{-1\}$

5. $f: X\to Y$의 역함수 f^{-1}는 g와 같으므로
   $g\circ f=f^{-1}\circ f=I_x$, 또 $f\circ g=f\circ f^{-1}=I_y$
   즉, $(f\circ g)(x)=f(g(x))=x$
   $$\therefore (f\circ g)(x)=(g\circ f)(x)=x$$

6. $f,\ g$가 전단사이므로 $g\circ f$도 전단사이다. 따라서 $g\circ f$의 역함수가 존재한다.
   $f^{-1}\circ f=I_x,\ g^{-1}\circ g=I_y$이므로
   $$\begin{aligned}(f^{-1}\circ g^{-1})\circ(g\circ f) &= f^{-1}\circ g^{-1}\circ g\circ f=f^{-1}\circ I_y\circ f\\ &= f^{-1}\circ f=I_x\end{aligned}$$
   $$\therefore (g\circ f)^{-1}=f^{-1}\circ g^{-1}$$

7. (1) $y=\dfrac{b-dx}{cx-a}$　　(2) $y=-\sqrt{k^2-x^2}\quad(-k\leq x\leq 0)$

(3)

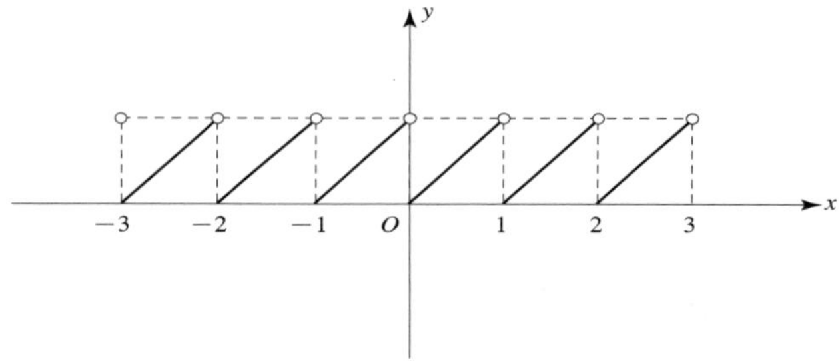

8. (1) $8x^{\frac{1}{6}}y^{-\frac{1}{2}}$　　(2) $a-b$　　(3) a^{n-1}

(4) $\sqrt[12]{9ab}$　　(5) 3.5×10^4　　(6) $a+b$

9. (1) 100　　(2) -2　　(3) 12

(4) $x=\dfrac{1}{3}(2+\log_2 5)$　　(5) $1, e^2,\ e^{-2}$　　(6) 10^e

10. 생략

11. 약 3.8시간

12.

θ \ 호도	$-30°$	$45°$	$-60°$	$90°$	$-150°$	$225°$	$240°$	$330°$
호도	$-\frac{\pi}{6}$	$\frac{\pi}{4}$	$-\frac{\pi}{3}$	$\frac{\pi}{2}$	$-\frac{5}{6}\pi$	$\frac{5}{4}\pi$	$\frac{4}{3}\pi$	$\frac{11}{6}\pi$
$\sin\theta$	$-\frac{1}{2}$	$\frac{1}{\sqrt{2}}$	$-\frac{\sqrt{3}}{2}$	1	$-\frac{1}{2}$	$-\frac{1}{\sqrt{2}}$	$-\frac{\sqrt{3}}{2}$	$-\frac{1}{2}$
$\cos\theta$	$\frac{\sqrt{3}}{2}$	$\frac{1}{\sqrt{2}}$	$\frac{1}{2}$	0	$-\frac{\sqrt{3}}{2}$	$-\frac{1}{\sqrt{2}}$	$-\frac{1}{2}$	$\frac{\sqrt{3}}{2}$
$\tan\theta$	$-\frac{1}{\sqrt{3}}$	1	$-\sqrt{3}$	없다	$\frac{1}{\sqrt{3}}$	1	$\sqrt{3}$	$-\frac{1}{\sqrt{3}}$
$\mathrm{cosec}\,\theta$	-2	$\sqrt{2}$	$-\frac{2}{\sqrt{3}}$	1	-2	$-\sqrt{2}$	$-\frac{2}{\sqrt{3}}$	-2
$\sec\theta$	$\frac{2}{\sqrt{3}}$	$\sqrt{2}$	2	없다	$-\frac{2}{\sqrt{3}}$	$-\sqrt{2}$	-2	$\frac{2}{\sqrt{3}}$
$\cot\theta$	$-\sqrt{3}$	1	$-\frac{1}{\sqrt{3}}$	0	$\sqrt{3}$	1	$\frac{1}{\sqrt{3}}$	$-\sqrt{3}$

13.

각도 \ x	$-\frac{2}{3}\pi$	$\frac{3}{2}\pi$	$-\frac{7}{6}\pi$	$\frac{11}{4}\pi$	$-\frac{11}{3}\pi$	4π	$\frac{25}{6}\pi$
	$-120°$	$270°$	$-210°$	$495°$	$-660°$	$720°$	$750°$
$\sin x$	$-\frac{\sqrt{3}}{2}$	-1	$\frac{1}{2}$	$\frac{1}{\sqrt{2}}$	$\frac{\sqrt{3}}{2}$	0	$\frac{1}{2}$
$\cos x$	$-\frac{1}{2}$	0	$-\frac{\sqrt{3}}{2}$	$+\frac{1}{\sqrt{2}}$	$\frac{1}{2}$	1	$\frac{\sqrt{3}}{2}$
$\tan x$	$\sqrt{3}$	없다	$-\frac{1}{\sqrt{3}}$	$+1$	$\sqrt{3}$	0	$\frac{1}{\sqrt{3}}$

14. $\sin^2 x + \cos^2 x = 1$에서 $\sin x = \frac{3}{5}$ 이므로

$\cos^2 x = 1 - \sin^2 x = 1 - \frac{9}{25} = \frac{16}{25}$

$\therefore \cos x = \pm\frac{4}{5},\ \tan x = \frac{\sin x}{\cos x} = \pm\frac{3}{4}$ (복호동순).

15. $1 + \tan^2 x = \sec^2 x = \frac{1}{\cos^2 x}$ 에서 $\tan x = a$ 이므로

$1 + a^2 = \frac{1}{\cos^2 x} \quad \therefore \cos^2 x = \frac{1}{1+a^2}$

x 가 제2사분면의 각이므로 $\cos x < 0$.

$\therefore \cos x = -\frac{1}{\sqrt{1+a^2}}$

또 $\tan x = \frac{\sin x}{\cos x}$ 에서 $\sin x = -\frac{a}{\sqrt{1+a^2}}$

16. (1) $0 \leq x < 2\pi$ 에서 $x = \frac{\pi}{4},\ \frac{3}{4}\pi \quad \therefore x = \frac{\pi}{4} + 2n\pi,\ \frac{3\pi}{4} + 2n\pi$

$(n = 0, \pm 1, \pm 2, \ldots)$

(2) $-\pi < x \leq \pi$ 에서 $x = -\frac{5}{6}\pi,\ \frac{5}{6}\pi$

$\therefore x = -\frac{5}{6}\pi + 2n\pi,\ \frac{5}{6}\pi + 2n\pi \quad (n = 0, \pm 1, \pm 2, \ldots)$

(3) 제2사분면에서 $x = \frac{5}{6}\pi$

$\therefore x = \frac{5}{6}\pi + n\pi\,(n = 0, \pm 1, \pm 2, \ldots)$

17. (1) $\cos 15° = \cos(45° - 30°) = \cos 45° \cos 30° + \sin 45° \sin 30°$

$= \frac{\sqrt{2}}{2} \cdot \frac{\sqrt{3}}{2} + \frac{\sqrt{2}}{2} \cdot \frac{1}{2} = \frac{\sqrt{6} + \sqrt{2}}{4}$

(2) $\cos 75° = \cos(30° + 45°) = \cos 30° \cos 45° - \sin 30° \cos 45°$

$$= \frac{\sqrt{3}}{2} \cdot \frac{\sqrt{2}}{2} - \frac{1}{2} \cdot \frac{\sqrt{2}}{2} = \frac{\sqrt{6}-\sqrt{2}}{4}$$

(3) $18° = \theta$ 라 하면 $5\theta = 90°$, $2\theta + 3\theta = 90°$, $\therefore 2\theta = 90° - 3\theta$

$\therefore \sin 2\theta = \sin(90° - 3\theta) = \cos 3\theta$

$\sin 2\theta = 2\sin\theta\cos\theta$ ……………… ①

$$\begin{aligned}\cos 3\theta &= \cos(2\theta + \theta)\\ &= \cos 2\theta \cdot \cos\theta - \sin 2\theta \cdot \sin\theta\\ &= \cos 2\theta\cos\theta - 2\sin\theta\cos\theta\sin\theta\\ &= (\cos 2\theta - 2\sin^2\theta)\cdot\cos\theta\end{aligned}$$ ……………… ②

①, ②의 결과가 같아야 하고 $\cos\theta = \cos 18° \neq 0$이므로

$$\begin{aligned}2\sin\theta &= \cos 2\theta - 2\sin^2\theta\\ &= (1 - 2\sin^2\theta) - 2\sin^2\theta\end{aligned}$$

$\therefore 4\sin^2\theta + 2\sin\theta - 1 = 0 \quad \therefore \sin\theta = \dfrac{-1 \pm \sqrt{5}}{4}$

$0 < \sin 18° < 1$ 이므로 결국 $\sin\theta = \dfrac{-1 + \sqrt{5}}{4}$

(4) $\cos 36° = \cos(2 \times 18°) = 1 - 2\sin^2 18°$

$$= 1 - 2\left(\frac{-1+\sqrt{5}}{4}\right)^2 = \frac{1+\sqrt{5}}{4}$$

18. $\sin^{-1}x = t \left(-\dfrac{\pi}{2} \leq t \leq \dfrac{\pi}{2}\right)$로 놓으면 $x = \sin t$

$\therefore \cos^2 t = 1 - \sin^2 t = 1 - x^2$

$\therefore \cos t \geq 0$ 이므로 $\cos t = \sqrt{1-x^2}$

즉, $\cos(\sin^{-1}x) = \sqrt{1-x^2}$

19. $\sin^{-1}x = \cos^{-1}x = t$ 라 놓으면

$x = \sin t = \cos t \quad \left(0 \leq t \leq \dfrac{\pi}{2}\right)$

$\therefore t = \dfrac{\pi}{4}$ ($\sin t = \cos t$ 에서)이므로 $x = \dfrac{1}{\sqrt{2}}$

20. $A = \tan^{-1}\alpha$, $B = \tan^{-1}\beta$ 라 놓으면

$\alpha = \tan A$, $\beta = \tan B$

$\therefore \tan^{-1}\alpha + \tan^{-1}\beta = A + B = \tan^{-1}(\tan(A+B))$

$$= \tan^{-1}\left(\frac{\tan A + \tan B}{1 - \tan A \cdot \tan B}\right)$$

$$= \tan^{-1}\frac{\alpha + \beta}{1 - \alpha\beta}$$

21. $1 - \tanh^2 x = \operatorname{sech}^2 x$ 에서

$1 - \dfrac{25}{169} = \operatorname{sech}^2 x \quad \therefore \operatorname{sech}^2 x = \dfrac{144}{169}$ 이고 $\operatorname{sech} x > 0$ 이므로

$$\operatorname{sech} x = \frac{12}{13}$$

$$\cosh x = \frac{1}{\operatorname{sech} x} = \frac{13}{12}$$

$\tanh x = \dfrac{\sinh x}{\cosh x}$ 에서 $\sinh x = \tanh x \cdot \cosh x = -\dfrac{5}{13} \cdot \dfrac{13}{12} = -\dfrac{5}{12}$

$$\operatorname{cosech} x = \frac{1}{\sinh x} = -\frac{12}{5}$$

22. (1), (2) $\cosh x = \cosh\left(2 \cdot \dfrac{x}{2}\right) = 2\cosh^2 \dfrac{x}{2} - 1 = 2\sinh^2 \dfrac{x}{2} + 1$에서

$$\cosh^2 \frac{x}{2} = \frac{\cosh x + 1}{2}, \quad \sinh^2 \frac{x}{2} = \frac{\cosh x - 1}{2}$$

$$\therefore \cosh \frac{x}{2} = \sqrt{\frac{\cosh x + 1}{2}}, \quad \sin\frac{x}{2} = \pm\sqrt{\frac{\cosh x - 1}{2}}$$

(3) $\sinh(x+y) = \sinh x \cosh y + \cosh x \sinh y$

$\sinh(x-y) = \sinh x \cosh y - \cosh x \sinh y$

이 두 식을 변끼리 더하면

$\sinh(x+y) + \sinh(x-y) = 2\sinh x \cosh y$ .... ①

여기서 $x+y=A$, $x-y=B$라 하면

$$x = \frac{A+B}{2}, \quad y = \frac{A-B}{2}$$

이들을 ①에 대입하면

$$\sinh A + \sinh B = 2\sinh\frac{A+B}{2}\cosh\frac{A-B}{2}$$

2장

1. (1) $y' = 6x^2$ (2) $y' = 4x^3 - 9x^2 + 4x - 1$

(3) $y' = 3x^2 - 8x + 4$ (4) $y' = 1$

2. $y = \dfrac{1}{f(x)}$ 이라 하면

$$y' = \lim_{\Delta x \to 0} \frac{\dfrac{1}{f(x+\Delta x)} - \dfrac{1}{f(x)}}{\Delta x} = \lim_{\Delta x \to 0} \frac{\dfrac{f(x) - f(x+\Delta x)}{f(x+\Delta x) f(x)}}{\Delta x}$$

$$= \lim_{\Delta x \to 0} \frac{-\{f(x+\Delta x) - f(x)\}}{\Delta x \{f(x+\Delta x) f(x)\}}$$

$$= -\lim_{\Delta x \to 0} \frac{f(x+\Delta x) - f(x)}{\Delta x} \cdot \frac{1}{f(x+\Delta x) f(x)}$$

$$= -f'(x) \cdot \frac{1}{\{f(x)\}^2} = -\frac{f'(x)}{\{f(x)\}^2}$$

(1) $y' = -\dfrac{(x)'}{x^2} = -\dfrac{1}{x^2}$ (2) $y' = -\dfrac{(x^2)'}{(x^2)^2} = -\dfrac{2x}{x^4} = -\dfrac{2}{x^3}$

(3) $y' = -\dfrac{(x^3-3x^2+1)'}{(x^3-3x^2+1)^2} = -\dfrac{3x^2-6x}{(x^3-3x^2+1)^2}$

3. (1) $y' = \dfrac{1}{2\sqrt{x^2-1}} \cdot (x^2-1)' = \dfrac{1}{2\sqrt{x^2-1}} \cdot 2x = \dfrac{x}{\sqrt{x^2-1}}$

(2) $y' = -\dfrac{((x^3+1)^2)'}{(x^3+1)^4} = -\dfrac{2(x^3+1)(x^3+1)'}{(x^3+1)^4}$

$= -\dfrac{2(x^3+1)\cdot 3x^2}{(x^3+1)^4} = -\dfrac{6x^2}{(x^3+1)^3}$

(3) $y' = (x)'\sqrt{1-x^2} + x(\sqrt{1-x^2})'$

$= \sqrt{1-x^2} + x \cdot \dfrac{1}{2\sqrt{1-x^2}} \cdot (1-x^2)'$

$= \sqrt{1-x^2} + \dfrac{x\cdot(-2x)}{2\sqrt{1-x^2}} = \sqrt{1-x^2} + \dfrac{-x^2}{\sqrt{1-x^2}}$

$= \dfrac{1-2x^2}{\sqrt{1-x^2}}$

4. (1) $(x^2)' + (x)'y + xy' - (y^2)' = 0$

$2x + y + x\dfrac{dy}{dx} - 2y\dfrac{dy}{dx} = 0$

$2x + y + x\dfrac{dy}{dx} - 2y\dfrac{dy}{dx} = 0$

$\therefore\ 2x + y + (x-2y)\dfrac{dy}{dx} = 0 \quad \therefore\ \dfrac{dy}{dx} = \dfrac{-2x+y}{x-2y}$

(2) $3x^2 - \left(y^2 + x\cdot 2y\dfrac{dy}{dx}\right) + 3y^2\dfrac{dy}{dx} = 0$

$3x^2 - y^2 + (-2xy+3y^2)\dfrac{dy}{dx} = 0$

$\therefore\ \dfrac{dy}{dx} = \dfrac{3x^2-y^2}{2xy-3y^2}$

5. (1)

$\dfrac{dx}{dy} = \dfrac{1}{\dfrac{dy}{dx}} = \dfrac{1}{-\dfrac{(\sqrt{x-1})'}{(\sqrt{x-1})^2}} = \dfrac{-(\sqrt{x-1})^2}{(\sqrt{x-1})'} = -\dfrac{x-1}{\dfrac{1}{2\sqrt{x-1}}}$

$= -2(x-1)\sqrt{x-1}$

(2) $\dfrac{dy}{dx} = \dfrac{\dfrac{dy}{dt}}{\dfrac{dx}{dt}} = \dfrac{1-\dfrac{1}{t^2}}{2t+1} = \dfrac{\dfrac{t^2-1}{t^2}}{2t+1} = \dfrac{t^2-1}{t^2(2t+1)}$

6. (1) $y' = 2^x \ln 2$ (2) $y' = -5^{-x}\ln 5$ (3) $y' = -3e^{-3x}$

(4) $y = 2e^{\sqrt{2}x}$ (5) $y' = \dfrac{3(\ln x)^2}{x}$ (6) $y' = \dfrac{1}{2(x+\sqrt{x})}$

(7) $y' = \dfrac{1}{x\ln x}$　　(8) $y' = -\dfrac{a}{x^2}\cos\dfrac{a}{x}$　　(9) $y' = -3\sin(3x-2)$

(10) $y' = \tan\sqrt{x} + x \cdot \sec^2\sqrt{x} \cdot (\sqrt{x})' = \tan\sqrt{x} + \dfrac{x}{2\sqrt{x}}\sec^2\sqrt{x}$

$= \tan\sqrt{x} + \dfrac{\sqrt{x}\sec^2\sqrt{x}}{2}$

(11) $y' = \dfrac{1}{\sqrt{1-x}} \cdot \dfrac{1}{2\sqrt{x}} = \dfrac{1}{2\sqrt{x-x^2}}$

(12) $y' = \dfrac{+1}{(\cos^{-1}x)^2\sqrt{1-x^2}}$

7. (1) $y = x^x$ 의 양변에 (자연)로그를 잡으면

$\ln y = x\ln x$

양변을 x 에 대하여 미분하면

$\dfrac{y'}{y} = \ln x + x \cdot \dfrac{1}{x} = \ln x + 1$

$\therefore y' = y(\ln x + 1) = x^x(\ln x + 1)$

(2) $y = (\ln x)^x$ 의 양변에 로그를 잡으면

$\ln y = x\ln(\ln x)$

양변을 x 에 대하여 미분하면

$\dfrac{y'}{y} = \ln(\ln x) + x \cdot \dfrac{1}{\ln x} \cdot (\ln x)'$

$= \ln(\ln x) + x \cdot \dfrac{1}{\ln x} \cdot \dfrac{1}{x}$

$= \ln(\ln x) + \dfrac{1}{\ln x}$

$\therefore y' = y\left\{\ln(\ln x) + \dfrac{1}{\ln x}\right\}$

$= (\ln x)^x\left\{\ln(\ln x) + \dfrac{1}{\ln x}\right\}$

(3) $y = (\sin x)^{\sin x}$ 의 양변에 로그를 잡으면

$\ln y = \sin x \cdot \ln(\sin x)$

양변을 x 에 대하여 미분하면

$\dfrac{y'}{y} = \cos x \cdot \ln(\sin x) + \sin x \cdot \dfrac{1}{\sin x} \cdot (\sin x)'$

$= \cos x \cdot \ln(\sin x) + \cos x$

$= \cos x\{\ln(\sin x) + 1\}$

$\therefore y' = y\cos x\{\ln(\sin x) + 1\}$

$= (\sin x)^{\sin x}\cos x\{\ln(\sin x) + 1\}$

8. (1) $n!$

(2) $\dfrac{(-1)^n(n+2)!}{6x^{n+3}}$

(3) $f(x)=\ln x$

$f'(x)=x^{-1}$

$f''(x)=-x^{-2}$

$f'''(x)=(-2)(-1)x^{-3}$

$f^{(4)}(x)=-3\cdot 2\cdot 1\cdot x^{-4}$

$f^{(5)}(x)=4\cdot 3\cdot 2\cdot 1\cdot x^{-5}=4!\,x^{-5}$

$\vdots$

$f^{(n)}(x)=\dfrac{(-1)^{n-1}(n-1)!}{x^n}$

(4) $f(x)=\sin x$

$f'(x)=\cos x=\sin\left(x+\dfrac{\pi}{2}\right)$

$f''(x)=\cos\left(x+\dfrac{\pi}{2}\right)=\sin\left(x+\dfrac{\pi}{2}+\dfrac{\pi}{2}\right)$

$=\sin\left(x+2\cdot\dfrac{\pi}{2}\right)$

$f'''(x)=\cos\left(x+2\cdot\dfrac{\pi}{2}\right)=\sin\left(x+2\cdot\dfrac{\pi}{2}+\dfrac{\pi}{2}\right)$

$=\sin\left(x+3\cdot\dfrac{\pi}{2}\right)$

$f^{(4)}(x)=\cos\left(x+3\cdot\dfrac{\pi}{2}\right)=\sin\left(x+3\cdot\dfrac{\pi}{2}+\dfrac{\pi}{2}\right)$

$=\sin\left(x+4\cdot\dfrac{\pi}{2}\right)$

$\vdots$

$f^{(n)}(x)=\sin\left(x+\dfrac{n\pi}{2}\right)$

(5) $f(x)=e^x\sin x$

$f'(x)=e^x\sin x+e^x\cos x=e^x(\sin x+\cos x)=\sqrt{2}e^x\sin\left(x+\dfrac{\pi}{4}\right)$

$f''(x)=\sqrt{2}\left\{e^x\sin\left(x+\dfrac{\pi}{4}\right)+e^x\cos\left(x+\dfrac{\pi}{4}\right)\right\}$

$=\sqrt{2}e^x\left\{\sin\left(x+\dfrac{\pi}{4}\right)+\cos\left(x+\dfrac{\pi}{4}\right)\right\}$

$=\sqrt{2}e^x\cdot\sqrt{2}\,sin\left(x+\dfrac{\pi}{4}+\dfrac{\pi}{4}\right)$

$=(\sqrt{2})^2e^x\sin\left(x+\dfrac{2\pi}{4}\right)$

$\vdots$

$f^{(n)}(x)=(\sqrt{2})^n e^x\sin\left(x+\dfrac{n\pi}{4}\right)$

9. $f(x) = \cos x$

$f'(x) = -\sin x = f^{(5)}(x)$

$f''(x) = -\cos x = f^{(6)}(x)$

$f'''(x) = \sin x = f^{(7)}(x)$

$f^{(4)}(x) = \cos x = f^{(8)}(x)$

$f^{(n)}(x)$에서 n 이 4의 배수이면 $\cos x$, 문제에서 $n = 45$이므로 44일 때 $\cos x$, 즉

$f^{(44)}(x) = \cos x \quad \therefore f^{(45)}(x) = -\sin x$

10. (1) $z_x = 9x^2 - 4xy, \quad z_y = -2x^2 + 3y^2$

(2) $z_x = \dfrac{2x}{x^2 + y}, \quad z_y = \dfrac{1}{x^2 + y}$

11. $\dfrac{\partial z}{\partial x} + \dfrac{\partial z}{\partial y} = \dfrac{e^x}{e^x + e^y} + \dfrac{e^y}{e^x + e^y} = \dfrac{e^x + e^y}{e^x + e^y} = 1$

12. $\dfrac{\partial z}{\partial x} = -e^{-x}\sin y, \quad \dfrac{\partial z}{\partial y} = e^{-x}\cos y$

$\dfrac{\partial^2 z}{\partial x^2} = e^{-x}\sin y, \quad \dfrac{\partial^2 z}{\partial x\, \partial y} = -e^{-x}\cos y$

$\dfrac{\partial^2 z}{\partial y\, \partial x} = -e^{-x}\cos y, \quad \dfrac{\partial^2 z}{\partial y^2} = -e^{-x}\sin y$

13. $\dfrac{\partial z}{\partial x} = \dfrac{2x}{x^2 + y^2}, \quad \dfrac{\partial z}{\partial y} = \dfrac{2y}{x^2 + y^2}$

$\dfrac{\partial^2 z}{\partial x^2} = \dfrac{2(x^2 + y^2) - 2x \cdot 2x}{(x^2 + y^2)^2} = \dfrac{-2x^2 + 2y^2}{(x^2 + y^2)^2}$

$\dfrac{\partial^2 z}{\partial y^2} = \dfrac{2(x^2 + y^2) - 2y \cdot 2y}{(x^2 + y^2)^2} = \dfrac{2x^2 - 2y^2}{(x^2 + y^2)^2}$

$\therefore \dfrac{\partial^2 z}{\partial x^2} + \dfrac{\partial^2 z}{\partial y^2} = 0$

3장

1. (1) $\frac{x^6}{6} - x^3 + \frac{x^2}{2} - 4x + C$ (2) $-e^{-x} - \cos x + C$

(3) $\frac{2}{3}\{(x+1)\sqrt{x+1} - x\sqrt{x}\} + C$

2. (1) ($\ln x = t$로치환). $\frac{1}{3}(\ln x)^3 + C$

(2) ($\cos x = t$로치환). $-\ln|\cos x| + C$

(3) ($x = a\sin\theta$로치환). $\sin^{-1}\frac{x}{a} + C$

3. (1) $-x\cos x + \sin x + C$

(2) $\int x^2\cos x\, dx = \int x^2(\sin x)'\, dx = x^2\sin x - 2\int x\sin x\, dx$

이 때 $\int x\sin x\, dx = \int x(-\cos x)'\, dx = -x\cos x + \int \cos x\, dx$

$= -x\cos x + \sin x$

$\therefore \int x^2\cos x\, dx = x^2\sin x + 2x\cos x - 2\sin x + C$

(3) $I = \int e^x\sin x\, dx = \int (e^x)'\sin x\, dx = e^x\sin x - \int e^x\cos x\, dx$

$= e^x\sin x - \int (e^x)'\cos x\, dx = e^x\sin x - \left(e^x\cos x + \int e^x\sin x\, dx\right)$

$= e^x\sin x - (e^x\cos x + I) = e^x(\sin x - \cos x) - I$

$2I = e^x(\sin x - \cos x)$

$\therefore I = \frac{e^x}{2}(\sin x - \cos x) + C$

4. (1) $-\frac{16}{3}$ (2) $\ln(e-1)$ (3) $\frac{1}{2}\ln 3$

(4) $\frac{1}{4}\ln\frac{5}{3}$ (5) $\frac{\pi}{4} - \frac{1}{2}$ (6) $\frac{3}{2}\pi$

(7) ($\sin x = t$), $\frac{1}{3}$ (8) ($x^2 + 1 = t$), $\frac{1}{2}\ln 2$

5. 곡선 $\begin{cases} x = a\cos^3\theta \\ y = a\sin^3\theta \end{cases}$ 의 그래프는 그림과 같다.

곡선의 전체의 길이는 $0 \le \theta \le \frac{\pi}{2}$에서의 길이의 4배이다.

$\frac{dx}{d\theta} = -3a\cos^2\theta \cdot \sin\theta$

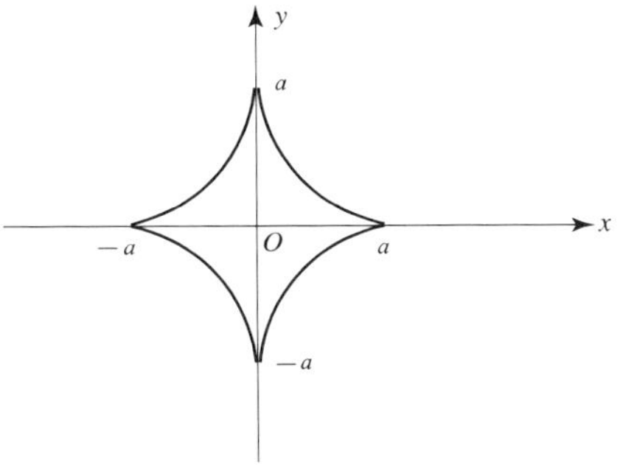

$$\frac{dy}{d\theta} = 3a\sin^2\theta \cdot \cos\theta$$

$$\therefore \ell = 4\int_0^{\frac{\pi}{2}} \sqrt{(-3a\cos^2\theta\sin\theta)^2 + (3a\sin^2\theta\cos\theta)^2}\, d\theta$$

$$= 12a\int_0^{\frac{\pi}{2}} \sin\theta\cos\theta\, d\theta = 6a\int_0^{\frac{\pi}{2}} \sin 2\theta\, d\theta$$

$$= 6a\left[-\frac{1}{2}cos2\theta\right]_0^{\frac{\pi}{2}} = 6a$$

6. $\frac{x^2}{a^2} + \frac{y^2}{b^2} = 1$에서 $y = \pm\frac{b}{a}\sqrt{a^2 - x^2}$

$f(x) = \frac{b}{a}\sqrt{a^2 - x^2}$, $g(x) = -\frac{b}{a}\sqrt{a^2 - x^2}$

으로 하고 구하는 면적을 S라 하면

$$S = \int_{-a}^{a} \{f(x) - g(x)\}\, dx = \frac{4b}{a}\int_0^{a} \sqrt{a^2 - x^2}\, dx$$

$x = a\sin\theta$ 라 치환하면 $dx = a\cos\theta\, d\theta$,

$0 \leq x \leq a$ 일 때 $0 \leq \theta \leq \frac{\pi}{2}$

$$\therefore S = \frac{4b}{a}\int_0^{\frac{\pi}{2}} \sqrt{a^2 - a^2\sin^2\theta} \cdot a\cos\theta\, d\theta$$

$$= \frac{4b}{a}\int_0^{\frac{\pi}{2}} a^2\cos^2\theta\, d\theta = 4ab\int_0^{\frac{\pi}{2}} \frac{1+\cos 2\theta}{2}\, d\theta$$

$$= 4ab \cdot \frac{\pi}{4} = \pi ab$$

7. 원에서 $y = b \pm \sqrt{a^2 - x^2}$

$$\pi_x = 2\left\{\pi\int_0^{a} (b + \sqrt{a^2 - x^2})^2 dx - \pi\int_0^{a} (b - \sqrt{a^2 - x^2})^2 dx\right\}$$

$$= 8b\pi\int_0^{a} \sqrt{a^2 - x^2}\, dx = 2a^2 b\pi^2$$

4 장

1. (1) $Re\, z_1 = -3,\ I_m\, z_2 = 0$ (2) $Re\, z_2 = 0,\ I_m\, z_2 = -5$
   (3) $Re\, z_3 = 0,\ I_m\, z_3 = -\sqrt{2}$ (4) $Re\, z_4 = -\sqrt{3},\ I_m\, z_4 = 1$

2. (1) $|z_1| = \sqrt{2}$ (2) $|z_2| = 2\sqrt{5}$
   (3) $|z_3| = 3$ (4) $|z_4| = \sqrt{10}$

3. (1) $\frac{1}{26}(5+j)$ (2) $-\frac{2}{5}$ (3) $-3+\sqrt{3}\,j$ (4) -4
   (5) -4 (6) $-j$ (7) $-2j$

4. (1) $(z_1 z_2)(z_1^{-1} z_2^{-1}) + z_1 z_1^{-1} z_2 z_2^{-1} = 1 \cdot 1 = 1$

   $\therefore (z_1 z_2)^{-1} = z_1^{-1} z_2^{-1}$

   (2) $\frac{1}{z_1 z_2} = (z_1 z_2)^{-1} = z_1^{-1} z_2^{-1} = \frac{1}{z_1} \cdot \frac{1}{z_2}$

   (3) $$\begin{aligned} |z_1 z_2|^2 &= (z_1 z_2)(\overline{z_1 z_2}) = (z_1 z_2)(\overline{z_1}\,\overline{z_2}) \\ &= (z_1 \overline{z_1})(z_2 \overline{z_2}) = |z_1|^2 |z_2|^2 \\ &= (|z_1||z_2|)^2 \end{aligned}$$

   $\therefore |z_1 z_2| = |z_1||z_2|$

5. (1) $\overline{\overline{z} + 2j} = \overline{\overline{z}} + \overline{2j} = z - 2j$ (2) $-j\,\overline{z}$ (3) $2j$

6. $$\begin{aligned} |z_1 + z_2|^2 &= (z_1 + z_2)(\overline{z_1 + z_2}) = (z_1 + z_2)(\overline{z_1} + \overline{z_2}) \\ &= z_1 \overline{z_1} + z_1 \overline{z_2} + \overline{z_1} z_2 + z_2 \overline{z_2} \\ &= z_1 \overline{z_1} + (z_1 \overline{z_2} + \overline{z_1 \overline{z_2}}) + z_2 \overline{z_2} \\ &= |z_1|^2 + 2Re(z_1 \overline{z_2}) + |z_2|^2 \\ &\le |z_1|^2 + 2|z_1 \overline{z_2}| + |z_2|^2 \qquad (\because z + \overline{z} = 2Re\, z \le 2|z|) \\ &= |z_1|^2 + 2|z_1||\overline{z_2}| + |z_2|^2 \\ &= |z_1|^2 + 2|z_1||z_2| + |z_2|^2 \\ &= (|z_1| + |z_2|)^2 \end{aligned}$$

   $\therefore |z_1 + z_2| \le |z_1| + |z_2|$

7. 생 략

8. $P\left(3\sqrt{2},\ \frac{5}{4}\pi\right)$

9. $P\left(\frac{3\sqrt{2}}{2},\ -\frac{3\sqrt{2}}{2}\right)$

10. (1) $z_1 = \sqrt{2}\left(\cos\frac{\pi}{4} + j\sin\frac{\pi}{4}\right)$ (2) $z_2 = 2\left(\cos\frac{2\pi}{3} + j\sin\frac{2\pi}{3}\right)$

(3) $z_3 = 2\left\{\cos\left(-\frac{\pi}{6}\right) + j\sin\left(-\frac{\pi}{6}\right)\right\} = 2\left(\cos\frac{\pi}{6} - j\sin\frac{\pi}{6}\right)$

(4) $z_4 = 3\left\{\cos\left(-\frac{\pi}{2}\right) + j\sin\left(-\frac{\pi}{2}\right)\right\} = 3\left(\cos\frac{\pi}{2} - j\sin\frac{\pi}{2}\right)$

11. (1) (준식) $= \cos\frac{\pi}{2} + j\sin\frac{\pi}{2} = j$

(2) (준식) $= \frac{2}{\sqrt{3}}\left(\cos\frac{\pi}{3} + j\sin\frac{\pi}{3}\right) = \frac{2}{\sqrt{3}}\left(\frac{1}{2} + \frac{\sqrt{3}}{2}j\right)$

$= \frac{1}{\sqrt{3}} + j = \frac{\sqrt{3}}{3} + j$

12. (1) $e^{j\pi} = \cos\pi + j\sin\pi = -1 + j \cdot 0 = -1$

(2) $e^{-j\frac{\pi}{2}} = \cos\frac{\pi}{2} + j\sin\frac{\pi}{2} = -j$

(3) $e^{-j\frac{\pi}{4}} = \cos\frac{\pi}{4} - j\sin\frac{\pi}{4} = \frac{1}{\sqrt{2}}(1-j)$

(4) $e^{j4\pi} = \cos 4\pi + j\sin 4\pi = 1$

13. (1) $-8(1+j)$ (2) $1+2j$

14. (1) $|e^{j\theta}| = |\cos\theta + j\sin\theta| = \sqrt{\cos^2\theta + \sin^2\theta} = \sqrt{1} = 1$

(2) $\overline{e^{j\theta}} = \overline{\cos\theta + j\sin\theta} = \cos\theta - j\sin\theta$

$= \cos(-\theta) + j\sin(-\theta) = e^{j(-\theta)} = e^{-j\theta}$

5장

1. (1) $\begin{vmatrix} -4 & 8 \\ -2 & 9 \end{vmatrix} = -36 - 16 = -20$

(2) $\begin{vmatrix} 2 & -1 & 1 \\ 1 & 3 & 2 \\ 3 & 2 & 3 \end{vmatrix} = \begin{vmatrix} 2-2 & -1 & 1-1 \\ 1+6 & 3 & 2+3 \\ 3+4 & 2 & 3+2 \end{vmatrix} = \begin{vmatrix} 0 & -1 & 0 \\ 7 & 3 & 5 \\ 7 & 2 & 5 \end{vmatrix} = 0$

(3) $\begin{vmatrix} -7 & -4 & 3 \\ 5 & -2 & 8 \\ -3 & 4 & -5 \end{vmatrix} = \begin{vmatrix} -7-10 & -4+4 & 3-16 \\ 5 & -2 & 8 \\ -3+10 & 4-4 & -5+16 \end{vmatrix}$

$= \begin{vmatrix} -17 & 0 & -13 \\ 5 & -2 & 8 \\ 7 & 0 & 11 \end{vmatrix} = (-2) \times \begin{vmatrix} -17 & -13 \\ 7 & 11 \end{vmatrix} = 192$

(4) $\begin{vmatrix} 1 & 3 & 2 & -1 \\ 2 & -1 & 3 & 1 \\ -1 & 2 & 1 & 1 \\ -2 & -5 & 2 & 3 \end{vmatrix} = \begin{vmatrix} 1-1 & 3-3 & 2-2 & -1 \\ 2+1 & -1+3 & 3+2 & 1 \\ -1+1 & 2+3 & 1+2 & 1 \\ -2+3 & -5+9 & 2+6 & 3 \end{vmatrix}$

$$= \begin{vmatrix} 0 & 0 & 0 & -1 \\ 3 & 2 & 5 & 1 \\ 0 & 5 & 3 & 1 \\ 1 & 4 & 8 & 3 \end{vmatrix} = (-1)^{1+4} \times (-1) \begin{vmatrix} 3 & 2 & 5 \\ 0 & 5 & 3 \\ 1 & 4 & 8 \end{vmatrix}$$

$$= 3\begin{vmatrix} 5 & 3 \\ 4 & 8 \end{vmatrix} + \begin{vmatrix} 2 & 5 \\ 5 & 3 \end{vmatrix} = 3(40-12)+(6-25)$$

$$= 84+(-19) = 65$$

2. (1) $D = \begin{vmatrix} 2 & -1 & -1 \\ 4 & 2 & -1 \\ 4 & 3 & 0 \end{vmatrix} = \begin{vmatrix} 2 & -1 & -1 \\ 4-2 & 2+1 & -1+1 \\ 4 & 3 & 0 \end{vmatrix}$

$$= \begin{vmatrix} 2 & -1 & -1 \\ 2 & 3 & 0 \\ 4 & 3 & 0 \end{vmatrix} = (-1)^{1+3} \times (-1) \begin{vmatrix} 2 & 3 \\ 4 & 3 \end{vmatrix}$$

$$= -(6-12) = 6 \, (D \neq 0)$$

$D_1 = \begin{vmatrix} 3 & -1 & -1 \\ 15 & 2 & -1 \\ 18 & 3 & 0 \end{vmatrix} = 18 \qquad \therefore x = \dfrac{D_1}{D} = \dfrac{18}{6} = 3$

$D_2 = \begin{vmatrix} 2 & 3 & -1 \\ 4 & 15 & -1 \\ 4 & 18 & 0 \end{vmatrix} = 12 \qquad \therefore y = \dfrac{D_2}{D} = \dfrac{-12}{6} = 2$

$D_3 = \begin{vmatrix} 2 & -1 & 3 \\ 4 & 2 & 15 \\ 4 & 3 & 18 \end{vmatrix} = 6 \qquad \therefore z = \dfrac{D_3}{D} = \dfrac{6}{6} = 0 = 1$

(2) $D = \begin{vmatrix} 2 & 2 & 2 \\ 2 & 4 & 6 \\ 2 & 6 & 12 \end{vmatrix} = 8\begin{vmatrix} 1 & 1 & 1 \\ 1 & 2 & 3 \\ 1 & 3 & 6 \end{vmatrix} = 8\begin{vmatrix} 1 & 1 & 1 \\ 1-1 & 2-1 & 3-1 \\ 1-1 & 3-1 & 6-1 \end{vmatrix}$

$$= 8\begin{vmatrix} 1 & 1 & 1 \\ 0 & 1 & 2 \\ 0 & 2 & 5 \end{vmatrix} = 8 \, (D \neq 0)$$

$D_1 = \begin{vmatrix} 2 & 2 & 2 \\ 0 & 4 & 6 \\ 0 & 6 & 12 \end{vmatrix} = 8\begin{vmatrix} 1 & 1 & 1 \\ 0 & 2 & 3 \\ 0 & 3 & 6 \end{vmatrix} = 24 \qquad \therefore x = \dfrac{D_1}{D} = \dfrac{24}{8} = 3$

$D_2 = \begin{vmatrix} 2 & 2 & 2 \\ 2 & 0 & 6 \\ 2 & 0 & 12 \end{vmatrix} = 8\begin{vmatrix} 1 & 1 & 1 \\ 1 & 0 & 3 \\ 1 & 0 & 6 \end{vmatrix} = -24 \qquad \therefore y = \dfrac{D_2}{D} = \dfrac{-24}{8} = -3$

$D_1 = \begin{vmatrix} 2 & 2 & 2 \\ 2 & 4 & 0 \\ 2 & 6 & 0 \end{vmatrix} = 8\begin{vmatrix} 1 & 1 & 1 \\ 1 & 2 & 0 \\ 1 & 3 & 0 \end{vmatrix} = 8 \qquad \therefore z = \dfrac{D_1}{D} = \dfrac{8}{8} = 1$

(3) $D = \begin{vmatrix} 1 & -1 & 2 \\ 2 & 0 & -1 \\ 1 & 1 & 1 \end{vmatrix} = \begin{vmatrix} 1 & -1 & 2 \\ 2 & 0 & -1 \\ 1+1 & 1-1 & 1+2 \end{vmatrix}$

$$= \begin{vmatrix} 1 & -1 & 2 \\ 2 & 0 & -1 \\ 2 & 0 & 3 \end{vmatrix} = 8 \, (D \neq 0)$$

$D_1 = \begin{vmatrix} 1 & -1 & 2 \\ 2 & 0 & -1 \\ 3 & 1 & 1 \end{vmatrix} = 10 \qquad \therefore x = \dfrac{D_1}{D} = \dfrac{10}{8} = \dfrac{5}{4}$

$D_2 = \begin{vmatrix} 1 & 1 & 2 \\ 2 & 2 & -1 \\ 1 & 3 & 1 \end{vmatrix} = 10 \qquad \therefore y = \dfrac{D_2}{D} = \dfrac{10}{8} = \dfrac{5}{4}$

$$D_3=\begin{vmatrix}1 & -1 & 1\\ 2 & 0 & 2\\ 1 & 1 & 3\end{vmatrix}=4 \qquad \therefore z=\frac{D_3}{D}=\frac{4}{8}=\frac{1}{2}$$

(4) $$|D|=\begin{vmatrix}1 & -1 & 2 & 1\\ -1 & 0 & 3 & 2\\ 2 & 1 & 0 & -1\\ 2 & -2 & 1 & 3\end{vmatrix}=\begin{vmatrix}1 & 0 & 0 & 0\\ -1 & -1 & 5 & 3\\ 2 & 3 & -4 & -3\\ 2 & 0 & -3 & 1\end{vmatrix}=-29$$

$$|D_1|=\begin{vmatrix}-5 & -1 & 2 & 1\\ 0 & 0 & 3 & 2\\ 1 & 1 & 0 & -1\\ -1 & -2 & 1 & 3\end{vmatrix}=\begin{vmatrix}-5 & 4 & 2 & -4\\ 0 & 0 & 3 & 2\\ 1 & 0 & 0 & 0\\ -1 & -1 & 1 & 2\end{vmatrix}=0$$

$$|D_2|=\begin{vmatrix}1 & -5 & 2 & 1\\ -1 & 0 & 3 & 2\\ 2 & 1 & 0 & -1\\ 2 & -1 & 1 & 3\end{vmatrix}=\begin{vmatrix}11 & -5 & 2 & -4\\ -1 & 0 & 3 & 2\\ 0 & 1 & 0 & 0\\ 4 & -1 & 1 & 2\end{vmatrix}=-116$$

$$|D_3|=\begin{vmatrix}1 & -1 & -5 & 1\\ -1 & 0 & 0 & 2\\ 2 & 1 & 1 & -1\\ 2 & -2 & -1 & 3\end{vmatrix}=\begin{vmatrix}3 & -1 & -4 & 0\\ -1 & 0 & 0 & 2\\ 0 & 1 & 0 & 0\\ 6 & -2 & 1 & 1\end{vmatrix}=58$$

$$|D_4|=\begin{vmatrix}1 & -1 & 2 & -5\\ -1 & 0 & 3 & 0\\ 2 & 1 & 0 & 1\\ 2 & -2 & 1 & -1\end{vmatrix}=\begin{vmatrix}3 & -1 & 2 & -4\\ -1 & 0 & 3 & 0\\ 0 & 1 & 0 & 0\\ 6 & -2 & 1 & 1\end{vmatrix}=-87$$

$$x_1=\frac{0}{-29}=0,\ x_2=\frac{-116}{-29}=4,\ x_3=\frac{58}{-29}=-2,\ x_4=+3$$

3. 회로방정식을 세우면

$$i_1-i_2=10$$

$$-i_1+8i_2-2i_3=0$$

$$-2i_2+6i_3=0$$

$$D=\begin{vmatrix}1 & -1 & 0\\ -1 & 8 & -2\\ 0 & -2 & 6\end{vmatrix}=\begin{vmatrix}1 & -1 & 0\\ -1+1 & 8-1 & -2\\ 0 & -2 & 6\end{vmatrix}$$

$$=\begin{vmatrix}1 & -1 & 0\\ 0 & 7 & -2\\ 0 & -2 & 6\end{vmatrix}=46(D\neq 0)$$

$$D_1=\begin{vmatrix}10 & -1 & 0\\ 0 & 8 & -2\\ 0 & -2 & 6\end{vmatrix}=440 \qquad \therefore i_1=\frac{D_1}{D}=\frac{440}{46}=\frac{220}{23}$$

$$D_2=\begin{vmatrix}1 & 10 & 0\\ -1 & 0 & -2\\ 0 & 0 & 6\end{vmatrix}=60 \qquad \therefore i_2=\frac{D_2}{D}=\frac{60}{46}=\frac{30}{23}$$

$$D_3=\begin{vmatrix}1 & -1 & 10\\ -1 & 8 & 0\\ 0 & -2 & 0\end{vmatrix}=20 \qquad \therefore i_3=\frac{D_3}{D}=\frac{20}{46}=\frac{10}{23}$$

4. (a) $$\begin{bmatrix}1 & -7 & 2\\ 4 & 1 & -5\\ 3 & -8 & 6\end{bmatrix}+\begin{bmatrix}9 & -1 & 8\\ -4 & 5 & -1\\ -7 & 4 & -2\end{bmatrix}=\begin{bmatrix}1+9 & -7-1 & 2+8\\ 4-4 & 1+5 & -5-1\\ 3-7 & -8+4 & 6-2\end{bmatrix}$$

$$=\begin{bmatrix}10 & -8 & 10\\ 0 & 6 & -6\\ -4 & -4 & 4\end{bmatrix}$$

(b) $\begin{bmatrix} 1 & 3 & 2 \\ -4 & 4 & 1 \\ 5 & 2 & -2 \end{bmatrix}\begin{bmatrix} 4 \\ 2 \\ 1 \end{bmatrix}=\begin{bmatrix} 4+6+2 \\ -16+8+1 \\ 20+4-2 \end{bmatrix}=\begin{bmatrix} 12 \\ -7 \\ 22 \end{bmatrix}$

(c) $\left\{\begin{bmatrix} 3 & 2 \\ -1 & 4 \end{bmatrix}+\begin{bmatrix} 2 & -1 \\ 3 & -1 \end{bmatrix}\right\}\begin{bmatrix} 4 \\ 5 \end{bmatrix}=\begin{bmatrix} 5 & 1 \\ 2 & 3 \end{bmatrix}\begin{bmatrix} 4 \\ 5 \end{bmatrix}=\begin{bmatrix} 20+5 \\ 8+15 \end{bmatrix}=\begin{bmatrix} 25 \\ 23 \end{bmatrix}$

(d) $\begin{bmatrix} 0 & 2 \\ 1 & -1 \end{bmatrix}\begin{bmatrix} 1 & 2 \\ 3 & 4 \end{bmatrix}\begin{bmatrix} 5 & 2 \\ 3 & 1 \end{bmatrix}=\begin{bmatrix} 6 & 8 \\ -2 & -2 \end{bmatrix}\begin{bmatrix} 5 & 2 \\ 3 & 1 \end{bmatrix}=\begin{bmatrix} 54 & 20 \\ -16 & -6 \end{bmatrix}$

(e) $\begin{vmatrix} 1 & 3 \\ 2 & 4 \end{vmatrix}=1\times4-2\times3=-2$ $\qquad \begin{bmatrix} 1 & 3 \\ 2 & 4 \end{bmatrix}=\begin{bmatrix} -2 & \dfrac{3}{2} \\ 1 & -\dfrac{1}{2} \end{bmatrix}$

(f) $\begin{vmatrix} 2 & 3 \\ 3 & 5 \end{vmatrix}=1$ $\qquad \therefore \begin{bmatrix} 2 & 3 \\ 3 & 5 \end{bmatrix}=\begin{bmatrix} 5 & -3 \\ -3 & 2 \end{bmatrix}$

$\begin{bmatrix} 2 & 3 \\ 3 & 5 \end{bmatrix}\begin{bmatrix} 3 & 1 \\ 4 & 2 \end{bmatrix}=\begin{bmatrix} 5 & -3 \\ -3 & 2 \end{bmatrix}\begin{bmatrix} 3 & 1 \\ 4 & 2 \end{bmatrix}=\begin{bmatrix} 3 & -1 \\ -1 & 1 \end{bmatrix}$

(g) $\begin{vmatrix} 1 & 0 & 1 \\ 3 & 2 & 8 \\ 2 & 3 & 10 \end{vmatrix}=1$ $\qquad \therefore \begin{bmatrix} 1 & 0 & 1 \\ 3 & 2 & 8 \\ 2 & 3 & 10 \end{bmatrix}=\begin{bmatrix} -4 & 3 & -2 \\ -14 & 8 & -5 \\ 5 & -3 & 2 \end{bmatrix}$

$\begin{bmatrix} 2 & 4 & 5 \\ 3 & 1 & 0 \\ 0 & 6 & 3 \end{bmatrix}\begin{bmatrix} 1 & 0 & 1 \\ 3 & 2 & 8 \\ 2 & 3 & 10 \end{bmatrix}=\begin{bmatrix} 2 & 4 & 5 \\ 3 & 1 & 0 \\ 0 & 6 & 3 \end{bmatrix}\begin{bmatrix} -4 & 3 & -2 \\ -14 & 8 & -5 \\ 5 & -3 & 2 \end{bmatrix}=\begin{bmatrix} -39 & 23 & -14 \\ -26 & 17 & -11 \\ -69 & 39 & -24 \end{bmatrix}$

5. $\begin{bmatrix} 1 & 2 & 4 \\ 3 & 1 & 3 \\ -1 & 3 & 1 \end{bmatrix}\begin{bmatrix} x_1 \\ x_2 \\ x_3 \end{bmatrix}=\begin{bmatrix} -2 \\ 0 \\ -8 \end{bmatrix}$

$\begin{bmatrix} x_1 \\ x_2 \\ x_3 \end{bmatrix}=\begin{bmatrix} 1 & 2 & 4 \\ 3 & 1 & 3 \\ -1 & 3 & 1 \end{bmatrix}^{-1}\begin{bmatrix} -2 \\ 0 \\ -8 \end{bmatrix}$

$\begin{vmatrix} 1 & 2 & 4 \\ 3 & 1 & 3 \\ -1 & 3 & 1 \end{vmatrix}=20$

$\therefore \begin{bmatrix} 1 & 2 & 4 \\ 3 & 1 & 3 \\ -1 & 3 & 1 \end{bmatrix}^{-1}=\dfrac{1}{20}\begin{bmatrix} -8 & 10 & 2 \\ -6 & 5 & 9 \\ 10 & -5 & -5 \end{bmatrix}$

$\begin{bmatrix} x_1 \\ x_2 \\ x_3 \end{bmatrix}=\begin{bmatrix} 1 & 2 & 4 \\ 3 & 1 & 3 \\ -1 & 3 & 1 \end{bmatrix}^{-1}\begin{bmatrix} -2 \\ 0 \\ -8 \end{bmatrix}$

$=\dfrac{1}{20}\begin{bmatrix} -8 & 10 & 2 \\ -6 & 5 & 9 \\ 10 & -5 & -5 \end{bmatrix}\begin{bmatrix} -2 \\ 0 \\ -8 \end{bmatrix}=\begin{bmatrix} 0 \\ -3 \\ 1 \end{bmatrix}$

$\therefore x_1=0,\ x_2=-3,\ x_3=1$

6. (a) $(\mathbf{A}^T)^T=\left(\begin{bmatrix} a_{11} & a_{12} \\ a_{21} & a_{22} \end{bmatrix}^T\right)^T=\begin{bmatrix} a_{11} & a_{21} \\ a_{12} & a_{22} \end{bmatrix}^T=\begin{bmatrix} a_{11} & a_{12} \\ a_{21} & a_{22} \end{bmatrix}=\mathbf{A}$

(b) $(\mathbf{A}+\mathbf{B})^T=\left(\begin{bmatrix} a_{11} & a_{12} \\ a_{21} & a_{22} \end{bmatrix}+\begin{bmatrix} b_{11} & b_{12} \\ b_{21} & b_{22} \end{bmatrix}\right)^T=\begin{bmatrix} a_{11}+b_{11} & a_{12}+b_{12} \\ a_{21}+b_{21} & a_{22}+b_{22} \end{bmatrix}^T$

$=\begin{bmatrix} a_{11}+b_{11} & a_{21}+b_{21} \\ a_{12}+b_{12} & a_{22}+b_{22} \end{bmatrix}$

$$\mathbf{A}^T+\mathbf{B}^T=\begin{bmatrix}a_{11}\ a_{12}\\a_{21}\ a_{22}\end{bmatrix}+\begin{bmatrix}b_{11}\ b_{12}\\b_{21}\ b_{22}\end{bmatrix}=\begin{bmatrix}a_{11}\ a_{21}\\a_{12}\ a_{22}\end{bmatrix}+\begin{bmatrix}b_{11}\ b_{21}\\b_{12}\ b_{22}\end{bmatrix}$$

$$=\begin{bmatrix}a_{11}+b_{11}\ a_{21}+b_{21}\\a_{12}+b_{12}\ a_{22}+b_{22}\end{bmatrix}$$

$$\therefore(\mathbf{A}+\mathbf{B})^T=\mathbf{A}^T+\mathbf{B}^T$$

(c) $$(\mathbf{AB})^T=\left(\begin{bmatrix}a_{11}\ a_{12}\\a_{21}\ a_{22}\end{bmatrix}\begin{bmatrix}b_{11}\ b_{12}\\b_{21}\ b_{22}\end{bmatrix}\right)^T$$

$$=\begin{bmatrix}a_{11}b_{11}+a_{12}b_{21}\ a_{11}b_{12}+a_{12}b_{22}\\a_{21}b_{11}+a_{22}b_{21}\ a_{21}b_{12}+a_{22}b_{22}\end{bmatrix}$$

$$=\begin{bmatrix}a_{11}b_{11}+a_{12}b_{21}\ a_{21}b_{11}+a_{22}b_{21}\\a_{11}b_{12}+a_{12}b_{22}\ a_{21}b_{12}+a_{22}b_{22}\end{bmatrix}$$

$$\mathbf{B}^T\mathbf{A}^T=\begin{bmatrix}b_{11}\ b_{12}\\b_{21}\ b_{22}\end{bmatrix}\begin{bmatrix}a_{11}\ a_{12}\\a_{21}\ a_{22}\end{bmatrix}=\begin{bmatrix}b_{11}\ b_{21}\\b_{12}\ b_{22}\end{bmatrix}\begin{bmatrix}a_{11}\ a_{21}\\a_{12}\ a_{22}\end{bmatrix}$$

$$=\begin{bmatrix}a_{11}b_{11}+a_{12}b_{21}\ a_{21}b_{11}+a_{22}b_{21}\\a_{11}b_{12}+a_{12}b_{22}\ a_{21}b_{12}+a_{22}b_{22}\end{bmatrix}$$

$$\therefore(\mathbf{AB})^T=\mathbf{B}^T\mathbf{A}^T$$

(d) $$\mathbf{AB}=\begin{bmatrix}a_{11}\ a_{12}\\a_{21}\ a_{22}\end{bmatrix}\begin{bmatrix}b_{11}\ b_{12}\\b_{21}\ b_{22}\end{bmatrix}=\begin{bmatrix}a_{11}b_{11}+a_{12}b_{21}\ a_{11}b_{12}+a_{12}b_{22}\\a_{21}b_{11}+a_{22}b_{21}\ a_{21}b_{12}+a_{22}b_{22}\end{bmatrix}$$

$$\mathbf{BA}=\begin{bmatrix}b_{11}\ b_{12}\\b_{21}\ b_{22}\end{bmatrix}\begin{bmatrix}a_{11}\ a_{12}\\a_{21}\ a_{22}\end{bmatrix}=\begin{bmatrix}a_{11}b_{11}+a_{21}b_{12}\ a_{12}b_{11}+a_{22}b_{12}\\a_{11}b_{21}+a_{21}b_{22}\ a_{12}b_{21}+a_{22}b_{22}\end{bmatrix}$$

$$\therefore\mathbf{AB}\neq\mathbf{BA}$$

〈예외〉 A, B 중 0행렬 혹은 단위행렬을 포함하는 경우는 AB= BA가 성립한다.

(e) $$\mathbf{A}(\mathbf{BC})=\begin{bmatrix}a_{11}\ a_{12}\\a_{21}\ a_{22}\end{bmatrix}\left(\begin{bmatrix}b_{11}\ b_{12}\\b_{21}\ b_{22}\end{bmatrix}\begin{bmatrix}c_{11}\ c_{12}\\c_{21}\ c_{22}\end{bmatrix}\right)$$

$$=\begin{bmatrix}a_{11}\ a_{12}\\a_{21}\ a_{22}\end{bmatrix}\begin{bmatrix}b_{11}c_{11}+b_{12}c_{21}\ b_{11}c_{12}+b_{12}c_{22}\\b_{21}c_{11}+b_{22}c_{21}\ b_{21}c_{12}+b_{22}c_{22}\end{bmatrix}$$

$$=\begin{bmatrix}a_{11}b_{11}c_{11}+a_{11}b_{12}c_{21}+a_{12}b_{21}c_{11}+a_{12}b_{22}c_{21} & a_{11}b_{11}c_{12}+a_{11}b_{12}c_{22}+a_{12}b_{21}c_{12}+a_{12}b_{22}c_{22}\\a_{21}b_{11}c_{11}+a_{21}b_{12}c_{21}+a_{22}b_{21}c_{11}+a_{22}b_{22}c_{21} & a_{21}b_{11}c_{12}+a_{21}b_{12}c_{22}+a_{22}b_{21}c_{12}+a_{22}b_{22}c_{22}\end{bmatrix}$$

$$(\mathbf{AB})\mathbf{C}=\left(\begin{bmatrix}a_{11}\ a_{12}\\a_{21}\ a_{22}\end{bmatrix}\begin{bmatrix}b_{11}\ b_{12}\\b_{21}\ b_{22}\end{bmatrix}\right)\begin{bmatrix}c_{11}\ c_{12}\\c_{21}\ c_{22}\end{bmatrix}$$

$$=\begin{bmatrix}a_{11}b_{11}+a_{12}b_{21}\ a_{11}b_{12}+a_{12}b_{22}\\a_{21}b_{11}+a_{22}b_{21}\ a_{21}b_{12}+a_{22}b_{22}\end{bmatrix}\begin{bmatrix}c_{11}\ c_{12}\\c_{21}\ c_{22}\end{bmatrix}$$

$$=\begin{bmatrix}a_{11}b_{11}c_{11}+a_{11}b_{12}c_{21}+a_{12}b_{21}c_{11}+a_{12}b_{22}c_{21} & a_{11}b_{11}c_{12}+a_{11}b_{12}c_{22}+a_{12}b_{21}c_{12}+a_{12}b_{22}c_{22}\\a_{21}b_{11}c_{11}+a_{21}b_{12}c_{21}+a_{22}b_{21}c_{11}+a_{22}b_{22}c_{21} & a_{21}b_{11}c_{12}+a_{21}b_{12}c_{22}+a_{22}b_{21}c_{12}+a_{22}b_{22}c_{22}\end{bmatrix}$$

$$\therefore\mathbf{A}(\mathbf{BC})=(\mathbf{AB})\mathbf{C}$$

(f) $$(\mathbf{A}+\mathbf{B})\mathbf{C}=\left(\begin{bmatrix}a_{11}\ a_{12}\\a_{21}\ a_{22}\end{bmatrix}+\begin{bmatrix}b_{11}\ b_{12}\\b_{21}\ b_{22}\end{bmatrix}\right)\begin{bmatrix}c_{11}\ c_{12}\\c_{21}\ c_{22}\end{bmatrix}$$

$$= \begin{bmatrix} a_{11}+b_{11} & a_{12}+b_{12} \\ a_{21}+b_{21} & a_{22}+b_{22} \end{bmatrix} \begin{bmatrix} c_{11} & c_{12} \\ c_{21} & c_{22} \end{bmatrix}$$

$$= \begin{bmatrix} a_{11}c_{11}+b_{11}c_{11}+a_{12}c_{21}+b_{12}c_{21} & a_{11}c_{12}+b_{11}c_{12}+a_{12}c_{22}+b_{12}c_{22} \\ a_{21}c_{11}+b_{21}c_{11}+a_{22}c_{21}+b_{22}c_{21} & a_{21}c_{12}+a_{21}c_{12}+a_{22}c_{22}+b_{22}c_{22} \end{bmatrix}$$

$$\text{AC+BC} = \begin{bmatrix} a_{11} & a_{12} \\ a_{21} & a_{22} \end{bmatrix} \begin{bmatrix} c_{11} & c_{12} \\ c_{21} & c_{22} \end{bmatrix} + \begin{bmatrix} b_{11} & b_{12} \\ b_{21} & b_{22} \end{bmatrix} \begin{bmatrix} c_{11} & c_{12} \\ c_{21} & c_{22} \end{bmatrix}$$

$$= \begin{bmatrix} a_{11}c_{11}+a_{12}c_{21} & a_{11}c_{12}+a_{12}c_{22} \\ a_{21}c_{11}+a_{22}c_{21} & a_{21}c_{12}+a_{22}c_{22} \end{bmatrix} + \begin{bmatrix} a_{11}c_{11}+a_{12}c_{21} & a_{11}c_{12}+a_{12}c_{22} \\ a_{21}c_{11}+a_{22}c_{21} & a_{21}c_{12}+a_{22}c_{22} \end{bmatrix}$$

$$= \begin{bmatrix} a_{11}c_{11}+b_{11}c_{11}+a_{12}c_{21}+b_{12}c_{21} & a_{11}c_{12}+b_{11}c_{12}+a_{12}c_{22}+b_{12}c_{22} \\ a_{21}c_{12}+a_{21}c_{12}+a_{22}c_{22}+b_{22}c_{22} & a_{21}c_{12}+a_{21}c_{12}+a_{22}c_{22}+b_{22}c_{22} \end{bmatrix}$$

$\therefore$ (A+B)C= AC+BC

7. **〈풀이 1〉** 키로히호프의 제2법칙을 사용하면

$$\begin{cases} E_1 = (Z_1+Z_3)I_1 + Z_3 I_2 \\ E_2 = Z_3 I_1 + (Z_2+Z_3) I_2 \end{cases}$$

행렬로 표현하면

$$\begin{bmatrix} E_1 \\ E_2 \end{bmatrix} = \begin{bmatrix} Z_1+Z_3 & Z_3 \\ Z_3 & Z_2+Z_3 \end{bmatrix} \begin{bmatrix} I_1 \\ I_2 \end{bmatrix}$$

따라서 임피던스 파라미터는

$\therefore Z_{11} = Z_1 + Z_3,\quad Z_{12}, Z_{21} = Z_3,\quad Z_{22} = Z_2 + Z_3$

〈풀이 2〉 임피던스 파라미터의 물리적인 성질을 사용하면

$$Z_{11} = \left(\frac{E_1}{I_1}\right)_{I_2=0} = Z_1 + Z_3 \qquad Z_{21} = \left(\frac{E_2}{I_1}\right)_{I_2=0} = Z_3$$

$$Z_{22} = \left(\frac{E_2}{I_2}\right)_{I_1=0} = Z_2 + Z_3 \qquad Z_{12} = \left(\frac{E_1}{I_2}\right)_{I_1=0} = Z_3$$

8. 어드미턴스 파라미터의 물리적인 성질을 사용하면
2-2′ 단자를 단락하면

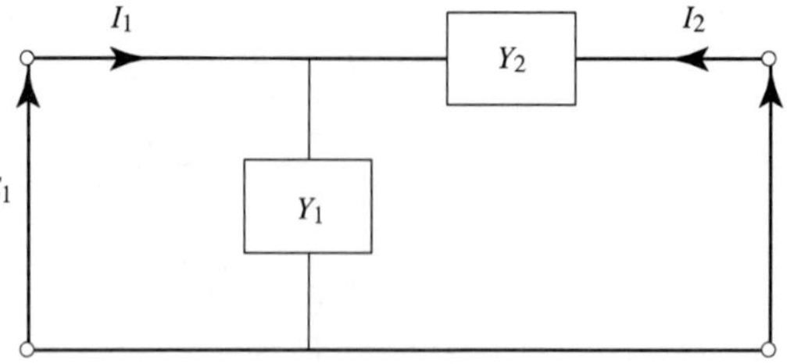

$$Y_{11} = \left(\frac{I_1}{E_1}\right)_{E_2=0} = Y_1 + Y_2$$

$$Y_{21} = \left(\frac{I_2}{E_1}\right)_{E_2=0} = -Y_2$$

이고 1-1′ 단자를 단락하면

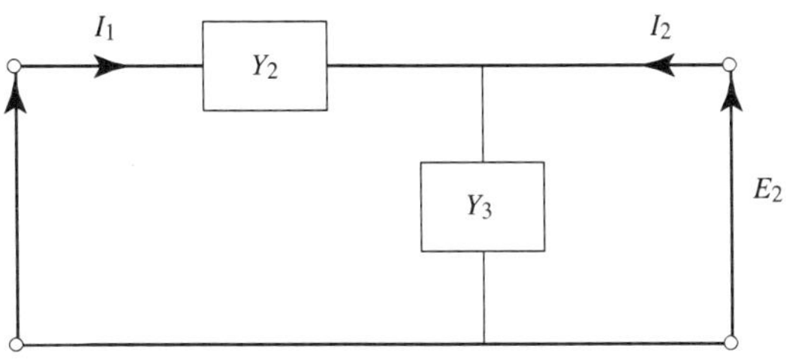

$$Y_{12} = \left(\frac{I_1}{E_2}\right)_{E_1=0} = -Y_2$$

$$Y_{22} = \left(\frac{I_2}{E_2}\right)_{E_1=0} = Y_2 + Y_3$$

9. (1) $\begin{bmatrix} E_1 \\ I_1 \end{bmatrix} = \begin{bmatrix} 1 & Z_a \\ 0 & 1 \end{bmatrix} \begin{bmatrix} 1 & 0 \\ \frac{1}{Z_b} & 1 \end{bmatrix} \begin{bmatrix} 1 & Z_c \\ 0 & 1 \end{bmatrix} \begin{bmatrix} E_2 \\ I_2 \end{bmatrix}$

$$= \begin{bmatrix} 1+\frac{Z_a}{Z_b} & Z_a \\ \frac{1}{Z_b} & 1 \end{bmatrix} \begin{bmatrix} 1 & Z_c \\ 0 & 1 \end{bmatrix} \begin{bmatrix} E_2 \\ I_2 \end{bmatrix}$$

$$= \begin{bmatrix} \frac{Z_a+Z_b}{Z_b} & \frac{Z_a Z_b + Z_b Z_c + Z_c Z_a}{Z_b} \\ \frac{1}{Z_b} & \frac{Z_b+Z_c}{Z_b} \end{bmatrix} \begin{bmatrix} E_2 \\ I_2 \end{bmatrix}$$

(2) $\begin{bmatrix} E_1 \\ I_1 \end{bmatrix} = \begin{bmatrix} 1 & 0 \\ \frac{1}{Z_b} & 1 \end{bmatrix} \begin{bmatrix} 1 & Z_a \\ 0 & 1 \end{bmatrix} \begin{bmatrix} 1 & 0 \\ \frac{1}{Z_c} & 1 \end{bmatrix} \begin{bmatrix} E_2 \\ I_2 \end{bmatrix}$

$$= \begin{bmatrix} 1 & Z_a \\ \frac{1}{Z_b} & \frac{Z_a+Z_b}{Z_b} \end{bmatrix} \begin{bmatrix} 1 & 0 \\ \frac{1}{Z_c} & 1 \end{bmatrix} \begin{bmatrix} E_2 \\ I_2 \end{bmatrix}$$

$$= \begin{bmatrix} \frac{Z_a+Z_c}{Z_c} & Z_a \\ \frac{Z_a+Z_b+Z_c}{Z_b Z_c} & \frac{Z_a+Z_b}{Z_b} \end{bmatrix} \begin{bmatrix} E_2 \\ I_2 \end{bmatrix}$$

6 장

1. $E=\sqrt{15^2+35^2+\sqrt{150}^2}=\sqrt{225+1225+150}=40$

2. $A=2i+2j+4k,\ B=4i-6j+6k$

$C=A+B=2i+2j+4k+4i-6j+6k=6i-4j+10k$

$D=B-A=4i-6j+6k-(2i+2j+4k)=2i-8j+2k$

3. $A\cdot B=(i-j2+2k)\cdot(-2i+j+3k)=-2-2+6=2$

$$A\times B=\begin{vmatrix} i & j & k \\ 1 & -2 & 2 \\ -2 & 1 & 3 \end{vmatrix}=-8i-7j-3k$$

4. A, B가 직교하기 위한 필요충분조건은 $A\cdot B=2a^2-2a-4=0$이다. $2(a+1)(a-2)=0$ 이 되려면 $a=-1,\ 2$

5. $\cos\theta=\dfrac{A\cdot B}{|A||B|}=\dfrac{6}{\sqrt{5}\times\sqrt{10}}=\dfrac{3\sqrt{2}}{5}$

6. $W(일)=F\cdot(\overrightarrow{AB})$

$=(3i+3j+2k)\cdot(3i+3j+3k)$

$=9+6+6=24$

7. (1) $A\cdot(B\times C)=\begin{vmatrix} 1 & 0 & 2 \\ 4 & 6 & 2 \\ 3 & 3 & -6 \end{vmatrix}=\begin{vmatrix} 1 & 0 & 0 \\ 4 & 6 & -6 \\ 3 & 3 & -12 \end{vmatrix}=-54$

(2) $A\times(B\times C)=(i+2k)\times\begin{vmatrix} i & j & k \\ 4 & 6 & 2 \\ 3 & 3 & -6 \end{vmatrix}$

$=(i+2k)\times(-42i+30j-6k)$

$=\begin{vmatrix} i & j & k \\ 1 & 0 & 2 \\ -42 & 30 & -6 \end{vmatrix}=-60i-78j+30k$

(3) $(A\times B)\times C=\begin{vmatrix} i & j & k \\ 1 & 0 & 2 \\ 4 & 6 & 2 \end{vmatrix}\times(3i+3j-6k)$

$=(-12i+6j+6k)\times(3i+3j-6k)$

$=\begin{vmatrix} i & j & k \\ -12 & 6 & 6 \\ 3 & 3 & -6 \end{vmatrix}=-54i-54j-54k$

8. $\nabla\phi=i\dfrac{\partial\phi}{\partial x}+j\dfrac{\partial\phi}{\partial y}+k\dfrac{\partial\phi}{\partial z}=iyz+jxz+kxy$이므로 $(1,1,1)$에서 $\nabla\phi$의 값은 $i+j+k$이다.

9. 전계의 세기 $E=-\nabla V$ 이므로

$$\mathbf{E} = -\nabla V = -\left(\mathbf{i}\frac{\partial V}{\partial x} + \mathbf{j}\frac{\partial V}{\partial y} + \mathbf{k}\frac{\partial V}{\partial z}\right)$$
$$= -(\mathbf{i}\,2 + \mathbf{j}\,5z + \mathbf{k}\,5y)$$

점(2, 1, 0)에서의 전계의 세계는 $\mathbf{E} = -2\mathbf{i} - 5\mathbf{k}$이다.

10. $$\nabla \cdot \mathbf{A} = \frac{\partial A_x}{\partial x} + \frac{\partial A_y}{\partial y} + \frac{\partial A_z}{\partial z}$$
$$= \frac{\partial}{\partial x}(x^2) + \frac{\partial}{\partial y}(3x^2y^2) + \frac{\partial}{\partial z}(x^2yz)$$
$$= 2x + 6x^2y + x^2y$$

11. $$\nabla \times \mathbf{A} = \begin{vmatrix} i & j & k \\ \frac{\partial}{\partial x} & \frac{\partial}{\partial y} & \frac{\partial}{\partial z} \\ (axy - z^3) & (a-2)x^2 & (1-a)xz^2 \end{vmatrix}$$
$$= \mathbf{i}\left(\frac{\partial[(1-a)xz^2]}{\partial y} - \frac{\partial[(a-2)x^2]}{\partial z}\right)$$
$$+ \mathbf{j}\left(\frac{\partial(axy - z^3)}{\partial z} - \frac{\partial[(1-a)xz^2]}{\partial x}\right)$$
$$+ \mathbf{k}\left(\frac{\partial[(a-2)x^2]}{\partial x} - \frac{\partial(axy - z^3)}{\partial y}\right)$$
$$= \mathbf{j}\,[-3z^2 - (1-a)z^2] + \mathbf{k}\,[2(a-2)x - ax]$$
$$= \mathbf{j}\,(a-4)z^2 + \mathbf{k}\,(a-4)x = 0$$
$$\therefore a = 4$$

12. $$\nabla(\phi\psi) = \left(\mathbf{i}\frac{\partial}{\partial x} + \mathbf{j}\frac{\partial}{\partial y} + \mathbf{k}\frac{\partial}{\partial z}\right)(\phi\psi)$$
$$= \mathbf{i}\left(\frac{\partial\phi}{\partial x}\psi + \phi\frac{\partial\psi}{\partial x}\right) + \mathbf{j}\left(\frac{\partial\phi}{\partial y}\psi + \phi\frac{\partial\psi}{\partial y}\right) + \mathbf{k}\left(\frac{\partial\phi}{\partial z}\psi + \phi\frac{\partial\psi}{\partial z}\right)$$
$$= \left(\mathbf{i}\frac{\partial\phi}{\partial x} + \mathbf{j}\frac{\partial\phi}{\partial y} + \mathbf{k}\frac{\partial\phi}{\partial z}\right)\psi + \phi\left(\mathbf{i}\frac{\partial\psi}{\partial x} + \mathbf{j}\frac{\partial\psi}{\partial y} + \mathbf{k}\frac{\partial\psi}{\partial z}\right)$$
$$= (\nabla\phi)\psi + \phi(\nabla\psi)$$

13. $$\nabla \cdot (\nabla \times \mathbf{A})$$
$$= \left(\mathbf{i}\frac{\partial}{\partial x} + \mathbf{j}\frac{\partial}{\partial y} + \mathbf{k}\frac{\partial}{\partial z}\right)$$
$$\cdot \left[\left(\mathbf{i}\frac{\partial}{\partial x} + \mathbf{j}\frac{\partial}{\partial y} + \mathbf{k}\frac{\partial}{\partial z}\right) \times (\mathbf{i}\,A_x + \mathbf{j}\,A_y + \mathbf{k}\,A_z)\right]$$
$$= \left(\mathbf{i}\frac{\partial}{\partial x} + \mathbf{j}\frac{\partial}{\partial y} + \mathbf{k}\frac{\partial}{\partial z}\right) \cdot \begin{vmatrix} i & j & k \\ \frac{\partial}{\partial x} & \frac{\partial}{\partial y} & \frac{\partial}{\partial z} \\ A_x & A_y & A_z \end{vmatrix}$$
$$= \left(\mathbf{i}\frac{\partial}{\partial x} + \mathbf{j}\frac{\partial}{\partial y} + \mathbf{k}\frac{\partial}{\partial z}\right)$$
$$\cdot \left[\mathbf{i}\left(\frac{\partial A_z}{\partial y} - \frac{\partial A_y}{\partial z}\right) + \mathbf{j}\left(\frac{\partial A_x}{\partial z} - \frac{\partial A_z}{\partial x}\right) + \mathbf{k}\left(\frac{\partial A_y}{\partial x} - \frac{\partial A_x}{\partial y}\right)\right]$$

$$= \frac{\partial}{\partial x}\left(\frac{\partial A_z}{\partial y} - \frac{\partial A_y}{\partial z}\right) + \frac{\partial}{\partial y}\left(\frac{\partial A_x}{\partial z} - \frac{\partial A_z}{\partial x}\right) + \frac{\partial}{\partial z}\left(\frac{\partial A_y}{\partial x} - \frac{\partial A_x}{\partial y}\right)$$

$$= \frac{\partial^2 A_z}{\partial x \partial y} - \frac{\partial^2 A_y}{\partial x \partial z} + \frac{\partial^2 A_x}{\partial y \partial z} - \frac{\partial^2 A_z}{\partial y \partial x} + \frac{\partial^2 A_y}{\partial z \partial x} - \frac{\partial^2 A_x}{\partial z \partial y}$$

$$= 0$$

7 장

1. $y = A\cos ax + B\sin ax$

   $y' = -Aa\sin ax + Ba\cos ax$

   $y'' = -Aa^2\cos ax \; Ba^2\sin ax$

   $\quad = -a^2(A\cos ax + B\sin ax)$

   $\quad = -a^2 y$

   따라서 구하는 미분방정식은

   $$y'' = -a^2 y \text{ 즉, } y'' + a^2 y = 0$$

   (이 미분방정식은 2계 1차 상미분방정식이다.)

2. (1) $y = e^{cx}$ 양변에 자연로그를 잡으면

   $$\ln y = cx \quad \cdots\cdots ①$$

   x에 대하여 양변을 미분하면

   $$\frac{y'}{y} = c$$

   이 c를 ①에 대입하면

   $$\ln y = \frac{xy'}{y}$$

   $$\therefore xy' - y\ln y = 0$$

   (2) $y^2 = 4c(c + x)$

   양변을 x에 대하여 미분하면

   $$2yy' = 4c$$

   x에 대하여 다시 미분하면

   $$2y' \cdot y' + 2yy'' = 0$$

   $$\therefore (y')^2 + yy'' = 0$$

3. (1) (변수분리형) 변수를 분리하면

   $$\frac{1}{2y+1}dy = \frac{1}{x+2}dx$$

   적분하면 $\frac{1}{2}\ln(2y+1) = \ln(x+2) + c_1$

$$\therefore \ln\frac{\sqrt{2y+1}}{x+2} = \ln c \qquad (c_1 = \ln c)$$

$$\therefore \frac{\sqrt{2y+1}}{x+2} = c$$

(2) (변수분리형) 양변에 $\dfrac{1}{(x-1)(y+1)}$ 을 곱하면

$$\frac{x}{x-1}dx + \frac{y}{y+1}dy = 0$$

$$\frac{x-1+1}{x-1}dx + \frac{y+1-1}{y+1}dy = 0$$

$$\left(1+\frac{1}{x-1}\right)dx + \left(1-\frac{1}{y+1}\right)dy = 0$$

적분하면

$$x + \ln(x-1) + y - \ln(y+1) = c$$

즉, $x + y + \ln\dfrac{x-1}{y+1} = c$

(3) (동차형) $y = vx,\ dy = xdv + vdx$를 대입하면

$$(x^2 + x^2v^2)dx + xvx(xdv + vdx) = 0$$

$(1+v^2+v^2)dv + vxdv = 0$을 정리하면

변수분리형 $\dfrac{1}{x}dx + \dfrac{v}{1+2v^2}dv = 0$이 된다.

이것을 적분하면

$$\ln x + \frac{1}{4}\ln(1+2v^2) = c_1$$

$$4\ln x + \ln(1+2v^2) = 4c_1$$

$$\ln x^4(1+2v^2) = 4c_1$$

$$\therefore x^4(1+2v^2) = e^{4c_1} = c$$

$$x^4 + 2x^4\frac{y^2}{x^2} = c \qquad \therefore x^4 + 2x^2y^2 = c$$

(4) (동차형) $y = vx,\ dy = xdv + vdx$를 대입해서 식을 정리하면

$$(2x+3vx)dx + (3x+4vx)(xdv+vdx) = 0$$

$$(4v^2+6v+2)dx + (4v+3)xdv = 0$$

$$\frac{1}{x}dx + \frac{4v+3}{4v^2+6v+2}dv = 0$$

적분하면 $\ln x + \dfrac{1}{2}\ln(4v^2+6v+2) = c_1$

$$2\ln x + \ln(4v^2+6v+2) = 2c_1$$

$$\ln x^2(4v^2+6v+2)=e^{2c_1}$$

$$\therefore x^2(4v^2+6v+2)=e^{2c_1}$$

$$4x^2\frac{y^2}{x^2}+6x^2\cdot\frac{y}{x}+2x^2=e^{2c_1}$$

$$\therefore 2y^2+3xy+x^2=c \qquad (c=\frac{1}{2}e^{2c_1})$$

4. (1) $x^4+6xy+y^2-2y=c$ (2) $x^4y^3-x^2y=c$

5. 적분인자는 y^{-2} 이고 일반해는 $x^2y+e^x=cy$

6. (1) $y=ce^x+e^{2x}$

(2) $p(x)=\cot x,\ r(x)=5e^{\cos x}$

$$\therefore y=e^{-\int p\,dx}\left[\int re^{\int p\,dx}dx+c\right]$$
$$=e^{-\int \cot x\,dx}\left[\int 5e^{\cos x}e^{\int \cot x\,dx}dx+c\right]$$
$$=e^{-\ln(\sin x)}\left[\int 5e^{\cos x}\cdot e^{\ln(\sin x)}dx+c\right]$$
$$=\frac{1}{\sin x}\left[5\int e^{\cos x}\sin x\,dx+c\right]$$

여기서 $\cos x=t$ 라 하면 $-\sin x\,dx=dt$

$$\therefore \int e^{\cos x}\sin x\,dx=-\int e^t\,dt=-e^t=-e^{\cos x}$$

$$\therefore y=\frac{1}{\sin x}\left[-5e^{\cos x}+c\right]$$

$$\therefore y\sin x+5e^{\cos x}=c$$

7. (1) $y'-\frac{3}{x}y=x^3e^x$

$p(x)=\frac{3}{-x}$ 일때 적분인자 $e^{\int p(x)dx}\ e^{-\int\frac{3}{x}dx}=e^{-3\ln x}=x^{-3}$

$$x^{-3}y'-3x^{-4}y=e^x$$
$$(x^{-3}y)'=e^x$$
$$x^{-3}y'-3x^{-4}y=e^x$$
$$\therefore y=x^3e^x+cx^3$$

(2) 보조방정식 $t^2-5t+6=0$

$$(t-2)(t-3)=0$$

$$t=2,\ t=3$$

$$\therefore y=c_1e^{2x}+c_2e^{3x}$$

(3) 보조방정식 $t^2-6t+13=0$

$t = 3 \pm \sqrt{9-13} = 3 \pm 2i$

$\therefore y = e^{3x}(c_1 \cos 2x + c_2 \sin 2x)$

(4) 보조방정식 $t^4 + t^3 - 7t^2 - t + 6 = 0$

$(t-1)(t+1)(t-2)(t+3) = 0$

$t = 1,\ -1,\ 2,\ -3$

$\therefore y = c_1 e^{-3x} + c_2 e^{-x} + c_3 e^x + c_4 e^{2x}$

(5) (기본해)

보조방정식 $t^4 - t^3 - t + 1 = 0$

$(t-1)^2(t+1) = 0$

$t = 1$(중근), -1

$\therefore y = c_1 e^{-x} + (c_2 + c_3 x)e^x$

(특수해) $y_p = Ae^{2x}$라 두자.

$y_p' = 2Ae^{2x}$, $y_p'' = 4Ae^{2x}$, $y_p''' = 8Ae^{2x}$를 대입

$(8A - 4A - 2A + A)e^{2x} = 2e^{2x}$

$3Ae^{2x} = 2e^{2x}$

$\therefore A = \frac{2}{3}$

(일반해) $y = y_f + y_p = c_1 e^{-x} + (c_2 + c_3 x)e^x + \frac{2}{3}e^{2x}$라 두자.

(6) (기본해)

보조방정식 $t^3 - 2t^2 - t + 2 = 0$

$(t-1)^2(t-2) = 0$

$\therefore t = 1$(중근), 2

$y_f = (c_1 + c_2 x)e^x + c_3 e^{2x}$

(특수해) $y_p = Ax^2 + Bx + C$라 두자.

$y_p' = 2Ax + B,\ y_p'' = 2A,\ y_p''' = 0$을 대입

$10 - 4A - 2Ax - B + 2Ax^2 + 2Bx + 2C = 6x^2 - 2x + 6$

$2A = 6 \quad \therefore A = 3$

$-2A + 2B = -2 \quad \therefore B = -1 + A + 2$

$-4A - B + 2C = -6$

$-12 - 2 + 2C = -6 \quad \therefore C = 4$

(일반해) $y = y_f + y_p$라 두자.

$= (c_1 + c_2 x)e^x + c_3 e^{2x} + 3x^2 + 2x + 4$

8 장

1. $f(t)=\begin{cases} E\sin\omega t & \left(0<t<\dfrac{\pi}{\omega}\right) \\ 0 & \left(\dfrac{\pi}{\omega}<t<\dfrac{2\pi}{\omega}\right) \end{cases} \qquad \dfrac{\pi}{\omega}=\dfrac{T}{2}$

Fourier 계수는

$$a_0=\frac{1}{T}\int_0^T f(t)\,dt=\frac{\omega}{2\pi}\int_0^{\frac{2\pi}{\omega}} f(t)\,dt$$

$$=\frac{\omega}{2\pi}\int_0^{\frac{\pi}{\omega}} E\sin\omega t\,dt+\frac{\omega}{2\pi}\int_{\frac{\pi}{\omega}}^{\frac{2\pi}{\omega}} 0\,dt=\frac{E}{\pi}$$

$$a_n=\frac{2}{T}\int_0^T f(t)\cos n\omega t\,dt=\frac{\omega}{\pi}\int_0^{\frac{\pi}{\omega}} E\sin\omega t\cos n\omega t\,dt$$

$$=\frac{\omega E}{2\pi}\int_0^{\frac{\pi}{\omega}}[\sin(1+n)\omega t+\sin(1-n)\omega t]\,dt$$

$$=\begin{cases} \dfrac{E\omega}{2\pi}\left[-\dfrac{1}{2\omega}\cos 2\omega t\right]_0^{\frac{\pi}{\omega}} & (n=1) \\ \dfrac{\omega E}{2\pi}\left[-\dfrac{\cos(1+n)\omega t}{(1+n)\omega}-\dfrac{\cos(1-n)\omega t}{(1-n)\omega}\right]_0^{\frac{\pi}{\omega}} & ,(n\neq 1) \end{cases}$$

$$=\begin{cases} \dfrac{E}{2\pi}\left[-\dfrac{\cos(1+n)\pi-1}{1+n}-\dfrac{\cos(1-n)\pi-1}{1-n}\right] & ,(n\neq 1) \\ 0 & (n=1) \end{cases}$$

(i) $n=2m-1$ 일 때

$$a_n=\frac{E}{2\pi}\left[-\frac{\cos 2m\pi-1}{2m}+\frac{\cos 2m\pi-1}{2m}\right]=0$$

(ii) $n=2m$ 일 때

$$a_n=\frac{E}{2\pi}\left[-\frac{\cos(1+2m)\pi-1}{1+2m}-\frac{\cos(1-2m)\pi-1}{1-2m}\right]$$

$$=\frac{E}{2\pi}\left[\frac{2}{1+2m}+\frac{2}{1-2m}\right]=-\frac{2E}{(2m-1)(2m+1)\pi}$$

$$b_n=\frac{2}{T}\int_0^T f(t)\sin n\omega t\,dt=\frac{\omega}{\pi}\int_0^{\frac{\pi}{\omega}} E\sin\omega t\sin n\omega t\,dt$$

(i) $n=1$ 일 때

$$b_n=\frac{E\omega}{\pi}\int_0^{\frac{\pi}{\omega}}\sin^2\omega t\,dt=\frac{E\omega}{2\pi}\int_0^{\frac{\pi}{\omega}}(1-\cos 2\omega t)\,dt$$

$$=\frac{E\omega}{2\pi}\left[t-\frac{1}{2\omega}\sin 2\omega t\right]_0^{\frac{\pi}{\omega}}=\frac{E\omega}{2\pi}\left[\frac{\pi}{\omega}-\frac{1}{2\omega}\sin 2\pi\right]=\frac{E}{2}$$

(ii) $n\neq 1$ 일 때

$$b_n=-\frac{\omega E}{2\pi}\int_0^{\frac{\pi}{\omega}}[\cos(1+n)\omega t-\cos(1-n)\omega t]\,dt$$

$$=-\frac{\omega E}{2\pi}\left[\frac{\sin(1+n)\omega t}{(1+n)\omega}-\frac{\sin(1-n)\omega t}{(1-n)\omega}\right]_0^{\frac{\pi}{\omega}}$$

$$=-\frac{E}{2\pi}\left[\frac{\sin(1+n)\pi}{1+n}-\frac{\sin(1-n)\pi}{1-n}\right]=0$$

그러므로 Fourier 급수는

$$f(t)=\frac{E}{\pi}+\frac{E}{2}sin\omega t-\frac{2E}{\pi}\sum_{m=1}^{\infty}\frac{\cos 2m\omega t}{(2m-1)(2m+1)}$$

2. $f(t)=\begin{cases}0 & (-2<t<-1)\\ k & (-1<t<\ \ 1)\\ 0 & (\ \ 1<t<\ \ 2)\end{cases} \qquad T=4$

이고, 우함수 $f(-t)=f(t)$이므로 $b_n=0$

$$a_0=\frac{2}{T}\int_0^{\frac{T}{2}}f(t)\,dt=\frac{1}{2}\int_0^1 k\,dt=\frac{k}{2}$$

$$a_n=\frac{4}{T}\int_0^{\frac{T}{2}}f(t)\cos n\omega t\,dt=\int_0^1 k\cos\frac{n\pi}{2}t\,dt$$

$$=\frac{2k}{n\pi}\left[\sin\frac{n\pi}{2}t\right]_0^1=\frac{2k}{n\pi}sin\frac{n\pi}{2}$$

(i) $n=2m$일 때

$$a_n-\frac{2k}{2m\pi}sin\,m\pi=0$$

(ii) $n=2m-1$일 때

$$a_n=\frac{2k}{(2m-1)\pi}\sin\frac{(2m-1)\pi}{2}$$

그러므로 Fourier 급수는

$$f(t)=\frac{k}{2}+\frac{2k}{\pi}\sum_{m=1}^{\infty}\frac{1}{(2m-1)}\sin\frac{(2m-1)\pi}{2}\cos\frac{(2m-1)\pi}{2}t$$

3. (1)

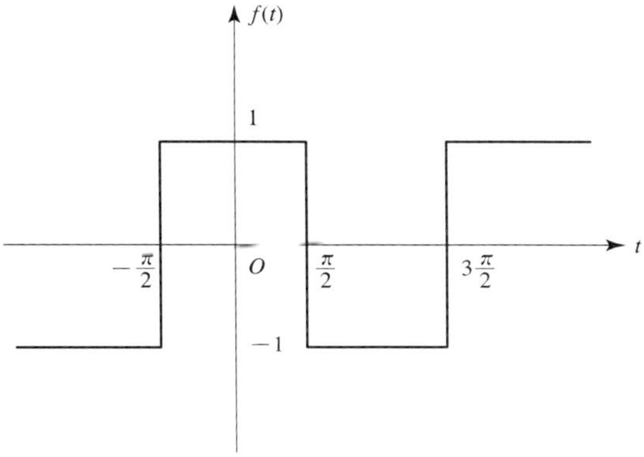

위 그림에서 먼저 Fourier 계수를 구하면

우함수 $f(-t)=f(t)$이므로 $b_n=0$

$$a_0 = \frac{2}{T}\int_0^{\frac{T}{2}} f(t)\,dt = \frac{1}{\pi}\int_0^{\pi} f(t)\,dt$$

$$= \frac{1}{\pi}\int_0^{\frac{\pi}{2}} dt + \frac{1}{\pi}\int_{\frac{\pi}{2}}^{\pi}(-1)\,dt = \frac{1}{\pi}[t]_0^{\frac{\pi}{2}} - \frac{1}{\pi}[t]_{\frac{\pi}{2}}^{\pi}$$

$$= \frac{1}{\pi}\left[\frac{\pi}{2}-0\right] - \frac{1}{\pi}\left[\pi - \frac{\pi}{2}\right] = 0$$

$$a_n = \frac{4}{T}\int_0^{\frac{T}{2}} f(t)\cos n\omega t\,dt = \frac{2}{\pi}\int_0^{\pi} f(t)\cos nt\,dt$$

$$= \frac{2}{\pi}\int_0^{\frac{\pi}{2}} \cos nt\,dt - \frac{2}{\pi}\int_{\frac{\pi}{2}}^{\pi} \cos nt\,dt$$

$$= \frac{2}{n\pi}[\sin nt]_0^{\frac{\pi}{2}} - \frac{2}{n\pi}[\sin nt]_{\frac{\pi}{2}}^{\pi}$$

$$= \frac{2}{n\pi}\left[\sin\frac{n\pi}{2} - 0\right] - \frac{2}{n\pi}\left[\sin n\pi - \sin\frac{n\pi}{2}\right]$$

$$= \frac{4}{n\pi}\sin\frac{n\pi}{2}$$

(i) $n=2m$일 때

$$a_n = \frac{4}{2m\pi}\sin m\pi = 0$$

(ii) $n=2m-1$일 때

$$a_n = \frac{4}{(2m-1)\pi}\sin\frac{(2m-1)\pi}{2} = \frac{4}{(2m-1)\pi}(-1)^{m-1}$$

그러므로 Fourier 급수는

$$f(t) = \frac{4}{\pi}\sum_{m=1}^{\infty}\frac{1}{(2m-1)}\sin\frac{(2m-1)\pi}{2}\cos\frac{(2m-1)\pi}{2}t$$

$$= \frac{4}{\pi}\left(\cos 1t - \frac{1}{3}\cos 3t + \frac{1}{5}\cos t - \cdots\right)$$

(2)

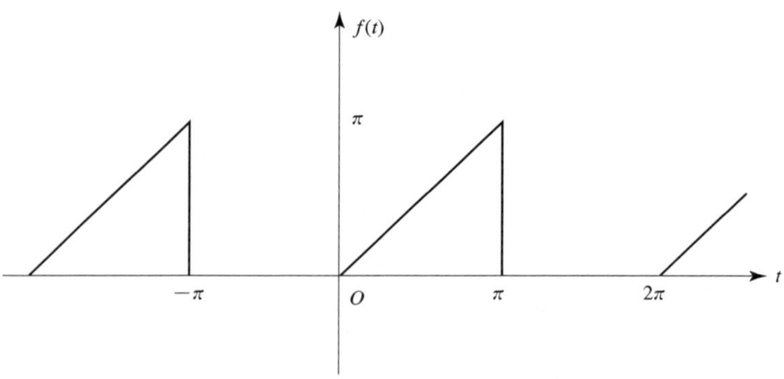

위 그림에서 먼저 Fourier 계수를 구하면

$$a_0 = \frac{1}{\pi}\int_{-\pi}^{\pi} f(t)\,dt = \frac{1}{\pi}\int_{-\pi}^{0} 0\cdot dt + \frac{1}{\pi}\int_0^{\pi} t\,dt$$

$$= \frac{1}{\pi}\left[\frac{t^2}{2}\right]_0^{\pi} = \frac{1}{\pi}\left[\frac{\pi^2}{2}\right] = \frac{\pi}{4}$$

$$a_n = \frac{1}{\pi}\int_{-\pi}^{\pi} f(t)\cos nt\,dt = \frac{1}{\pi}\int_{-\pi}^{0} 0\cdot\cos nt\,dt + \frac{1}{\pi}\int_{0}^{\pi} t\cdot\cos nt\,dt$$

※ 부분적분공식을 사용, $f(t) = t,\ g'(t) = \cos nt$

$$\int_0^b f(t)\cdot g'(t)\,dt = [f(t)\cdot g(t)]_0^b - \int_0^b f'(t)\cdot g(t)\,dt$$

$$= \frac{1}{\pi}\left[t\cdot\frac{\sin nt}{n}\right]_0^{\pi} - \frac{1}{\pi}\int_0^{\pi}\frac{\sin nt}{n}\,dt$$

$$= \frac{1}{\pi}\left[\pi\cdot\frac{\sin n\pi}{n} - 0\cdot\frac{\sin n0}{n}\right] + \frac{1}{n\pi}\left[\frac{\cos nt}{n}\right]_0^{\pi}$$

$$= \frac{1}{n^2\pi}[\cos n\pi - 1]$$

(i) $n = 2m$일 때

$$a_n = \frac{1}{(2m)^2\pi}[\cos 2m\pi - 1] = \frac{1}{(2m)^2\pi}[1-1] = 0$$

(ii) $n = 2m-1$일 때

$$a_n = \frac{1}{(2m-1)^2\pi}[\cos(2m-1)\pi - 1]$$

$$= \frac{1}{(2m-1)^2\pi}[-1-1] = -\frac{2}{(2m-1)^2\pi}$$

$$b_n = \frac{1}{\pi}\int_{-\pi}^{\pi} f(t)\sin nt\,dt$$

$$= \frac{1}{\pi}\int_{-\pi}^{0} 0\cdot\sin nt\,dt + \frac{1}{\pi}\int_0^{\pi} t\cdot\sin nt\,dt$$

※ 부분적분공식을 사용, $f(t) = t,\ g'(t) = \sin nt$

$$= -\frac{1}{\pi}\left[t\cdot\frac{\cos nt}{n}\right]_0^{\pi} + \frac{1}{\pi}\int_0^{\pi}\frac{\cos nt}{n}\,dt$$

$$= -\frac{1}{\pi}\left[\pi\cdot\frac{\cos n\pi}{n} - 0\cdot\frac{\cos n0}{n}\right] + \frac{1}{n\pi}\left[\frac{\sin nt}{n}\right]_0^{\pi}$$

$$= -\frac{\cos n\pi}{n} + \frac{1}{n^2\pi}[\sin n\pi - 0] = -\frac{\cos n\pi}{n} = \begin{cases} -\dfrac{1}{2m}, & n = 2m \\ 0 & n = 2m-1 \end{cases}$$

그러므로 fourier급수 $f(t)$는

$$f(t) = \frac{\pi}{4} + \sum_{m=1}^{\infty}\left(\frac{2}{(2m-1)^2\pi}\right)\cos(2m-1)t + \sum_{m=1}^{\infty}\left(-\frac{1}{2m}\right)\sin 2mt$$

$$= \frac{\pi}{4} - \sum_{m=1}^{\infty}\left\{\frac{2}{(2m-1)^2\pi}\cos(2m-1)t + \frac{1}{2m}\sin 2mt\right\}$$

(3)

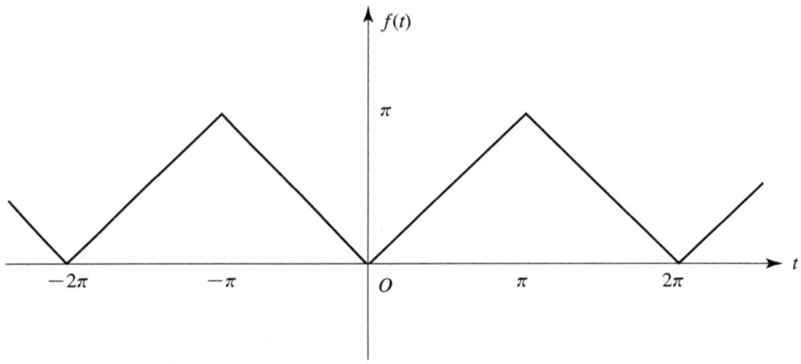

위 그림에서 먼저 Fourier 계수를 구하면

우함수 $f(-t)=f(t)$이므로 $b_n=0$

$$a_0=\frac{1}{\pi}\int_0^{\pi} f(t)\,dt=\frac{1}{\pi}\int_0^{\pi} t\,dt=\frac{1}{\pi}\left[\frac{t^2}{2}\right]_0^{\pi}=\frac{1}{\pi}\left[\frac{\pi^2}{2}\right]=\frac{\pi}{2}$$

$$a_n=\frac{2}{\pi}\int_0^{\pi} f(t)\cos nt\,dt=\frac{2}{\pi}\int_0^{\pi} t\cdot\cos nt\,dt$$

※부정적분공식을 사용

$$=\frac{2}{\pi}\left[t\cdot\frac{\sin nt}{n}\right]_0^{\pi}-\frac{2}{\pi}\int_0^{\pi}\frac{\sin nt}{n}\,dt$$

$$=\frac{2}{\pi}\left[\pi\cdot\frac{\sin n\pi}{n}-0\cdot\frac{\sin n0}{n}\right]+\frac{2}{n\pi}\left[\frac{\cos nt}{n}\right]_0^{\pi}$$

$$=\frac{2}{n^2\pi}[\cos n\pi-1]$$

(i) $n=2m$일 때

$$a_n=\frac{2}{(2m)^2\pi}[\cos 2m\pi-1]=\frac{2}{(2m)^2\pi}[1-1]=0$$

(ii) $n=2m-1$일 때

$$a_n=\frac{2}{(2m-1)^2\pi}[\cos(2m-1)\pi-1]$$

$$=\frac{2}{(2m-1)^2\pi}[-1-1]=-\frac{4}{(2m-1)^2\pi}$$

그러므로 Fourier급수 $f(t)$는

$$f(t)=\frac{\pi}{2}-\sum_{m=1}^{\infty}\frac{4}{(2m-1)^2\pi}\cos(2m-1)t$$

4. 실수부와 허수부는, $f(t)$는 우함수

$$R(\omega)=\int_{-\infty}^{\infty} f(t)\cos\omega t\,dt=\int_{-a}^{a}\cos\omega t\,dt=2\int_0^{a}\cos\omega t\,dt$$

$$=2\left[\frac{\sin\omega t}{\omega}\right]_0^{a}=\frac{2\sin\omega a}{\omega}$$

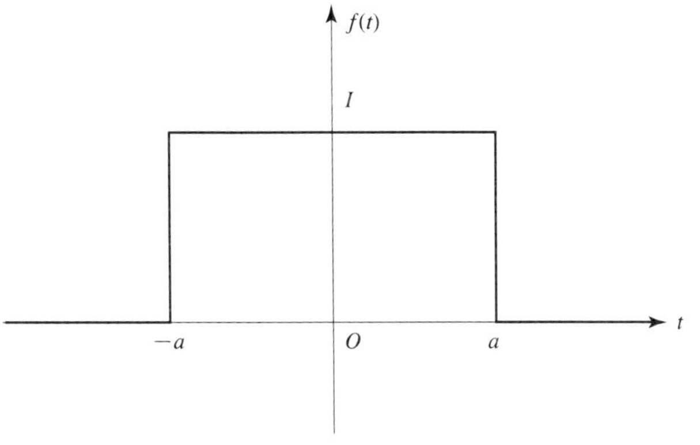

$f(t)$가 우함수 이므로 허수부

$X(\omega)=0$ 이다.

따라서 Fourier 변환은

$$F(\omega)=R(\omega)+jX(\omega) = \frac{2\sin\omega a}{\omega}$$

9장

1. (1) $F(s)=L[3t^2]=3\times\frac{2}{s^3}=\frac{6}{s^3}$

(2) $F(s)=L[5e^{at}]=\frac{5}{s-a}$

(3) $F(s)=L[e^{at}\cos\omega t]=\frac{s-a}{(s-a)^2+\omega^2}$

(4) $F(s)=L[t^2e^{at}]=\frac{2}{(s-a)^3}$

(5) $F(s)=L[t\sin\omega t]=\frac{2\omega s}{(s^2+\omega^2)^2}$

(6) $f(t)=tu(t-T)=(t-T)u(t-T)+Tu(t-T)$

$$F(s)=L[tu(t-T)]=L[(t-T)u(t-T)]+L[Tu(t-T)] = e^{-Ts}\frac{1}{s^2}+Te^{-Ts}\frac{1}{s}$$

(7) $F(s)=L[5t+e^{-3t}]=L[5t]+L[e^{-3t}]=\frac{5}{s^2}+\frac{1}{s+3}$

(8) $F(s)=L[\delta(t)-3e^{-at}]=L[\delta(t)]-3L[e^{-at}]=1-\frac{3}{s+a}$

2. (1) $L^{-1}\left[\dfrac{2}{s+4}\right]=2e^{-4}$

(2) $L^{-1}\left[\dfrac{2}{s^2+16}\right]=\dfrac{1}{2}\sin 4t$

(3) $L^{-1}\left[\dfrac{s+1}{s^2+1}\right]=L^{-1}\left[\dfrac{s}{s^2+1}+\dfrac{1}{s^2+1}\right]=\cos t+\sin t$

(4) $L^{-1}\left[\dfrac{\omega}{s^2+\omega^2}\right]=\sin\omega t$

(5) $L^{-1}\left[\dfrac{5}{(s+2)^2}\right]=5t\,e^{-2t}$

(6) $L^{-1}\left[\dfrac{1}{(s+5)^2+1}\right]=e^{-5t}\sin t$

(7) $\dfrac{s+3}{s^2+2s+5}=\dfrac{s+1+2}{(s^2+2s+1)+4}=\dfrac{s+1+2}{(s+1)^2+2^2}$

$=\dfrac{s+1}{(s+1)^2+2^2}+\dfrac{2}{(s+1)^2+2^2}$

$L^{-1}\left[\dfrac{s+1}{(s+1)^2+2^2}\right]+L^{-1}\left[\dfrac{2}{(s+1)^2+2^2}\right]$

$=e^{-t}\cos 2t+e^{-t}\sin 2t$

(8) $\dfrac{s^2+3s+3}{s^2+3s+2}=\dfrac{s^2+3s+2+1}{s^2+3s+2}$

$=1+\dfrac{1}{(s+1)(s+2)}=1+\dfrac{1}{s+1}-\dfrac{1}{s+2}$

$L^{-1}\left[1+\dfrac{1}{s+1}-\dfrac{1}{s+2}\right]=\delta(t)+e^{-t}-e^{-2t}$

3. (1) $s^2X(s)+2X(s)=\dfrac{10}{s}$

$X(s)(s^2+2)=\dfrac{10}{s}$

$X(s)=\dfrac{10}{s(s^2+2)}=\dfrac{k_1}{s}+\dfrac{k_2s+k_3}{s^2+2}$

$k_1=5,\ k_2=-1,\ k_3=0$

$X(s)=\dfrac{5}{s}+\dfrac{-5s}{s^2+2}$

$\therefore x(t)=5-5\cos\sqrt{2}t$

(2) $s^2X(s)+2sX(s)-3X(s)=\dfrac{4}{s}$

$(s^2+2s-3)X(s)=\dfrac{4}{s}$

$X(s)=\dfrac{4}{s(s-1)(s+3)}=-\dfrac{4}{3}\dfrac{1}{s}+\dfrac{1}{s-1}+\dfrac{1}{3}\dfrac{1}{s+3}$

$\therefore x(t)=-\dfrac{4}{3}+e^t+\dfrac{1}{3}e^{-3t}$

(3) $s^2 Y(s) - sY(0) - Y'(0) + \omega^2 Y(s) = 0$

$$(s^2+\omega^2)Y(s) = As + B$$

$$Y(s) = \frac{As+B}{s^2+\omega^2} = A\frac{s}{s^2+\omega^2} + \frac{B}{\omega}\frac{\omega}{s^2+\omega^2}$$

$$\therefore y(t) = A\cos\omega t + \frac{B}{\omega}\sin\omega t$$

(4) $s^2 Q(s) + 2s\,Q(s) = \dfrac{10}{s^2+1}$

$$(s^2+2s)Q(s) = \frac{10}{s^2+1}$$

$$Q(s) = \frac{10}{s(s+2)(s^2+1)} = \frac{K_1}{s} + \frac{K_2}{s+2} + \frac{Cs+D}{s^2+1}$$

$K_1 = 5,\ K_2 = -1,\ C = -4,\ D = -2$

$$\therefore q(t) = 5 - e^{-2t} - 4\cos t - 2\sin t$$

(5) $s^2X(s) - sx(0) - x'(0) + 3sX(s) - 3x(0) + 2X(s) = \dfrac{5}{s}$

$$s^2X(s) + s - 2 + 3sX(s) + 3 + 2X(s) = \frac{5}{s}$$

$$X(s) = \frac{1}{s^2+3s+2}\left\{\frac{5}{s} - s - 1\right\} = \frac{-s^2-s+5}{s(s+1)(s+2)} = \frac{A}{s} + \frac{B}{s+1} + \frac{C}{s+2}$$

$A = \dfrac{5}{2},\ B = 5,\ C - \dfrac{3}{2}$

$$\therefore x(t) = \frac{5}{2} - 5e^{-t} + \frac{3}{2}e^{-2t}$$

4. $f(t) = \dfrac{E}{T}t\,u(t) - Eu(t-T) - \dfrac{E}{T}(t-T)u(t-T)$

$$\therefore F(s) = \frac{E}{Ts^2} - \frac{Ee^{-Ts}}{s} - \frac{Ee^{-Ts}}{Ts^2}$$

$$= \frac{E}{Ts^2}(1 - e^{-Ts} - Tse^{-Ts})$$

5. $f_1(t) = Ku(t) - 2Ku(t-T) - Ku(t-2T)$

$$F_1(s) = \frac{K}{s} - \frac{2Ke^{-Ts}}{s} + \frac{Ke^{-2Ts}}{s} = \frac{K}{s}(1-e^{-Ts})^2$$

$$\therefore F(s) = F_1(s)\frac{1}{1-e^{-2Ts}} = \frac{K}{s}\frac{(1-e^{-Ts})^2}{(1+c^{-Ts})(1-e^{-Ts})}$$

$$= \frac{K}{s}\frac{(1-e^{-Ts})}{(1+e^{-Ts})} = \frac{K}{s}\frac{(1-e^{-Ts})}{(1+e^{-Ts})}\frac{e^{\frac{1}{2}Ts}}{e^{\frac{1}{2}Ts}} /$$

$$= \frac{K}{s}\frac{\left(e^{\frac{1}{2}Ts} - e^{-\frac{1}{2}Ts}\right)}{\left(e^{\frac{1}{2}Ts} + e^{-\frac{1}{2}Ts}\right)} = \frac{K}{s}\frac{\sinh\frac{1}{2}Ts}{\cosh\frac{1}{2}Ts}$$

$$= \frac{K}{s}\tanh\frac{1}{2}Ts$$

찾 아 보 기

ㄱ

ㄴ

ㄷ

ㄹ

ㅁ

기초공업수학 개정판

개정판 1쇄 발행 | 2015년 3월 05일
개정판 4쇄 발행 | 2023년 3월 15일

지은이 | 김성대 · 안대종 · 홍지창 · 황혜정
펴낸이 | 조 승 식
펴낸곳 | (주)도서출판 북스힐

등 록 | 1998년 7월 28일 제 22-457호
주 소 | 서울시 강북구 한천로 153길 17
전 화 | (02) 994-0071
팩 스 | (02) 994-0073

홈페이지 | www.bookshill.com
이메일 | bookshill@bookshill.com

정가 14,000원

ISBN 978-89-5526-949-9

Published by bookshill, Inc. Printed in Korea.